人工智能 教育丛书

深度学习

主　编　刘玉良　戴凤智　张　全
副主编　魏宝昌　李　杰
参　编　袁亚圣　章朱明　尹　迪　侯　伟
　　　　叶忠用　金　霞　陈　莹

西安电子科技大学出版社
http://www.xduph.com

内 容 简 介

深度学习理论由 Hinton 等人于 2006 年提出，其概念源于对人工神经网络的研究。深度学习技术通过组合数据的低层特征形成更加抽象的高层属性，以发现数据的分布式特征表示。

本书主要阐述基于深度学习理论的一些模型和算法。全书共分为 8 章，主要内容包括绪论、TensorFlow 和 Keras 简介、简单神经网络、图像类数据处理、序列类数据处理、深度学习模型优化、数据和模型的处理与调试、现代深度学习模型概述。附录给出了基于深度学习的视频目标跟踪研究进展综述和 Q-Learning 算法的参考代码。为便于学习和参考，各章均包含丰富的思考题。

本书主要面向工科院校人工智能、模式识别、数据挖掘和深度学习等专业的本科生，也可供相关专业的研究生和工程技术人员参考。

图书在版编目(CIP)数据

深度学习/刘玉良，戴凤智，张全主编. —西安：西安电子科技大学出版社，2020.1
ISBN 978 - 7 - 5606 - 5500 - 0

Ⅰ. ① 深… Ⅱ. ① 刘… ② 戴… ③ 张… Ⅲ. ① 机器学习 Ⅳ. ① TP181

中国版本图书馆 CIP 数据核字(2019)第 251907 号

策划编辑　刘玉芳
责任编辑　许青青
出版发行　西安电子科技大学出版社(西安市太白南路 2 号)
电　　话　(029)88242885　88201467　　　邮　　编　710071
网　　址　www.xduph.com　　　　　　　电子邮箱　xdupfxb001@163.com
经　　销　新华书店
印刷单位　陕西天意印务有限责任公司
版　　次　2020 年 1 月第 1 版　2020 年 1 月第 1 次印刷
开　　本　787 毫米×960 毫米　1/16　印张　20
字　　数　411 千字
印　　数　1～3000 册
定　　价　52.00 元
ISBN 978 - 7 - 5606 - 5500 - 0/TP

XDUP 5802001 - 1

＊＊＊如有印装问题可调换＊＊＊

序

    深度学习是机器学习的最新分支之一，也是人工智能算法领域的最重要组成部分。近年来，深度学习无论在基础理论还是实际应用上均取得了重大进展，已发展成为信息科学领域解决实际问题的重要方法。目前，深度学习已在人工智能的不同领域得到了成功应用，尤其在我们熟知的语音与图像识别、自然语言处理、空间运动再现、航空航天控制等方面更是表现出色，受到了学术界与工业界的广泛关注。

    作为一本深度学习方面的通识类本科教材，本书内容的选择重点放在了实际应用上，而没有追求详细的理论推导和深度分析。书中涉及的多个应用示例既有深度学习中传统的案例，也有经过作者反复验证后的凝练升华。读者只需按照书中介绍的步骤进行操作，就可以重现相关的实验结果。一旦读者对深度学习有了操作上的感性认识，再去加深理论学习并推而广之将变得更加容易可行。事实上，本书正是集作者多年教学经验所成，其初稿已在多个大学团队使用，教学效果很好。本书初稿先后获得了 2017 年中国轻工业联合会优秀教材二等奖和 2018 年高等教育天津市级教学成果二等奖。

    本书作者之一戴凤智博士曾师从日本人工生命与机器人（AROB）之父、大分大学杉坂政典教授，我也有幸在杉坂政典教授创办的 AROB 国际会议上与作者多次相遇交流，深感他在深度学习与人工智能以及其他相关研究热点方向上走在了教学和科研的前沿。本书的出版无疑是国内人工智能教学研究方面的一件喜事，我非常乐意把这本优秀的教材推荐给大家，期望广大读者能从中受益。

北京航空航天大学

贾英民

2019 年 9 月

前　言

2015 年 10 月，以深度学习技术为基础的人工智能围棋程序 AlphaGo 连续五局击败欧洲围棋冠军樊辉；2016 年 3 月，AlphaGo 以 4∶1 战胜排名第四的韩国职业棋手李世石；2017 年 5 月，AlphaGo 又以 3∶0 战胜排名第一的中国职业棋手柯洁。自此国内迎来深度学习的研究热潮。2019 年图灵奖授予了深度学习研究领域的 Hinton 教授等三人。

深度学习理论是由 Hinton 等人于 2006 年提出的，其概念源于人工神经网络的研究，它通过组合低层特征来形成更加抽象的高层表示属性类别或特征，以发现数据的分布式特征表示。

深度学习在短短数年间迅猛发展，颠覆了语音识别、图像分类、文本理解等领域的算法设计思路，逐渐形成了一种从训练数据出发，经过一个端到端的模型，然后输出得到最终结果的新模式。这一创新不仅使整个系统变得更加简洁，而且准确度也能够通过综合调整深度神经网络中各个层的特征信息来不断提升。深度学习凭借大数据时代与电子技术的助力实现了迅速发展。深度学习网络对各种海量数据(不管是标注数据、弱标注数据还是仅仅数据本身)都可以加以利用并完全自动地学习深层的知识表达，这种知识其本质就是原始数据的高度浓缩与概括。

得益于深度学习强大的特征提取能力及其在计算机视觉、语音识别、大数据等领域取得的巨大成功，深度学习已经进入人们的视野，将其应用于实际工程方面具有良好的发展前景，并已成为当前领域的热点研究方向。

本书主要阐述基于深度学习理论的一些模型和算法，在对其进行详细介绍的同时，吸纳了国内外许多具有代表性的最新研究成果。全书取材新颖，内容丰富，注重理论与实际的结合，提供了将深度学习应用到实际项目中所需要的知识。

全书内容共分为 8 章：第 1 章绪论，介绍深度学习的思想、定义和研究现状以及未来的发展趋势，由刘玉良、侯伟编写；第 2 章 TensorFlow 和 Keras 简介，主要介绍 TensorFlow 以及 Keras 框架，并通过实际操作进行演示说明，由戴凤智、魏宝昌编写；第 3 章简单神经网络，从人脑学习的角度引入人工神经网络的概念，讲述基本理论并通过 Keras 予以实现，由张全、袁亚圣编写；第 4 章图像类数据处理，以卷积神经网络为依托，介绍相关的深度技术，并将其应用于图像类的数据处理之中，由叶忠用、尹迪编写；第 5 章序列类数据处理，主要介绍了一系列序列类数据的处理方法并通过 Keras 进行实现，由金霞、陈莹编写；第 6 章深度学习模型优化，系统地介绍了几种常见的深度学习模型的优化方法，同时讨论影响深度学习模型优化的因素，由李杰、章朱明编写。第 7 章数据和模型的处理与调试，介绍了如何根据具体应用挑选一个合适的算法以及对系统的性能进行评价，并根据实验反馈的性能改进机器学习系统，由张全、袁亚圣编写；第 8 章现代深度学习模型概述，介绍了几种常见的深度学习模型，包括玻尔兹曼机、自编码器、深度信念网络等，为将来的模型设计提供思路，由张全、尹迪编写。魏宝昌完成了本书附录部分的编写工作。全书由刘玉良、戴凤智和张全最终整理并成稿。

　　本书在编写过程中得到了中国人工智能学会智能空天系统专业委员会主任、北京航空航天大学贾英民教授的鼓励和支持，他亲自为本书作序。作为后辈学者，本书作者非常感谢贾英民教授的提携。本书的出版是天津科技大学电子信息与自动化学院集体努力的结果。其中，刘玉良老师及其研究生团队成员张全、李杰、章朱明、侯伟，以及戴凤智老师及其研究生团队成员魏宝昌、叶忠用、金霞、袁亚圣、尹迪、陈莹均参与了本书的编写与校正工作。同时感谢西安电子科技大学出版社领导和参与此书编辑出版的工作人员的大力协助，倘若没有他们的热情支持，本书难以如此迅速地和大家见面。此外，如果没有各位学者以公开出版物、课程和代码的方式分享他们的成果，本书可能也不会存在，这里对于他们的奉献表示衷心感谢。

　　由于编者水平有限，书中不妥之处在所难免，恳请读者批评指正。

编　者

2019 年 9 月 8 日

目　　录

第1章　绪　　论

1.1　引　　言

或许我们已经不记得在刚出生时睁开眼睛那一刻对这个世界的好奇，或许我们已经忘记在尝试了解这个世界时对一切都是那么新鲜的感觉。但是当我们刚刚记事时，可能有过这样的记忆：家人曾经将一个我们没见过的圆圆或扁圆的东西放在我们眼前，告诉我们它叫橘子。尝了尝之后，我们便记住了这种有着酸酸甜甜味道、圆圆或扁圆形状的橘黄色或者绿色的水果。

后来我们又遇到了橙子，它长得确实和橘子很像，所以我们总是认错它。但是我们通过观察，发现它的果蒂的形状和切开后的样子与橘子不一样。此时，我们发现自己又认识了一种新的水果，而且似乎比当初认识橘子的时候更省力。

再后来，随着时光流逝，我们上学了，耳边总能听到爸爸妈妈的唠叨："你要多多看书，勤奋复习，这样才能取得好成绩。"就这样，我们便知道了学习时只要下足了功夫，弄清了概念，做好了作业，自然就会取得不错的成绩……

以上我们回忆了许多往昔的时光。作为开场，我们将大致介绍一下什么是机器学习（Machine Learning）。

不难发现，在众多回忆中，学习过程似乎占据了我们成长的绝大部分，我们通常通过学习某些经验，从而获得识别及判断某些事物的能力。

例如，为什么当我们观察到橘黄色的、圆圆的、具有酸酸甜甜味道的物体时首先会想到它是一个橘子？这是因为在我们以前的经历中已经学习到了足够的经验，当我们观察到具有上述特征的物体后便能识别物体的种类。

为什么我们知道只要下足了功夫，弄清了概念，做好了作业，自然就会取得不错的成绩？这也是因为在实际生活当中，我们发现在努力以后可以获得更好的成绩，而松懈往往会导致成绩下滑，此时就要改变学习态度了。

在生活中我们往往也会认错具有相近特征的物体，但是在了解它们的区别以后，基本就可以根据已经了解的事物特征快速地识别与区分相似的事物（例如前面提到的橘子与橙子的区别）。由此可见，我们可以做出准确有效判断的前提是积累大量的相关经验，通过这些经验获得事物的特征后就可以对其进行判断分类了。

我们可以理解，人类是通过学习的方法来完成经验的积累并利用获得的经验完成判断的。那么计算机能够具有这样的能力吗？创造具有智能的机器一直是人们梦寐以求的理想。

机器学习就是帮助我们完成这个梦想的一门学科，它致力于研究如何通过计算的手段，采用学习样本的方式来自动改善系统的性能。在计算机系统中，经验通常以数据的形式存在。因此，机器学习就是指通过使计算机自动学习隐含在数据中的事物特征来使计算机拥有智能。

这种提取隐含特征的方法首先需要利用计算机在原始数据上建立模型（Model），也就是我们所说的学习算法（Learning Algorithm）。有了学习算法以后，可以把数据（水果的外部形状、颜色、味道、切开的形状等）提供给它。这样就可以根据已经生成的模型在面对新情况（一个水果）时，给我们提供一个相应的判断（比如说它是一个橘子）。如果说计算机科学是研究"算法"的，那么与此对应地可以说机器学习是研究"学习算法"的。

在这里，我们所说的"模型"泛指从原始数据中学习到的"经验"以及分类方法。

1.2　基　本　术　语

要进行机器学习，正如前面所述，我们需要数据。假如我们收集到了一些关于水果的数据：（外部形状＝圆形；颜色＝橘黄色；味道＝酸甜；切开的形状＝一瓣一瓣的），（外部形状＝椭圆形；颜色＝橘黄色；味道＝酸；切开的形状＝一瓣一瓣的）……每一对括号就是一条记录，也就是一个样本（Sample）。许多样本的集合就形成了一个数据集（Dataset）。

我们也知道描述一个事物应该是多方面的，如外部形状、颜色、味道等，那么这些能够反映物体特性的事项被称为特征（Feature）。而对它们的具体描述，如圆形、橘黄色、酸甜等被称为属性（Attribute）。我们可以想象，应该从多方面去描述一个物体，有效特征越多，就可以越详细地描述事物，那么这种特征的种类个数便称为维数（Dimensionality）。

也正如描述三维空间那样，我们可以用三维数据去描述一个物体所处的位置。对应上面描述的橘子，我们使用了四维数据来描述它（外部形状、颜色、味道、切开的形状）。那么每个橘子都可以在这样的一个四维空间中找到描述它的唯一位置。我们将这个空间称为样本空间（Sample Space）。

由于每个橘子（样本）在这样的空间中都有着自己的坐标位置，因此我们把每一个样本的全部特征统称为一个特征向量（Feature Vector）。我们可以通过得到的特征向量并根据经验来进行判断。也就是说，我们可以根据观察来判断这个东西究竟是不是橘子（类型）。这样的类型我们称之为标签（Label），通常用标签来表示每一个样本的所属类型。具体示例如表1.1所示。

表1.1中第一行第2～5列外部形状、颜色、味道、切开的形状为特征，从第二行开始每一个编号后为一个样本，每一个样本针对不同特征的具体描述为该样本的属性。每一个

样本构成一个特征向量，例如编号 1 的样本的特征向量为（圆形，橘黄色，酸甜，一瓣一瓣）。最后一列类型数据为标签。

表 1.1　水果判断数据集

编号	外部形状	颜色	味道	剥开外皮后的形状	类型
1	圆形	橘黄色	酸甜	一瓣一瓣	橘子
2	长条状	黄色	甜	长条形	香蕉
3	圆形	橘黄色	酸	不分瓣	橙子

我们可以将一个数据集抽象为数学形式 D，该数据集由许多样本 x_i 构成，即 $D = \{x_1, x_2, \cdots, x_i\}$。每一个样本 x_i 由众多属性 a_j 构成，即 $x_i = \{a_1, a_2, \cdots, a_j\}$，这个样本空间是一个 j 维空间。

当获得一系列水果的数据后，我们就可以根据这些数据总结经验了，这一过程就是家人把一个东西放在我们面前帮助我们认识它的过程。所以把从数据中获得模型的过程称为**学习**（Learning）或者**训练**（Training）。这个过程要通过某个具体的学习算法来完成。

在训练过程中所使用的数据集称为**训练数据**（Training Data），训练数据中的每一个样本称为**训练样本**（Training Sample），训练样本组成的集合称为**训练集**（Training Set）。学习算法的目的就是找到在数据中存在的某种潜在的规律，因此称之为**假设**（Hypothesis）。也就是说，学习算法用于拟合或者逼近这种潜在的规律。

当学习算法学习到某种经验以后会对输入的数据做出一个判断，这个判断称为**实际输出**（Actual Output）。我们希望它能做出正确的判断，那么按我们的希望做出的正确判断称为**目标输出**（Target Output）。

综合以上，可以将学习算法 f 利用数据 x 给出实际输出 O 的过程抽象为数学表达式，即 $O = f(x)$，这样的一个过程也被称为**预测**（Prediction）。

那么如何评价实际输出与目标输出的差距呢？我们需要通过度量两者之间的偏差来量化学习模型的效果，此时就需要**损失函数**（Loss Function），也称为**代价函数**（Cost Function）。

这个损失函数度量的就是现在的实际状态与希望状态之间的"距离"。当损失函数大的时候就意味着我们要改变自己的学习方法了。损失函数应具有如下性质：

（1）函数值非负。

（2）实际输出与目标输出越接近，损失函数值越小，反之则越大。

常见的损失函数有二次代价函数、交叉熵代价函数等，其表达式分别如下：

$$\text{Loss} = \frac{1}{2n} \sum_x \| f(x) - t \|^2 \tag{1.1}$$

$$\text{Loss} = -\frac{1}{n} \sum_x [t\ln f(x) + (1-t)\ln(1-f(x))] \tag{1.2}$$

其中，n 是训练数据的总数，求和是在所有的训练输入 x 上进行的，$f(x)$ 是对应的目标输出。

通过学习算法找到隐藏在数据中的规律后，需要利用一定的手段给出结果。如果我们想要预测的是一个个独立的物体，如橘子、香蕉等，那么此时的学习任务称为**分类**（Classification）。如果想要预测的是连续值，如 35% 的概率是橘子，63% 的概率是橙子，2% 的概率是香蕉，那么此类学习任务被称为**回归**（Regression）。若仅仅涉及两类事物的分类，则称为**二分类**（Binary-Classification）（如仅区分橘子和香蕉）；若区分多种类别，则称为**多分类**（Multi-Classification）（如分类橘子、橙子和香蕉等）。

总体来说，预测任务就是通过对训练集 $\{(x_1, t_1), (x_2, t_2), \cdots, (x_j, t_j)\}$ 进行学习，建立一个从输入空间到标签空间的映射 f。

我们知道，学习并不是一蹴而就的事情，它需要反复，需要不断地复习。正如当初父母教育我们的时候所说的话一样——你要多多看书，勤奋复习，这样才能取得好成绩，机器学习亦是如此。我们把计算机反复学习的过程称为**迭代**（Iteration），反复学习的次数称为**迭代次数**（Epoch）。

在获得模型以后，工作并没有全部结束。如果我们仅仅通过训练集的性能来评价模型，显然是不科学的，因为我们希望获得的模型不只适用于训练集的规律。所以我们还要将学习到的模型应用于一个与训练集完全独立的数据集来测试它的性能，这一过程称为**测试**（Testing）。用于测试的数据集称为**测试集**（Testing Set）。

很多文献还提及了**验证集**（Validation Set）。我们有时会根据模型在验证集上的表现对模型的众多参数进行调优。验证集是与训练集相互独立的数据集合，在优化模型参数的过程中有时会使用到验证集。这也是验证集与测试集的区别，因为测试集专门用来测试模型性能，不会直接参与对模型的优化工作。

在训练和测试的过程中可能会出现如下两种情况：

（1）模型在训练集上表现得很好而在测试集上表现得很糟。这种情况我们称之为**过拟合**（Over Fitting）。

（2）在测试集上的表现比在训练集上的表现要好，这种情况称为**欠拟合**（Under Fitting）。

总的来说，过拟合发生在过度学习了训练集的特征而导致对除训练集以外的其他数据不能很好识别的情况；而欠拟合描述的是没有充分学习训练集的特征而导致整体性能不佳的情况。

如上所述，机器学习的过程实际上是一个从输入空间到标签空间的映射，也就是一个函数关系，我们用图 1.1 和图 1.2 来描述。

从图 1.1 中可以看出，学习算法（曲线）完全拟合了特征（图中的各个点），对训练集给出了一个十分准确的拟合。从图 1.2 中可以看出，虽然学习算法（直线）没有准确地拟合所有的特征点，但是也对训练集给出了一个较为合理的拟合。

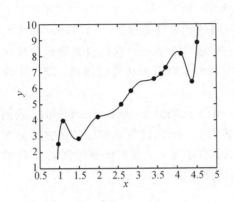

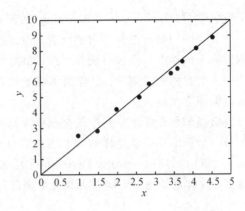

图 1.1　曲线完好地拟合了特征点　　　　　　　图 1.2　直线对特征点的拟合情况

　　虽然在没有应用背景的情况下我们很难直接说这两种拟合方法哪个更好，但是从中可以看出：

　　(1) 高阶多项式(如比较复杂的曲线)可以完全描述真实情况下的训练集特征。但是由于它过度地拟合了训练数据的特征，因此有可能导致它不适用于训练集以外的其他数据。

　　(2) 低阶多项式曲线并没有严格地描述训练集的所有特征，所以它可能拥有更为强大的抗干扰能力。但是由于模型未完全学习训练集的所有特征，因此也可能存在着欠拟合现象。

　　我们必须记住：模型既不能过于复杂，也不能过于简单。建立模型的目的就是以适当的精度去挖掘数据中隐藏的特征和联系，这里存在一个度。经过训练的模型如果对具有同一规律的学习集以外的数据也能给出合适的输出，就称该模型具有**泛化能力**(Generalization Ability)，也称为模型的**鲁棒性**(Robustness)。我们人类在泛化上表现得很好。例如，给一个儿童几幅大象的图片，他就能快速地学会认识其他大象。当然，他偶尔也会搞错，很可能将一头犀牛误认为大象，但是一般来说，识别错误的概率会很小。这是因为我们有个系统，即人的大脑，它拥有超强的学习能力，在受到少量图像的训练后，大脑系统能够学会在其他图像上进行推广。

　　我们再回忆一下前面提到的认识橘子和橙子的过程。当我们记住了橘子的特征以后再去认识橙子的时候，是不是感觉到轻松很多？人类可以将以前学到的知识应用于解决新的问题，能够更快地解决问题或取得更好的效果。这样的学习方法称为**迁移学习**(Transfer Learning)。迁移学习的最大优点就是可以从以前的任务当中学习知识或经验，并应用于新的任务中。这种学习模式可以节约大量时间成本与计算资源。

　　前面提到的儿童在家人监督下的学习，实际上是对有标签的数据的学习。但是在实际生活当中我们不可能保证所获得的数据全部具有正确的标签，那么我们就要进行没有标签的学习。顾名思义，前一种对于有标签数据的学习就如同有一个老师在一直监督我们一样，我们称之为**监督学习**(Supervised Learning)或有教师学习；而对没有标签的数据的学习称为无监督学习(Unsupervised Learning)或无教师学习。

分类与回归是有监督学习的代表，而无监督学习的代表则是**聚类**(Clustering)。聚类就是训练集中的样本自发地分成若干组，每组称为一个**簇**(Cluster)，这些自动形成的簇可能对应一些潜在的概念划分。这样的学习过程有助于我们了解数据内在的规律，能为更深入分析数据建立基础。

通常我们假设样本空间中的全部样本都服从一个未知的分布 D (Distribution)，我们获得的每一个样本都是从这样的一个训练集中采样获得的，因此这些样本都是独立同分布的(Independent and Identically Distributed)。所以训练样本越多，我们能够得到关于 D 的信息越多，这样也就越有可能获得具有更强泛化能力的模型。

1.3　监督学习算法

简单而言，监督学习算法就是给定一组输入 x 和输出 y 的训练集，通过学习来获得输入和输出两者之间的映射关系。

1.3.1　支持向量机

支持向量机(Support Vector Machine，SVM)是监督学习中最有影响力的方法之一。不同于逻辑回归，SVM 输出的仅仅是样本的类别，而不是概率。也不同于传统的线性回归，SVM 的重要创新就是**核函数**(Kernel Function)。这些概念将在后面进行较为详细的论述。

我们知道，分类学习最基本的思路就是在训练集 $D = \{(x_1, y_1), (x_2, y_2), \cdots, (x_m, y_m)\}$（以二维平面为例）中划分不同种类样本的超平面。但是这样划分的超平面可能有很多，如图 1.3 所示，如何去寻找最优超平面呢？

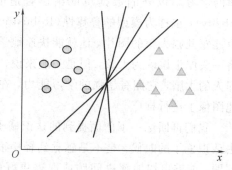

从直觉上讲，我们似乎应该从两类样本的正中间来分开它们，因为这样最鲜明而且距离两类样本的边界都最远，不容易发生分类错误。也就是说，这样划分超平面对训练样本局部扰动的抗干扰性能最好，鲁棒性也最高。

图 1.3　分类超平面不唯一

那么如何将分类超平面抽象成数学模型呢？我们在二维空间中可以用一个线性方程来表示分类超平面(一条直线)，即

$$\boldsymbol{\omega}^{\mathrm{T}} x + \boldsymbol{b} = \boldsymbol{0} \tag{1.3}$$

其中，$\boldsymbol{\omega}$ 为法向量，对应线性方程中的斜率 $1/k$，它决定了超平面的方向；$\boldsymbol{b}$ 为位移量，决定了超平面与坐标原点的距离。

同理，当样本空间扩充到 n 维时，法向量也随之扩充至 n 维，即 $\boldsymbol{\omega} = (\boldsymbol{\omega}_1, \boldsymbol{\omega}_2, \cdots, \boldsymbol{\omega}_n)$。因此，我们可以看出，划分超平面由法向量 $\boldsymbol{\omega}$ 和位移量 $\boldsymbol{b}$ 来共同决定。$\boldsymbol{\omega}^{\mathrm{T}}\boldsymbol{x} + \boldsymbol{b}$ 也称为判决函数。

前面我们认为正中间划分超平面最好，是因为这个超平面距离两类样本的边界都最远。那么我们就需要计算空间中的点到超平面的距离。还是以二维空间举例，点 (x_0, y_0) 到直线 $AX + BY + C = 0$ 的距离公式为

$$d = \left| \frac{Ax_0 + By_0 + C}{\sqrt{A^2 + B^2}} \right| \tag{1.4}$$

因此，我们不难将其扩展到高维空间，样本空间中任意点 $\boldsymbol{x}$ 到划分超平面的距离可以表示为

$$d = \frac{|\boldsymbol{\omega}^{\mathrm{T}}\boldsymbol{x} + \boldsymbol{b}|}{\|\boldsymbol{\omega}\|} \tag{1.5}$$

假设分类超平面可以正确地分离样本，当样本分为 A、B 两类时，在分类超平面的一方为一类样本，在另一方为另一类样本，即

$$\begin{cases} \boldsymbol{\omega}^{\mathrm{T}}\boldsymbol{x} + \boldsymbol{b} > 0, & \boldsymbol{x} \in A \\ \boldsymbol{\omega}^{\mathrm{T}}\boldsymbol{x} + \boldsymbol{b} < 0, & \boldsymbol{x} \in B \end{cases} \tag{1.6}$$

我们令两类样本中边缘样本的判决函数值为 $+1$、-1，如图 1.4 所示。

在图 1.4 中，两种样本最边缘的判决函数值被设为 $+1$、-1，即

$$\begin{cases} \boldsymbol{\omega}^{\mathrm{T}}\boldsymbol{x} + \boldsymbol{b} = 1 \\ \boldsymbol{\omega}^{\mathrm{T}}\boldsymbol{x} + \boldsymbol{b} = -1 \end{cases} \tag{1.7}$$

那么这样的两个向量被称为支持向量（Support Vector），这也是"支持向量机"这个名字的由来。

那么如何寻找这个最优的划分超平面呢？我们知道，距离两类样本的边界都最远的超平面才是最优的。设两个平行直线 $Ax + By + C_1 = 0$ 与 $Ax + By + C_2 = 0$ 的距离为

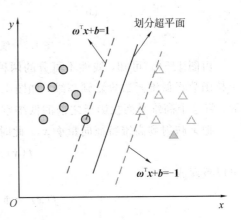

图 1.4　支持向量与划分超平面关系

$$d = \frac{|C_1 - C_2|}{\sqrt{A^2 + B^2}} \tag{1.8}$$

可以推导出，两个异类支持向量到超平面的距离之和为

$$d = \frac{2}{\|\boldsymbol{\omega}\|} \tag{1.9}$$

它被称为间隔（Margin）。显然，为了最大化间隔，我们仅需最小化 $\|\boldsymbol{\omega}\|$。这就是支持向量机的基本原理。

上面讨论了线性可分样本的分类原理，那么遇到线性不可分的样本该如何呢？此时，需要核函数来帮助我们，如图 1.5 所示。

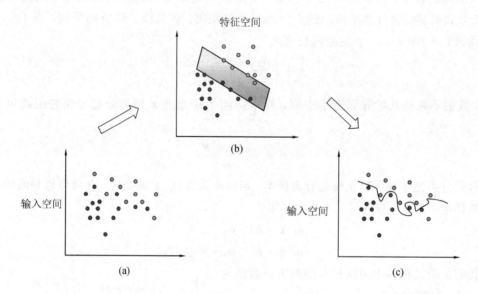

图 1.5　线性不可分 SVM 原理

由图 1.5(a) 可知，线性不可分的两种样本难以找到一条直线来区分。因此我们利用一个核函数将低维函数投影到高维，如图 1.5(b) 所示，然后找到可以划分两种样本的高维平面，将这个高维平面投影至之前的低维空间便能获得分类界限，如图 1.5(c) 所示。

把 $\boldsymbol{x}$ 映射到高维特征向量 $\boldsymbol{\phi}(\boldsymbol{x})$，此时在特征空间划分超平面可以写为

$$f(\boldsymbol{x}) = \boldsymbol{\omega}^{\mathrm{T}}\boldsymbol{\phi}(\boldsymbol{x}) + \boldsymbol{b} \tag{1.10}$$

可以整理成

$$f(\boldsymbol{x}) = b + \sum_i \boldsymbol{\alpha}_i k(\boldsymbol{x}, \boldsymbol{x}^{(i)}) \tag{1.11}$$

其中，$\boldsymbol{x}^{(i)}$ 为训练的样本，$\boldsymbol{\alpha}$ 是系数向量。我们将 $\boldsymbol{x}$ 替换为特征函数 $\boldsymbol{\phi}(\boldsymbol{x})$ 的输出，得到核函数 $k(\boldsymbol{x}, \boldsymbol{x}^{(i)}) = \boldsymbol{\phi}(\boldsymbol{x}) \cdot \boldsymbol{\phi}(\boldsymbol{x}^{(i)})$。这个函数关于 $\boldsymbol{x}$ 是非线性的，关于 $\boldsymbol{\phi}(\boldsymbol{x})$ 是线性的。$\boldsymbol{\alpha}$ 和 $f(\boldsymbol{x})$ 之间的关系也是线性的。核函数完全等价于用 $\boldsymbol{\phi}(\boldsymbol{x})$ 预处理所有的输入，然后在新的转换空间内学习线性模型。

通过前面的讨论可知，我们希望样本在特征空间中是线性可分的，因此特征空间的性质对支持向量机的性能具有至关重要的影响。在不知道特征映射的具体形式时，我们难以知道究竟什么样的核函数是合适的，而核函数仅仅隐式地定义了特征空间，于是选择一个

合适的核函数成为了构造一个支持向量机的关键问题。表 1.2 给出了集中常用的核函数，其中高斯核最为常用。

表 1.2 常用核函数

名称	表达式	备注
线性核	$k(\boldsymbol{x}_i, \boldsymbol{x}_j) = \boldsymbol{x}_i^{\mathrm{T}} \boldsymbol{x}_j$	
多项式核	$k(\boldsymbol{x}_i, \boldsymbol{x}_j) = (\boldsymbol{x}_i^{\mathrm{T}} \boldsymbol{x}_j)^n$	$n \geqslant 1, n$ 为多项式次数
高斯核	$k(\boldsymbol{x}_i, \boldsymbol{x}_j) = \exp\left(-\dfrac{\parallel \boldsymbol{x}_i - \boldsymbol{x}_j \parallel^2}{2\sigma^2}\right)$	$\sigma > 0, \sigma$ 为高斯核带宽
拉普拉斯核	$k(\boldsymbol{x}_i, \boldsymbol{x}_j) = \exp\left(-\dfrac{\parallel \boldsymbol{x}_i - \boldsymbol{x}_j \parallel}{\sigma}\right)$	$\sigma > 0$
Sigmoid 核	$k(\boldsymbol{x}_i, \boldsymbol{x}_j) = \tanh(\boldsymbol{\beta} \boldsymbol{x}_i^{\mathrm{T}} \boldsymbol{x}_j + \boldsymbol{\theta})$	$\boldsymbol{\beta} > \boldsymbol{0}, \boldsymbol{\theta} < \boldsymbol{0}$

1.3.2 决策树

决策树（Decision Tree）及其变种是另一类将输入空间分成不同的区域，而每个区域有独立参数的算法。顾名思义，决策树就是通过树状结构的决策方式来判断一个样本的归属，这是一种很自然的处理机制。人类在遇到一个复杂问题时，通常将问题分解为几个小问题去逐个突破。

以区分橘子和橙子为例，我们希望从训练集中学到一个判断模型来对新样本进行分类。当判断一个水果是橘子还是橙子时，我们通常会进行一系列子判断，如先去看它的外部形状是什么，如果是圆形，则再看它的颜色是什么，如果是橘黄色，那么再去观察它剥开的形状是什么样的，如果是一瓣一瓣的，那么它就是个橘子。这个决策的过程可以用图 1.6 来表示。

一般情况下，一颗决策树包含一个根节点、若干个内部节点和若干个叶节点。在图 1.6 中，内部节点用圆圈表示，叶节点用方块表示。叶节点对应决策结果，其他每个节点对应一个属性测试，每

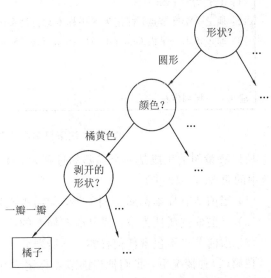

图 1.6 判断橘子的决策树

个节点包含的样本集合根据属性测试的结果被划分到子节点中，根节点包含全部样本。

　　决策树的每个节点都与输入空间的一个区域相关联，并且内部节点继续将区域分成子节点下的子区域(通常使用坐标轴拆分区域)。空间由此细分成不重叠的区域，叶节点和输入区域之间形成一一对应的关系。每个叶节点将其输入区域的每个点映射到相同的输出。总体来讲，它的本质就是将一个复杂的高维的问题分解成多个不重叠的、简单的、低维的问题。

　　决策树学习基本算法的实现过程如图 1.7 所示。

输入：训练样本 S，由离散值属性表示；候选属性的集合 A

过程：Generate_Decision_Tree(S, A)

1：　创建节点 N；

2：　if S 中所有样本都在同一个类 C then

3：　Return N 作为叶节点，以类 C 标记；

4：　if A 为空或 S 中样本在 A 上取值相同 then

5：　Return N 作为叶节点，标记为 S 中样本数最多的类；

6：　选择 A 中具有最高信息增益的属性 Best-A；//找出最好的划分属性

7：　标记节点 N 为 Best-A；

8：　对每一个 Best-A 中的未知值 a_i//将样本 S 按照 Best-A 进行划分

9：　由节点 N 生出一个条件为 Best-$A=a_i$ 的分支；

10：设 S_i 是 S 中 Best-$A=a_i$ 的样本的集合；

11：if S_i 为空 then

12：加上一个叶节点，标记为 S 中样本数目最多的类；

13：Else 加上一个由 Generate_Decision_Tree(S_i, A – Best-A)返回的节点；

　　　　　　　　　　　　　　//对数据子集 S_i 递归调用，此时候选属性已删除 Best-A

输出：一棵判定树。

图 1.7　决策树学习基本算法的实现过程

　　所以决策树的生成是一个递归的过程。总体来说，标记叶节点的情况有以下三种(即图 1.7 中的第 3、5、12 步)：

　　(1) 当前所有样本都属于同一类，无需再次划分。

　　(2) 当前候选属性为空，或是所有样本的所有属性值相同，无法划分。

　　(3) 当前节点不包含任何样本，不能划分。

　　在第(2)种情况下，我们把当前节点标记为叶节点，并将其标记为该节点所含样本最多的类型；在第(3)种情况下，依旧将当前节点标记为叶节点，并将其类别设定为父节点所含样本最多的类别。值得注意的是，这两种情况的样本范围是不一样的。

1.4　无监督学习算法

无监督学习算法用于训练含有很多特征的数据集，然后学习出这个数据集上有用的结构性质。无监督算法只处理特征，而不处理标签。其实，监督算法和无监督算法之间的区别并没有严格的定义。通俗地说，无监督学习大多是指从没有人为注释的样本分布中抽取信息。一个经典的无监督学习任务是找到所有数据的最佳表示。这个最佳表示一般来说是指在某些特别限定条件下，能够尽可能地保存关于样本的更多信息。

1.4.1　主成分分析

主成分分析（Principal Component Analysis，PCA）是无监督学习中较为常用的一种降维方法。要想掌握事物的本质，抓住主要因素是关键。从本质上讲，我们希望学习一种比原始输入的维数更低且尽量多地包含原始信息的表达，那么如何实现这样的表达呢？利用低维函数是一个绝妙的主意，即将高维的样本投影到低维的空间（超平面）中，且在低维空间中依旧能区分这些样本。

综合我们的需求，不难想到这样的超平面应具有以下性质：

（1）最近重构性：样本点到超平面的距离都足够近。

（2）最大可分性：样本点在这个超平面上的投影尽可能地分开。

如图 1.8 所示，PCA 将输入高维函数投影表示成低维函数，学习数据的正交线性变换。由于我们想在低维空间中依旧能区分原始样本，因此我们希望所有样本的投影尽可能地分开。此时需要最大化投影点的方差（方差是衡量一组数据离散程度的度量）。这种将数

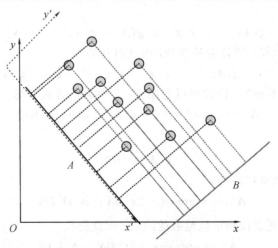

图 1.8　PCA 原理示例

据变换为元素之间彼此不相关表示的能力是 PCA 的一个重要性质。它能消除数据中未知的变化因素。在 PCA 中，这个消除是通过寻找输入空间的一个旋转（通过协方差矩阵）完成的，使得最大方差的主坐标和新表示空间的基对齐（如 $y'x'$ 坐标系）。虽然相关性是数据元素间依赖关系的一个重要范畴，但能够消除更复杂形式的特征依赖也是非常重要的。

通过上面的讨论可知，我们希望找到一个编码函数，能够根据输入进行编码，$f(x) = A$；同时对应地，我们也希望找到一个解码函数，能够重构原始数据，即 $x = g(f(x))$。为了方便，我们使用矩阵的方式来表示，即 $g(A) = DA$，其中 D 为解码矩阵。

但是会发现在这种描述下可能存在多个解。如果矩阵 A 为放大后的编码矩阵，那么解码矩阵按比例缩小才能保持结果不变。因此，为了使问题有唯一解，我们限制 D 中所有列向量都有单位范数（即经过归一化后，模为 1），且为了使编码问题简单，PCA 限制 D 的列向量彼此正交。

为了实现这个算法，我们先推导它的重构性。所谓最近重构性，是指样本点到超平面的距离都足够近。我们利用二范数来衡量它们之间的距离，设 A^* 为最优编码：

$$A^* = \underset{A}{\arg\min} \parallel x - g(A) \parallel \qquad (1.12)$$

为了计算方便，我们使用平方二范数来代替二范数：

$$A^* = \underset{A}{\arg\min} \parallel x - g(A) \parallel^2 \qquad (1.13)$$

之所以可以替换，是因为：

（1）式(1.12)与式(1.13)可以在相同的值上取得最小值。

（2）平方运算在非负值范围内是单调递增的。

将式(1.13)的等号右边 $\parallel x - g(A) \parallel^2$ 进行简化，得到

$$\parallel x - g(A) \parallel^2 = (x - g(A))^{\mathrm{T}}(x - g(A)) \qquad (1.14)$$

将其展开：

$$\parallel x - g(A) \parallel^2 = x^{\mathrm{T}}x - x^{\mathrm{T}}g(A) - g(A)^{\mathrm{T}}x + g(A)^{\mathrm{T}}g(A) \qquad (1.15)$$

由于 $g(A)^{\mathrm{T}}x$ 是标量，转置为其本身，因此可化简为

$$\parallel x - g(A) \parallel^2 = x^{\mathrm{T}}x - 2x^{\mathrm{T}}g(A) + g(A)^{\mathrm{T}}g(A) \qquad (1.16)$$

式中，由于 $x^{\mathrm{T}}x$ 与 A 不相关，因此可以忽略它，得到新的优化目标：

$$A^* = \underset{A}{\arg\min}(-2x^{\mathrm{T}}g(A) + g(A)^{\mathrm{T}}g(A)) \qquad (1.17)$$

由于前面设定

$$g(A) = DA \qquad (1.18)$$

因此，将式(1.18)代入式(1.17)：

$$A^* = \underset{A}{\arg\min}(-2x^{\mathrm{T}}DA + A^{\mathrm{T}}D^{\mathrm{T}}DA) \qquad (1.19)$$

由于矩阵 D 具有正交性和单位范数的约束，因此得到

$$A^* = \underset{A}{\arg\min}(-2x^{\mathrm{T}}DA + A^{\mathrm{T}}I_lA) \qquad (1.20)$$

可以利用微分方式解决上述求最小值的问题。我们知道，当函数取最值时其梯度应为零：

$$\nabla_A(-2\boldsymbol{x}^{\mathrm{T}}\boldsymbol{DA}+\boldsymbol{A}^{\mathrm{T}}\boldsymbol{A})=\boldsymbol{0} \tag{1.21}$$

$$-2\boldsymbol{D}^{\mathrm{T}}\boldsymbol{x}+2\boldsymbol{A}=\boldsymbol{0} \tag{1.22}$$

$$\boldsymbol{A}=\boldsymbol{D}^{\mathrm{T}}\boldsymbol{x} \tag{1.23}$$

通过式(1.23)我们可以看出，最优编码 $\boldsymbol{x}$ 只需要一个矩阵与向量的乘法操作，这种方法是高效的。所以我们得到编码函数：

$$f(\boldsymbol{x})=\boldsymbol{D}^{\mathrm{T}}\boldsymbol{x} \tag{1.24}$$

通过式(1.24)可以得到重构原函数的方法（解码）：

$$g(\boldsymbol{A})=\boldsymbol{DD}^{\mathrm{T}}\boldsymbol{x} \tag{1.25}$$

接下来要具体地去选择编码矩阵 $\boldsymbol{D}$ 了。前面讨论过，要最小化输入和重构距离，必须最小化所有维数和所有点上的误差矩阵的 Frobenius 范数（矩阵 $\boldsymbol{A}$ 的 Frobenius 范数定义为矩阵 $\boldsymbol{A}$ 各项元素的绝对值平方的总和）。最小化的目标函数为

$$\boldsymbol{D}^{*}=\underset{\boldsymbol{D}}{\mathrm{argmin}}\sqrt{\sum_{i,j}(\boldsymbol{x}_{j}^{(i)}-g(f(\boldsymbol{x}^{(i)}))_{j})^{2}},\ \boldsymbol{D}^{\mathrm{T}}\boldsymbol{D}=\boldsymbol{I}_{l} \tag{1.26}$$

为了便于推导，我们考虑 $l=1$ 的情况。此时，$\boldsymbol{D}$ 是一个单一向量 $\boldsymbol{d}$。将式(1.25)代入式(1.26)，可以将问题简化为

$$\boldsymbol{d}^{*}=\underset{\boldsymbol{d}}{\mathrm{argmin}}\sum_{i}\parallel \boldsymbol{x}^{(i)}-\boldsymbol{dd}^{\mathrm{T}}\boldsymbol{x}^{(i)}\parallel^{2},\ \parallel \boldsymbol{d}\parallel_{2}=1 \tag{1.27}$$

将表示各点的向量组合成一个矩阵，其中 $\boldsymbol{X}_{i,:}=(\boldsymbol{x}^{(i)})^{\mathrm{T}}$。所以，式(1.27)也可以写为

$$\boldsymbol{d}^{*}=\underset{\boldsymbol{d}}{\mathrm{argmin}}\sum_{i}\parallel \boldsymbol{X}-\boldsymbol{Xdd}^{\mathrm{T}}\parallel_{\mathrm{F}}^{2},\ \parallel \boldsymbol{d}\parallel_{2}=1 \tag{1.28}$$

暂时不考虑约束，我们可以将 Frobenius 范数简化成下面的形式：

$$\underset{\boldsymbol{d}}{\mathrm{argmin}}\sum_{i}\parallel \boldsymbol{X}-\boldsymbol{Xdd}^{\mathrm{T}}\parallel_{\mathrm{F}}^{2} \tag{1.29}$$

其中，Frobenius 范数为

$$\parallel \boldsymbol{A}\parallel_{\mathrm{F}}=\sqrt{\sum_{i=1}^{m}\sum_{j=1}^{n}|a_{i,j}|^{2}}=\sqrt{\mathrm{tr}(\boldsymbol{A}^{\mathrm{T}}\boldsymbol{A})} \tag{1.30}$$

所以式(1.30)又可变为

$$\begin{aligned}\parallel \boldsymbol{A}\parallel_{\mathrm{F}}&=\underset{\boldsymbol{d}}{\mathrm{argmin}}\,\mathrm{tr}((\boldsymbol{X}-\boldsymbol{Xdd}^{\mathrm{T}})^{\mathrm{T}}(\boldsymbol{X}-\boldsymbol{Xdd}^{\mathrm{T}}))\\&=\underset{\boldsymbol{d}}{\mathrm{argmin}}\,\mathrm{tr}(\boldsymbol{X}^{\mathrm{T}}\boldsymbol{X}-\boldsymbol{X}^{\mathrm{T}}\boldsymbol{Xdd}^{\mathrm{T}}-\boldsymbol{dd}^{\mathrm{T}}\boldsymbol{X}^{\mathrm{T}}\boldsymbol{X}+\boldsymbol{dd}^{\mathrm{T}}\boldsymbol{X}^{\mathrm{T}}\boldsymbol{Xdd}^{\mathrm{T}})\\&=\underset{\boldsymbol{d}}{\mathrm{argmin}}[\mathrm{tr}(\boldsymbol{X}^{\mathrm{T}}\boldsymbol{X})-\mathrm{tr}(\boldsymbol{X}^{\mathrm{T}}\boldsymbol{Xdd}^{\mathrm{T}})-\mathrm{tr}(\boldsymbol{dd}^{\mathrm{T}}\boldsymbol{X}^{\mathrm{T}}\boldsymbol{X})+\mathrm{tr}(\boldsymbol{dd}^{\mathrm{T}}\boldsymbol{X}^{\mathrm{T}}\boldsymbol{Xdd}^{\mathrm{T}})]\end{aligned} \tag{1.31}$$

由于与 $\boldsymbol{d}$ 无关的项不影响 argmin，因此可化简为

$$\parallel \boldsymbol{A}\parallel_{\mathrm{F}}=\underset{\boldsymbol{d}}{\mathrm{argmin}}[-\mathrm{tr}(\boldsymbol{X}^{\mathrm{T}}\boldsymbol{Xdd}^{\mathrm{T}})-\mathrm{tr}(\boldsymbol{dd}^{\mathrm{T}}\boldsymbol{X}^{\mathrm{T}}\boldsymbol{X})+\mathrm{tr}(\boldsymbol{dd}^{\mathrm{T}}\boldsymbol{X}^{\mathrm{T}}\boldsymbol{Xdd}^{\mathrm{T}})] \tag{1.32}$$

由于循环改变迹运算中相乘矩阵的顺序不影响结果，因此可以将式(1.32)写为

$$\| \boldsymbol{A} \|_F = \operatorname*{argmin}_{\boldsymbol{d}} [-2\mathrm{tr}(\boldsymbol{X}^T \boldsymbol{X} \boldsymbol{d} \boldsymbol{d}^T) + \mathrm{tr}(\boldsymbol{d} \boldsymbol{d}^T \boldsymbol{X}^T \boldsymbol{X} \boldsymbol{d} \boldsymbol{d}^T)]$$

$$= \operatorname*{argmin}_{\boldsymbol{d}} [-2\mathrm{tr}(\boldsymbol{X}^T \boldsymbol{X} \boldsymbol{d} \boldsymbol{d}^T) + \mathrm{tr}(\boldsymbol{X}^T \boldsymbol{X} \boldsymbol{d}^T \boldsymbol{d} \boldsymbol{d}^T)] \tag{1.33}$$

此时，加入约束条件：

$$\operatorname*{argmin}_{\boldsymbol{d}} [-2\mathrm{tr}(\boldsymbol{X}^T \boldsymbol{X} \boldsymbol{d} \boldsymbol{d}^T) + \mathrm{tr}(\boldsymbol{X}^T \boldsymbol{X} \boldsymbol{d}^T \boldsymbol{d} \boldsymbol{d}^T)], \ \boldsymbol{d}^T \boldsymbol{d} = 1 \tag{1.34}$$

将约束条件代入，可得

$$\| \boldsymbol{A} \|_F = \operatorname*{argmin}_{\boldsymbol{d}} [-2\mathrm{tr}(\boldsymbol{X}^T \boldsymbol{X} \boldsymbol{d} \boldsymbol{d}^T) + \mathrm{tr}(\boldsymbol{X}^T \boldsymbol{X} \boldsymbol{d} \boldsymbol{d}^T)], \ \boldsymbol{d}^T \boldsymbol{d} = 1$$

$$= \operatorname*{argmin}_{\boldsymbol{d}} [-\mathrm{tr}(\boldsymbol{X}^T \boldsymbol{X} \boldsymbol{d} \boldsymbol{d}^T)], \ \boldsymbol{d}^T \boldsymbol{d} = 1$$

$$= \operatorname*{argmax}_{\boldsymbol{d}} [\mathrm{tr}(\boldsymbol{X}^T \boldsymbol{X} \boldsymbol{d} \boldsymbol{d}^T)], \ \boldsymbol{d}^T \boldsymbol{d} = 1$$

$$= \operatorname*{argmax}_{\boldsymbol{d}} [\mathrm{tr}(\boldsymbol{d}^T \boldsymbol{X}^T \boldsymbol{X} \boldsymbol{d})], \ \boldsymbol{d}^T \boldsymbol{d} = 1 \tag{1.35}$$

这就是主成分分析的优化目标。具体来讲，最优的 $\boldsymbol{d}$ 是 $\boldsymbol{X}^T \boldsymbol{X}$ 最大特征值对应的特征向量。

以上推导是在 $l=1$ 的特定情况下得到的，仅得到了第一个主成分。更一般地，当我们希望得到主成分的基时，矩阵 $\boldsymbol{D}$ 由前 l 个最大的特征值对应的特征向量组成。

下面我们来讨论 PCA 的最大可分性。

假设有一个 $m \times n$ 的矩阵 $\boldsymbol{X}$，数据的均值为 0（若非如此，则应该是所有的样本减去均值对数据进行中心化）。为什么要中心化呢？通过上面分析我们已经知道，在进行 PCA 时，需要找出矩阵的特征向量，也就是主成分。如果没有对数据进行中心化，那么算出来的第一主成分的方向可能就不是一个可描述数据的方向。所以，数据中心化的目的是要增加基向量的正交性。

$\boldsymbol{X}$ 对应的无偏样本协方差矩阵为

$$\mathrm{Var}[\boldsymbol{x}] = \frac{1}{m-1} \boldsymbol{X}^T \boldsymbol{X} \tag{1.36}$$

PCA 的本质是通过线性变换找到一个 $\mathrm{Var}[\boldsymbol{z}]$ 使对角矩阵的 $\boldsymbol{z} = \boldsymbol{D}^T \boldsymbol{x}$。

由式(1.35)可知，矩阵 $\boldsymbol{X}$ 的主成分由 $\boldsymbol{X}^T \boldsymbol{X}$ 的特征向量给定，所以可得

$$\boldsymbol{X}^T \boldsymbol{X} = \boldsymbol{D} \boldsymbol{\Lambda} \boldsymbol{D}^T \tag{1.37}$$

式中，$\boldsymbol{\Lambda}$ 表示 $\boldsymbol{X}$ 的特征值构成的对角阵。

因此，主成分可以通过奇异值分解（SVD）得到。具体来说，它们是 $\boldsymbol{X}$ 的右奇异向量。为了说明这点，假设 $\boldsymbol{D}$ 是奇异值分解 $\boldsymbol{X} = \boldsymbol{U} \boldsymbol{\Sigma} \boldsymbol{D}^T$ 的右奇异向量。以 $\boldsymbol{D}$ 为特征向量的基，我们可以得到原来的特征向量方程：

$$\boldsymbol{X}^T \boldsymbol{X} = (\boldsymbol{U} \boldsymbol{\Sigma} \boldsymbol{D}^T)^T \boldsymbol{U} \boldsymbol{\Sigma} \boldsymbol{D}^T = \boldsymbol{D} \boldsymbol{\Sigma}^2 \boldsymbol{D}^T \tag{1.38}$$

式中，$\boldsymbol{\Sigma}$ 表示半正定对角矩阵。

使用 X 的 SVD 分解，X 的方差可以表示为

$$\text{Var}[x] = \frac{1}{m-1}X^{\text{T}}X = \frac{1}{m-1}(U\Sigma D^{\text{T}})^{\text{T}}U\Sigma D^{\text{T}}$$

$$= \frac{1}{m-1}D\Sigma^{\text{T}}U^{\text{T}}U\Sigma D^{\text{T}} = \frac{1}{m-1}D\Sigma^2 D^{\text{T}} \tag{1.39}$$

根据奇异值的定义，矩阵 U 是正交的。这表明 z 的协方差矩阵满足对角的要求：

$$\text{Var}[z] = \frac{1}{m-1}Z^{\text{T}}Z = \frac{1}{m-1}D^{\text{T}}X^{\text{T}}XD = \frac{1}{m-1}D^{\text{T}}D\Sigma^2 D^{\text{T}}D \tag{1.40}$$

根据 SVD 的定义，$D^{\text{T}}D = I$，因此

$$\text{Var}[z] = \frac{1}{m-1}\Sigma^2 \tag{1.41}$$

通过以上分析可知，当我们通过线性变换 D 将数据 x 投影到 z 时，得到的数据表示的协方差矩阵是对角的，因此可以看出 z 中的元素是彼此无关的，也就是说达到了最大可分性的要求。PCA 的具体实现过程如图 1.9 所示。

输入：样本集 $X = \{x_1, x_2, \cdots, x_m\}$；低维空间维数 d'。

过程：

1： 对所有样本进行中心化，每一维的数据减去该维数据均值，变换后每一维的均值为 0，得到矩阵 B，即 $x_i \leftarrow x_i - \frac{1}{m}\sum_{i=1}^{m}x_i$；

2： 计算 B 的协方差矩阵 C；

3： 计算协方差矩阵 C 的特征值和特征向量；

4： 取最大的 d' 个特征值所对应的特征向量 $w_1, w_2, \cdots, w_d$。

输出：投影矩阵。

图 1.9　PCA 的具体实现过程

1.4.2 K-均值聚类

另一个简单的无监督学习算法是 K-均值聚类（K-means）。K-means 算法是一种简单的迭代型聚类算法，采用距离作为相似性指标，发现给定数据集中的 K 类，且每个类的中心是根据类中所有值的均值得到的，每个类用聚类中心来描述。对于给定的一个包含 n 个 d 维数据点的数据集 X 以及要分得的类别 K，选取欧式距离作为相似度指标，聚类目标是使得各类的聚类平方和最小，即最小化。

聚类不能回避的一个问题是病态问题。也就是说，并没有单一的标准去度量聚类的数据在真实世界中的效果如何。我们可以度量聚类的性质，如类中元素到类中心点的欧几里得距离的均值。然而我们不知道聚类的性质能否很好地对应到真实的世界。此外，还有可

能得到了一个与任务无关但合理的不同聚类。

　　假设我们在包含红色卡车、红色汽车、灰色卡车和灰色汽车的图片数据集上运行两个不同的聚类算法。如果每个聚类算法都将数据聚合为两大类，那么聚类算法 1 是将汽车和卡车各聚为一类，而聚类算法 2 就是把红色和灰色各聚为一类。假设我们还运行了第三个聚类算法，而这次是将数据聚为四类，那么就只能聚成红色卡车、红色汽车、灰色卡车和灰色汽车这四类了。

　　现在这个聚类算法 3 至少抓住了属性的信息，但是它丢失了相似性信息。红色汽车和红色卡车被分到了不同类中，而同样红色汽车和灰色卡车也在不同的类中。这种聚类算法无法说明红色汽车和红色卡车在颜色方面的相似度比灰色卡车要高，我们只知道它们是不同的。也就是说，K-means 算法并没有告诉我们在某种前提下哪个特征具有更高的影响力。

　　K-means 算法的步骤如下：

　　(1) 从 N 个样本中选取 K 个样本作为聚类中心。

　　(2) 对剩余的每个样本计算其到每个聚类中心的距离。

　　(3) 重新计算各个类的质心(聚类中心)，即每一个中心点更新为该类别中所有训练样本的均值。

　　(4) 多次迭代后，聚类中心不再变化或小于某阈值时，算法结束。

1.5　机器学习

　　作为一种实现人工智能的强大技术，深度学习(Deep Learning，DL)已经在手写数字识别、维数约减、语音识别、图像理解、机器翻译、蛋白结构预测和情感识别等方面获得了广泛应用。因 DL 屡屡取得打破纪录的评测结果并超越其他方法，故很快受到了非常高的关注。这些成果的出现，都让人们真真切切地感受到人工智能已经不再是停留在科幻小说中的幻想，深度学习的时代已经到来了！特别是 2019 年 3 月 27 日，国际计算机学会将 2018 年的图灵奖同时授予了被称为"深度学习三剑客"的 Yoshua Bengio、Geoffrey Hinton 和 Yann LeCun，既是对三人在计算机领域贡献的认可，也是对深度学习这一技术的充分肯定。

　　"人工智能"(Artificial Intelligence，AI)一词最早是由认知科学家约翰·麦卡锡在研究中提出的。他提出："这项研究基于一种推测，即任何学习行为或其他智力特征，在原则上都可以被精确地描述，从而可以制造出一台机器来模拟它。"这种描述在今天仍然适用，只是复杂性增加了一些。著名的图灵测试是目前为止 AI 发展的终极目标：如果某种机器运行的逻辑程序可以表现出与人类等价或者无法分辨的智能，则认为机器有了思维，能够进行思考。

　　从实用角度讲，AI 的目标是要让计算机系统能够自动完成那些需要依靠人类智慧才能完成的工作。在 AI 发展的早期阶段，主要方法和思路是将人类总结的知识用一系列规范的、形式化的数学规则来表示，然后通过自动化的程序代替人类处理问题。以知识为基础的**专家系统**(Knowledge-based Expert System)就是这方面的典型代表,它将某个领域中人类专家的经验通过知识表示方法写成一条一条的规则,系统依照规则推理并模拟专家的思维方式。

不过在实际应用中,专家系统都没有取得太大的成功,其最主要的局限性体现在系统明显受到规则数量的限制。规则数量决定了系统对不同情况的适应程度,然而规则是有限的,问题发生时的状况是无限的,用有限的规则处理无限的可能,注定难以取得较好的结果。

AI 许多早期的成功发生在相对朴素且形式化的环境中,而且不要求计算机具备很多关于世界的知识。例如,IBM 的深蓝(Deep Blue)国际象棋系统在 1997 年击败了世界冠军 Garry Kasparov。显然,国际象棋是相对简单的领域,因为它仅含有 64 个位置并且只能以严格限制的方式移动 32 个棋子。设计一种成功的国际象棋策略是巨大的成就,但向计算机描述棋子及其允许的走法并不是挑战的困难所在。国际象棋完全可以由一个非常简短的、完全形式化的规则列表来描述,并容易由程序员事先准备好。

然而许多真实世界的问题并不都能容易地用计算机语言表达清楚,比如图像识别和语音识别。这些问题有着比国际象棋大得多的问题域,即使对于人类来说,也有很多不能确定、无法选择的时刻,所以单纯用规则来描述问题是不现实的。

既然依靠这种硬编码或规则的知识体系存在困难,AI 系统就需要具备自己获取知识的能力,即从原始数据中提取模式的能力。这种能力就被称为**机器学习**(Machine Learning)。引入机器学习可使计算机解决涉及现实世界知识的问题,并能作出看似主观的决策。比如,一个被称为逻辑回归(Logistic Regression)的简单机器学习算法可以决定是否建议剖宫产。这些简单的机器学习算法的性能在很大程度上依赖于给定数据的表示(Representation)。例如,当逻辑回归用于判断产妇是否适合剖宫产时,AI 系统不会直接检查患者。相反,医生需要告诉系统几条相关的信息,诸如是否存在子宫瘢痕等。表示患者的每条信息被称为一个特征。

正如前面例子中描述的那样,设计合适的特征表示在机器学习中是一项极其重要却非常困难的工作。一方面,特征选取会直接影响预测的稳定性,要得到准确的预测结果,就必须选中相关度最高的特征。在使用逻辑回归等简单机器学习算法的时候,由于特征选取问题而导致模型失效的情况比比皆是。但另一方面,又需要加入许多人类的先验经验才能完成设计特征,需要运用人类的智慧和经验来分析各种因素所带来的直接或间接影响。

所以通常的做法是首先列举各种可能的特征,其次通过交叉组合的方式进行穷举验证。在很长一段时间,这一被称作**特征工程**(Feature Engineering)的工作都是机器学习的重中之重,是每个研究员的必修技能。特征工程对于传统机器学习算法来说非常重要,但同时它也是机器学习应用的最大束缚。它不仅费时费力,还需要人类提供大量的先验经验以弥补对数据本身挖掘不足的缺陷。因此,如果想要扩大机器学习的适用范围,则需降低学习算法对特征工程的依赖。

　　然而，对于许多任务来说，我们很难知道应该提取哪些特征。例如，假设我们想编写一个程序来检测照片中的车。我们知道，汽车有轮子，所以我们可能会用车轮的存在与否作为特征。不幸的是，我们难以准确地根据照片中的像素值来描述车轮看上去像什么。虽然车轮具有简单的几何形状，但它的图像可能会因场景和拍摄角度而异，这些因素包括落在车轮上的阴影、车轮上被太阳照亮的金属零件、汽车的挡泥板或者被遮挡车轮的前景物体等。

　　要想处理这些问题，机器学习的发展就必须由建立知识体系的思想逐渐向自主学习知识的方向改变。解决这个问题的途径之一是使用机器学习来发掘表示本身，而不仅仅把表示映射到输出。这种方法称为**表示学习**（Representation Learning）。自动学习到的表示往往比人工设计的表示表现得更好，并且它们只需最少的人工干预，就能让 AI 系统迅速适应新的任务。表示学习算法只需几分钟就可以为简单任务发现一个很好的特征集，对于复杂任务则需要几小时到几个月。与此相对应，手动为一个复杂的任务设计特征需要耗费大量的人工时间和精力，甚至需要花费整个社群研究人员几十年的时间。同时，人工设计的特征还存在一定的主观性与片面性。正是这种主观性与片面性在一定程度上限制了模型性能的进一步提升。

　　显然，从原始数据中提取如此高层次、抽象的特征是非常困难的。例如在识别语音时，存在诸如说话口音这样的干扰因素，此时只能通过对数据进行复杂的、接近人类水平的理解来辨识。这几乎与获得原问题的表示一样困难，因此，看上去表示学习似乎并不能帮助我们。

　　深度学习（Deep Learning）是在人工神经网络（Artificial Neural Network，ANN）的基础上发展而来的一种表示学习方法，也是一种机器学习算法。深度学习、机器学习和人工智能的关系如图 1.10 所示。

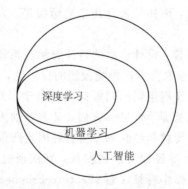

图 1.10　由韦恩图表示的人工智能、机器学习和深度学习之间的关系

　　所谓表示学习，就是让算法在获得少量人为先验经验的情况下，能够自主地从数据中抽取出合适的特征，完成原本需要通过特征工程才能得到的结果。这有点像是监督学习和

无监督学习的结合体,我们可以称之为弱监督学习。在表示学习范畴中,深度学习通过多层非线性变换的组合方式来得到更抽象、更有效的特征表示。也就是说,深度学习是让计算机通过较简单的概念去构建复杂的概念,如图 1.11 所示。

图 1.11　深度学习通过其他较简单的表示来表达复杂的表示

原先机器学习的主要工作包括大量人工处理的特征工程加上一个可被训练的分类器。而到了深度学习时代,特征工程已经被各种可设计的特征提取器所取代,在应用效率上有了显著提高。如上所述,深度学习模型能够逐层地自动提取特征。

下面以图像的自动识别为例进行介绍。图像是以像素值的方式输入计算机的,然后由像素组成细小的边,也就是抽取图像的纹理、边缘轮廓以达到提取初级特征的目的。在中级层次,这些初级的纹理与边缘轮廓组合成图形,也就是构成目标物体的各种部件。在最后的高级层次中,各种局部的图案将会组合成最终想要识别的物体。

通过这个过程我们可以了解到,其实深度学习模型的结构设计就是将一系列相对简单的非线性映射操作构成一个多层网络,每一层(Layer)都可以完成一次特征提取。那么,深度学习模型的层数也就是深度学习模型的深度。

通过上述讨论我们可以直觉地发现,似乎深度学习网络的层数越多,提取特征的能力也就越强。但是在实际应用中,无限深的深度学习模型是不可能存在的,这是因为当层数达到一定数量时,会出现梯度消失(Vanishing Gradient)和梯度爆炸(Exploding Gradient)的问题(相关内容将在后续章节进行详细分析)。

今天,在计算机科学的诸多分支学科领域中,都能找到机器学习技术的足迹。尤其是在计算机视觉、自然语言处理等计算机应用技术领域。机器学习技术已然成为推动科学技术发展的主要动力之一。

机器学习还为许多交叉学科提供了重要的技术支撑。例如,张康等人以谷歌已训练好的 VGG - 16 深度学习模型为主体,利用迁移学习技术,使用眼底视网膜 OCT 图像以及小儿肺部 X 光图像训练深度学习模型,以达到自动诊断视网膜病变类型以及小儿细菌性、病毒性肺炎的目的。Coudray 等人使用深度学习技术,从非小细胞肺癌组织病理学图像方面对肺癌进行分类,预测癌症突变。Michael A. Schwemmer 等提出了使用深度神经网络解码框架,对脑-计算机接口进行了改进,以实现先自动识别脑电,再控制电机协助人体完成预期动作的功能。由于人工智能在图像识别领域具有超越人类专家的卓越性能,因此在医疗图像诊断领域表现出了巨大的潜在推动力。不仅仅在医疗图像领域，生物信息学也是机器学习可以大放异彩的重要平台。生物信息学研究从生命现象到规律发现都需要数据分析，而数据分析正是机器学习技术的舞台。

当前，机器学习与普通人的生活密切相关。例如在天气预报、能源勘探、环境监测等方面，有效地利用机器学习技术对卫星和传感器发回的数据进行分析，是提高预报和检测准确性的重要途径。在商业营销中，有效地利用机器学习技术对销售数据、客户信息进行分析，不仅可帮助商家优化库存、降低成本，还有助于针对用户群设计特殊营销策略，如百度、谷歌等。网络查询是通过分析网络上的数据来找到用户所需的信息的，在这个过程中，用户查询是输入，搜索结果是输出，而要建立输入与输出之间的联系，其核心技术必然是机器学习。还有一些浏览器具有"扫一扫"功能，我们扫到物体后它可以告诉我们这个东西究竟是什么。汽车制造行业也不甘落后，通用、奥迪、大众、宝马等传统汽车公司均投入巨资对能够实现自动驾驶的机器学习技术进行研发，目前已开始有产品进入市场。谷歌、百度、脸书、雅虎等公司纷纷成立专攻机器学习技术的研究团队，甚至直接以机器学习技术命名研究院，充分体现出机器学习的重要性。

机器学习备受瞩目当然是由于它强大的智能数据分析能力，但机器学习研究还有另一个不可忽视的意义，即通过建立一些计算模型来促使发现一些新的自然规律，如新型蛋白质结构等。自然科学研究的驱动力归结起来无外乎是人类对宇宙本源、万物本质、生命本性、自我本质的好奇和探索。从这个意义上说，机器学习不仅在信息科学中占有重要地位，还具有一定的自然科学探索色彩。

不同类型人工智能系统的流程图如图 1.12 所示。图 1.12 展示了不同类型 AI 系统各部分彼此之间的关系。阴影框表示具有从数据中学习的能力的组件。

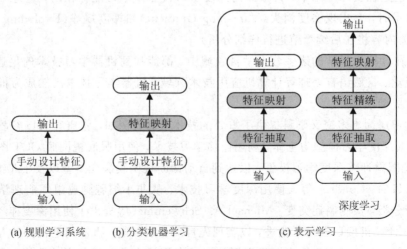

(a) 规则学习系统　　(b) 分类机器学习　　(c) 表示学习

图 1.12　不同类型 AI 系统的流程图

1.6　深度学习的趋势

深度学习看似是一个全新的领域,事实上其历史可以追溯到 20 世纪 40 年代。一般来说,到目前为止,深度学习已经经历了三次发展浪潮:20 世纪 40 年代到 60 年代深度学习的雏形出现在**控制论**(Cybernetics)中,20 世纪 80 年代到 90 年代深度学习表现为**联结主义**(Connectionism),直到 2006 年才真正以深度学习之名复兴。

我们会有这样一个疑问:既然人工神经网络在 20 世纪 50 年代就被提出了,为什么深度学习直到最近才被认为是关键技术,而且反复经历了三次复兴浪潮呢?这是由于在当时计算机技术和硬件能力不足,要使一个深度学习算法达到一个较好的性能就需要使用大量的技巧,深度学习被视为一种只有专家才可以使用好的艺术,并非是一种通用技术,而近年来深度学习对技巧的依赖逐渐降低,因此再次成为人们关注的热点。深度学习的再次崛起依赖于以下四个方面的发展:

(1) 与日俱增的数据量。

(2) 愈发庞大的计算资源。

(3) 深度学习越来越高的识别精度与预测能力。

(4) 深度学习成功地解决越来越多的实际问题。

1.6.1　与日俱增的数据量

机器学习的主要目的就是从数据中学习知识。如果缺乏大量数据的支持,那么即便是性能优秀的机器学习算法,也难以达到一个较好的学习效果。就如同人类一样,我们学习知识需要大量的学习材料,而如果单纯依赖某一方面的信息则无法充分地了解所有事物。

幸运的是,在日益数字化的驱动下,我们能够获得的数据量日益增加。由于计算机愈发普及,互联网加速发展,因此数据也可以更容易地被收集与记录,并更容易地被整理成适用于机器学习的应用数据集。在刚刚建立深度学习模型数据集的时候,受生物启发的机器学习开拓者们通常使用小的合成数据集,如低分辨率的字母位图。该数据集仅有几百条数据,目的是将其设计为在低计算成本下可以利用神经网络学习特定功能。大数据时代的到来,使机器学习变得更加容易。据不完全统计,截至 2016 年,监督深度学习算法在每类给定约 5000 个标注样本的情况下,一般将达到可以接受的性能,当至少有 1000 万个有标签样本的数据集用于训练时,机器学习算法将接近甚至超越人类表现。图 1.13 给出了数据量的发展历程。

20 世纪 80 年代和 90 年代,机器学习开始利用包含成千上万个样本的更大数据集,如识别手写体数字的 MNIST 数据集。MNIST 数据集拥有 60 000 张 28 像素×28 像素的黑白图像。到了 21 世纪初,更为庞大复杂的数据集陆续出现,如拥有几百万张彩色图片的 ImageNet 数据集,以及更加庞大的 WMT 2014 英法数据集。

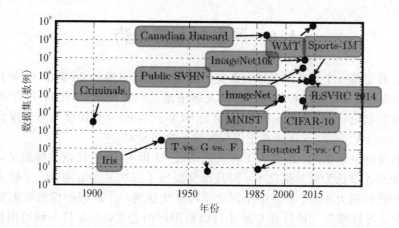

图 1.13　数据量的发展历程

1.6.2　愈发庞大的计算资源

现在神经网络非常成功的另一个重要原因是拥有的计算资源可以运行更大的模型。正如 1.5 节中介绍的那样，深度学习模型的规模越大，深度学习模型越容易取得一个较好的结果。但是随着模型的规模日渐庞大，对计算资源的需求也越来越高。人工神经网络的规模大约每 2.4 年扩大 1 倍。这种增长是由更大的内存、更快的计算机和更大的可用数据集驱动的。

著名的电脑厂商英特尔（Intel）创始人戈登·摩尔（Gordon Moore）提出：当价格不变时，集成电路上可容纳的元器件数目每隔 18～24 个月就会增加 1 倍，性能将提升 1 倍。这就是著名的摩尔定律。虽然目前家用电脑 CPU（Central Processing Unit）的计算频率已经接近当前技术的上限，但是不断发展的集成技术依旧可以为机器学习的进步提供支持。

考虑到深度学习庞大的计算需求和 CPU 综合计算性能的限制，人们提出使用图像处理单元（Graphics Processing Unit，GPU）来解决深度学习庞大的计算问题。神经网络算法通常涉及大量参数、激活值、梯度值的缓冲区，其中每个值在每一次训练迭代中都要被完全更新，有可能会超出传统计算机的高速缓存（Cache），所以内存带宽通常会成为主要瓶颈。而与 CPU 相比，GPU 的一个显著优势就是具有极高的内存带宽。由于神经网络的训练算法通常不涉及大量的分支运算与复杂的控制指令，因此更适合在 GPU 硬件上完成。另外，由于神经网络能够被分为多个单独的神经元，并且独立于同一层内其他神经元进行处理，因此具有并行特性的 GPU 更适用于神经网络的计算。

图 1.14 为不同时期提出的各种结构深度学习模型的规模。图中每一个点代表一种网络结构。

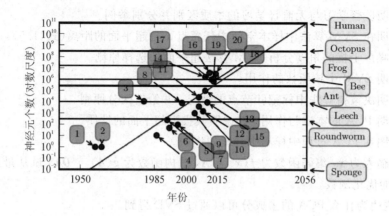

图 1.14 不同时期提出的各种结构深度学习模型的规模

1—感知机；2—自适应线性单元；3—神经认知机；4—早期反向传播网络；5—用于语音识别的循环神经网络；6—用于语音识别的多层感知机；7—均匀场 Sigmoid 信念网络；8—LeNet-5；9—回声状态网络；10—深度信念网络；11—GPU-加速卷积网络；12—深度玻尔兹曼机；13—GPU-加速深度信念网络；14—无监督卷积网络；15—GPU-加速多层感知机；16—OMP-1 网络；17—分布式自编码器；18—Multi-GPU 卷积网络；19—COTS HPC 无监督卷积网络；20—GoogLeNet。

1.6.3 越来越高的性能以及解决实际问题的潜力

最早的神经网络只能识别两种对象（或单类对象的存在与否），目前的神经网络通常能够识别至少 1000 个不同类别的对象。在每年举行的 ImageNet 大型视觉识别挑战（ILSVRC）中，卷积网络第一次大幅赢得这一挑战，它将最高水准的前 5 错误率从 26.1% 降到了 15.3%。

深度学习也对语音识别产生了巨大影响。语音识别水平在 20 世纪 90 年代得到提高后，直到 2000 年左右都停滞不前。深度学习的引入使得语音识别错误率陡然降低。

在深度网络的规模和精度有所提高的同时，它们解决的任务也日益复杂。目前神经网络已经可以初步处理字符序列，而这种学习将引领另一个应用的颠覆性发展，即机器翻译。

深度学习也为其他科学做出了贡献，例如根据医学图像进行诊断（利用脑部 CT 图像对大脑疾病进行自动诊断），帮助制药公司设计新的药物等。

总之，深度学习是机器学习的一种方法。近年来受数据资源、计算资源、社会要求等多方面因素的驱动，深度学习也获得了进一步的发展，是一个充满了机遇与挑战的技术。

思 考 题

1.1 说明训练集与测试集的区别和各自的作用。

1.2　　说明监督学习与无监督学习的本质区别并分别举例。

1.3　　证明在 SVM 算法中样本空间中任意点 x 到超平面的距离(式(1.5))。

1.4　　从噪声干扰的角度分析 SVM 算法超平面的选择原则。

1.5　　说明 SVM 中核函数的作用。

1.6　　说明决策树算法中标记叶节点的情况,并给出区分原则。

1.7　　说明 PCA 的本质与作用,并说明其投影超平面的性质。

1.8　　说明在 PCA 过程中样本中心化的作用。

1.9　　设输入为 x,编码函数为 $f(x)=A$,重构函数为 $g(A)=DA$,试从最近重构性角度求出 PCA 的优化函数。

1.10　　说明为什么 PCA 的主成分可以通过 SVD 得到。

1.11　　说明 K-means 的迭代过程。

1.12　　说明人工智能、机器学习、深度学习之间的关系并举例。

1.13　　简述深度学习的发展趋势。

参 考 文 献

[1]　周志华. 机器学习[M]. 北京:清华大学出版社,2016.

[2]　喻俨,莫瑜,王琛,等. 深度学习原理 TensorFlow 实践[M]. 北京:电子工业出版社,2017.

[3]　NIELSEN M. Neural Networks and Deep Learning[M]. Determination Press,2016. http://neuralnetworksanddeeplearning.com.

[4]　BENGIO Y, DE MORI R, FLAMMIA G, et al. Phonetically motivated acoustic parameters for continuous speech recognition using artificial neural networks[C]. In Proceedings of EuroSpeech'91, 1991.

[5]　BAHDANAU D, CHO K, BENGIO Y. Neural machine translation by jointly learning to align and translate[J]. In ICLR'2015, 2015. arXiv: 1409. 0473.

[6]　BASTIEN F, LAMBLIN P, PASCANU R, et al. Theano: new features and speed improvements[J], 2012. arXiv: 1211. 5590.

[7]　CHELLAPILLA K, PURI S, SIMARD P. High Performance Convolutional Neural Networks for Document Processing [C]. In: Tenth International Workshop on Frontiers in Handwriting Recognition, 2006.

[8]　CIRESAN D C, MEIER U, GAMBARDELLA L M, et al. Deep big simple neural nets for handwritten digit recognition[J]. Neural Computation, 2010, 22: 1-14.

[9]　COATES A, NG A Y. The importance of encoding versus training with sparse coding and vector quantization[C]. In ICML'2011, 2011.

[10]　COATES A, HUVAL B, WANG T, et al. Deep learning with COTS HPC systems [C].

International Conference on International Conference on Machine Learning, 2013, 28(3): 1337 - 1345.

[11] COUDRAY N, OCAMPO P S, SAKELLAROPOULOS T, et al. Classification and mutation prediction from non-small cell lung cancer histopathology images using deep learning[J]. Nature Medicine, 2018, 24: 1559 - 1567.

[12] DENG J, DONG W, SOCHER R, et al. ImageNet: A Large-Scale Hierarchical Image Database[C]. In CVPR09, 2009.

[13] DENG J, BERG A C, LI K, et al. What Does Classifying More Than 10 000 Image Categories Tell Us? [C]. Computer Vision-ECCV 2010 - 11th European Conference on Computer Vision, Heraklion, Crete, Greece, September 5 - 11, 2010, Proceedings, Part V. Springer, Berlin, Heidelberg, 2010.

[14] DAHL G E, JAITLY N, SALAKHUTDINOV R. Multi-task neural networks for QSAR predictions [J], 2014. arXiv: 1406. 1231.

[15] FUKUSHIMA K. Neocognitron: A self-organizing neural network model for a mechanism of pattern recognition unaffected by shift in position[J]. Biological Cybernetics, 1980, 36: 193 - 202.

[16] GOODFELLOW I J, BULATOV Y, IBARZ J, et al. Multi-digit number recognition from Street View imagery using deep convolutional neural networks[J], 2014. arXiv: 1312. 6082.

[17] HSU F H. Behind Deep Blue: Building the Computer that Defeated the World Chess Champion[J]. Technology & Culture, 2002, 127(19): 93 - 93.

[18] HINTON G E, OSINDERO S, THE Y. A fast learning algorithm for deep belief nets[J]. Neural Computation, 2006, 18: 1527 - 1554.

[19] HINTON G, DENG L, DAHL G E, et al. Deep neural networks for acoustic modeling in speech recognition[J]. IEEE Signal Processing Magazine, 2012, 29(6): 82 - 97.

[20] LECUN Y, BOTTOU L, BENGIO Y, et al. Gradient-based learning applied to document recognition[J]. Proceedings of the IEEE, 1998, 86(11): 2278 - 2324.

[21] JAEGER H, HAAS H. Harnessing nonlinearity: Predicting chaotic systems and saving energy in wireless communication[J]. Science, 2004, 304(5667): 78 - 80.

[22] JARRETT K, KAVUKCUOGLU K, RANZATO M, et al. What is the Best Multi-Stage Architecture for Object Recognition? [C]. Proc. International Conference on Computer Vision (ICCV'09). IEEE, 2009.

[23] KRIZHEVSKY A, SUTSKEVER I, HINTON G. ImageNet Classification with Deep Convolutional Neural Networks[C]. NIPS. Curran Associates Inc., 2012.

[24] KERMANY D S, GOLDBAUM M, CAI W, et al. Identifying Medical Diagnoses and Treatable Diseases by Image-Based Deep Learning[J]. Cell, 2018, 172(5): 1122 - 1131. e9.

[25] MOR-YOSEF S, SAMUELOFF A, MODAN B, et al. Ranking the risk factors for cesarean: logistic regression analysis of a nationwide study[J]. Obstet Gynecol, 1990, 75(6): 944 - 7.

[26] RUMELHART D E, HINTON G E, WILLIAMS R J. Learning internal representations by error

propagation[M]. Neurocomputing: foundations of research. Cambridge: MIT Press, 1988.

[27] RUSSAKOVSKY O, DENG J, SU H, et al. ImageNet Large Scale Visual Recognition Challenge [J]. International Journal of Computer Vision, 2015, 115(3): 211-252.

[28] ROSENBLATT F. The perceptron: A probabilistic model for information storage and organization in the brain[J]. Psychological Review, 1958, 65: 386-408.

[29] IVAKHNENKO A G. Principles of Neurodynamics[J]. Cybern. Syst. Anal., 1957, 11: 841.

[30] ROBINSON A J, FALLSIDE F. A recurrent error propagation network speech recognition system [J]. Computer Speech and Language, 1994, 5(3): 259-274.

[31] RAINA R, MADHAVAN A, NG A Y. Large-scale deep unsupervised learning using graphics processors[C]. Proceedings of the 26th Annual International Conference on Machine Learning, ICML 2009, Montreal, Quebec, Canada, June 14-18, 2009. ACM, 2009.

[32] SZEGEDY C, LIU W, JIA Y Q, et al. Going deeper with convolutions[C]. 2015 IEEE Conference on Computer Vision and Pattern Recognition (CVPR), Boston, MA, 2015: 1-9.

[33] SAUL L K, JAAKKOLA T, JORDAN M I. Mean field theory for sigmoid belief networks[J]. Journal of Artificial Intelligence Research, 1996, 4: 61-76.

[34] SALAKHUTDINOV R, HINTON G. Deep Boltzmann machines [C]. In Proceedings of the International Conference on Artificial Intelligence and Statistics, 2009, 5: 448-455.

[35] CHILAMKURTHY S, GHOSH R, TANAMALA S, et al. Deep learning algorithms for detection of critical findings in head CT scans: a retrospective study[J]. Lancet. 2018, 392: 2388-396.

[36] SCHWEMMER M A, SKOMROCK N D, SEDERBERG P B, et al. Meeting brain-computer interface user performance expectations using a deep neural network decoding framework[J]. Nature Medicine, 2018, 24: 1669-1676.

[37] WIDROW B, HOFF M E. Adaptive switching circuits[J]. In 1960 IRE WESCON Convention Record, 1960, 4: 96-104.

[38] WIKIPEDIA. List of animals by number of neurons: Wikipedia, the free encyclopedia. https://en. wikipedia. org/wiki/Talk: List_of_animals_by_number_of_neurons

第 2 章　TensorFlow 和 Keras 简介

我们在第 1.6 节讨论过以前深度学习发展被限制的原因（"深度学习被视为一种只有专家才可以使用好的艺术，并非是一种通用技术"是其主要原因之一）。为了推动深度学习的发展，必须构建一个高效、可靠、可扩展且便于广泛使用的实现深度学习模型的工具。

随着深度学习的发展，各种框架如雨后春笋般出现。近两年，谷歌、微软等行业巨头重点研究了一些开源的深度学习框架，如 TensorFlow、PyTorch、Caffe 等。本章主要介绍 TensorFlow 以及 Keras 框架。这两个框架是本书示例的主要实施平台。

2.1　TensorFlow 简介

2.1.1　概述

2015 年 11 月 10 日，谷歌宣布推出全新的机器学习开源工具 TensorFlow。其标志如图 2.1 所示。TensorFlow 最初是由谷歌机器智能研究部门的 Google Brain 团队开发的，是基于谷歌在 2011 年开发的深度学习基础框架 DistBelief 建立起来的。TensorFlow 作为一个开源软件库，用于各种感知和语言理解任务的机器学习，目前被 50 个团队用于研究和生产 Google 商业产品，如语音识别、Gmail、Google 相册和搜索等。

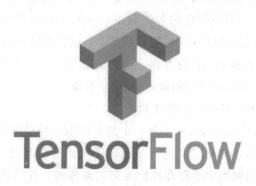

图 2.1　TensorFlow 的标志

从命名角度来理解，Tensor(张量)意味着 N 维数组，Flow(流)意味着基于数据流图的计算。TensorFlow 的运行过程就是张量从图的一端流动到另一端的计算过程。图 2.2 给出了 TensorFlow 的数据流示意图。节点(Nodes)在图中表示数学操作，图中的线(Edges)则表示在节点间相互联系的多维数据数组，即张量(Tensor)。这种基于流的架构让 TensorFlow 具有非常高的灵活性，可以使其在多种平台上展开计算，例如台式计算机中的一个或多个 CPU(或 GPU)、服务器、移动设备等。

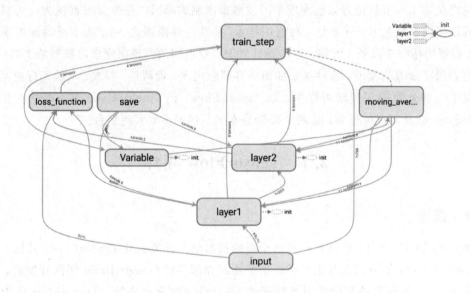

图 2.2　数据流图

总体来说，TensorFlow 是一个编程系统，使用图来表示计算任务。图中的节点被称为 op(operation)。一个 op 获得 0 个或多个张量 Tensor，通过执行计算产生 0 个或多个 Tensor。每个 Tensor 是一个类型化的多维数组，一个 TensorFlow 图描述了计算的过程。为了进行计算，图必须在会话(Session)里被启动。会话将图的 op 分发到诸如 CPU 或 GPU 之类的设备上，同时提供执行 op 的方法。这些方法执行后，将产生的 Tensor 返回。在 Python 语言中，返回的 Tensor 是 numpy ndarray 对象。

谷歌团队总结的 TensorFlow 的特性如下：

(1) 高度的灵活性。TensorFlow 不是一个简单调用的神经网络库。它在提供一些可以调用的基本深度学习模块的基础上，进一步提供了用户可以自己在 TensorFlow 的基础上写上层库的功能。当基础调用中不存在我们所需的操作时，我们就可以定义自己的新复合操作。这就像 MATLAB 一样，既可以调用已有函数，也可以定义自己的函数。

(2) 真正的可移植性。TensorFlow 在 CPU 和 GPU 上运行，可以运行于台式机、服务器、手机移动设备等。由于深度学习越来越贴近人们的生活，因此这种跨平台的能力成为了主要趋势，既能让模型在服务器上高效训练，又能快速地部署在各种应用环境中，为深度学习的实用化带来了极大的便利。

（3）分布式扩展能力。由于深度学习模型所需要的计算资源十分庞大，因此仅通过单机运算是不能满足需求的，需要将大量运算分到不同的计算单元（如多块 GPU）上，这就是分布式技术。利用分布式技术进行并行计算可以在很大程度上提高计算的吞吐量，进一步提升效率。TensorFlow 单进程计算与分布式计算结构如图 2.3 所示。

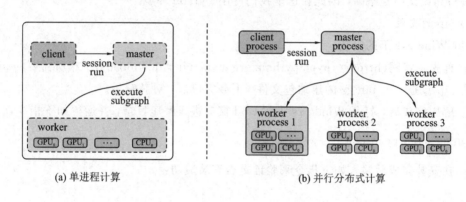

图 2.3　单进程计算与并行分布式计算结构示意图

（4）广泛的应用性。TensorFlow 可被广泛应用在多个领域。TensorFlow 具有庞大的社区，当有科学家用 TensorFlow 尝试新的算法后，便可以使新的算法变成一个新模型，并直接提供给在线用户。使用 TensorFlow 可以让应用型研究者将想法迅速实体化，也可以让学术型研究者更直接地彼此分享代码，从而提高科研效率。同时，TensorFlow 还支持多种语言，如 Python、C++等，这使它的适用范围更广，具有更高的灵活性。TensorFlow 还具有自动微分的能力。只需要定义预测模型的结构，将这个结构和目标函数（Objective Function）结合在一起，并添加数据，TensorFlow 将自动计算相关的微分导数。这样的功能也使深度学习算法不再是只有数学家才懂得的艺术，而变成了一个可以被多领域科学家共同使用的普遍工具。

2.1.2　TensorFlow 的使用

TensorFlow 是一个编程系统，使用图来表示计算任务。在 TensorFlow 完成我们的预期任务时，必须告诉它这个任务应该如何完成，即首先要构造一个数据流图。在构建完数据流图以后，需要在会话中启动图来完成我们所需要的工作，放入数据使之沿数据流图运行。这个过程就像是搭建电路一样，先构造一个电路，完成后再通入电流，使其沿着搭建好的电子元件依次流动，最终完成目标任务。

1. TensorFlow 的安装

TensorFlow 是一个深度学习开源软件库。它的计算核心是基于高性能 C/C++实现的，外部封装使用的则是易用的 Python 语言。这样的思路不仅保证了软件库函数的性能，还降低了使用的难度。因此，使用 TensorFlow 就是使用 Python 软件库编写深度学习程序。从开发语言方面来考虑，虽然 TensorFlow 既支持 C/C++，又支持 Python，但 C/C++接口的编写和调试门槛略高，因此在这里我们使用 Python 环境。

1）pip 的安装

（1）Windows 下的安装。

① 首先在官网（https://pypi.python.org/pypi/pip#downloads）下载所需要的 pip 包。

② pip 包是一个 tar.gz 的压缩包文件。下载完成后，对其解压。

③ 解压完成后，打开 Windows 中的 cmd 窗口进入解压目录，并运行如下指令：

python setup.py install

④ 在安装完成后输入如下指令来验证是否安装成功：

pip list

如果安装正确，就会显示安装的 pip 的版本信息。值得注意的是，在 Windows 环境下，安装 pip 后可能会出现系统不识别 pip 命令的情况，这是因为还没有添加环境变量，此时应添加环境变量。

（2）Linux 下的安装。在终端下运行：

sudo apt install python-pip

如果是 Python3，则运行：

sudo apt install python3-pip

当安装完成后，我们可以通过 pip-version 或 python3-version 命令来检查是否安装成功。当显示版本信息时，则表示安装成功，如

pip 9.0.1from/usr/lib/python2.7/dist-packages(python 2.7)

2）TensorFlow 的安装

（1）CPU 版本安装。运行如下命令：

pip install tensorflow

如果发现速度较慢，则可以使用清华镜像源来下载软件：

pip install-i https://pypi. tuna. tsinghua. edu. cn/simple tensorflow

（2）GPU 版本安装。TensorFlow 既可以支持 CPU，也可以支持 CPU＋GPU。前者的环境需求简单，后者需要额外的支持。如果要安装 GPU 版本，则需要以下环境：有支持 CUDA 计算的 NVIDIAGPU 卡；下载安装 CUDA Toolkit，并确保其路径添加到 PATH 环境变量里；下载安装 cuDNN，并确保其路径添加到 PATH 环境变量里。

CUDA Toolkit 是 Nvidia 提供的 CUDA 开发套件，其中包括 CUDA 驱动、编写 CUDA 程序必要的编译器和头文件以及一些辅助函数库。cuDNN 是基于 CUDA Toolkit 编写的面向深度神经网络的 GPU 加速库，其中提供了一系列深度神经网络常用的计算模型，如前向计算、反向计算、卷积计算、池化计算、标准化模型以及多种激活函数。TensorFlow 直接使用这些函数库来实现各种计算的 GPU 加速。

在安装完 cuDNN 库和 CUDA Toolkit 库后，同样使用 pip 来安装 TensorFlow：

pip install tensorflow-gpu

等待安装完成后，输入以下命令检测安装是否成功：

```
>>> import tensorflow as tf
>>> hello = tf. constant('Hello，TensorFlow!')
>>> sess = tf. Session()
>>> print(sess. run(hello))
```

如果出现我们设置的字符串，则证明安装成功。

2. 构建图

正如上面所说，要想让 TensorFlow 完成我们的预期，首先要构建一个数据流图，要通过安排一个个节点，让它成为流图。也就是说，构建图的第一步是创建源 op(source op)。源 op 不需要任何输入，如常量（Constant）。源 op 的输出被传递给其他 op 作运算。在 Python 库中，op 构造器的返回值代表被构造出的 op 的输出，这些返回值可以作为输入传递给其他 op 构造器。

```
# 调用 TensorFlow
import tensorflow as tf
# 创建一个常量 op，产生一个矩阵 A。这个 op 被作为一个节点加到默认中
matrix1 = tf. constant([[3.，3.]])
# 创建另外一个常量 op，产生一个矩阵 B
matrix2 = tf. constant([[2.]，[2.]])
```

♯创建一个矩阵乘法 matmul op，把 matrix1 和 matrix2 作为输入

♯返回值 product 代表矩阵乘法的结果

```
product = tf.matmul(matrix1，matrix2)
```

3. 在会话中启动图

启动图的第一步是创建一个 Session 对象，代码如下：

```
♯创建会话
sess = tf.Session()
♯调用会话的 run 来运行已经定义好的 product
result = sess.run(product)
print result
♯对象在使用完后需要关闭以释放资源
sess.close()
```

也可以使用"with"代码来自动完成关闭动作：

```
with tf.Session()as sess：
    result = sess.run([product])
    print result
```

对于分布式工作，如果机器上有超过一个可用的 GPU，则除第一个外，其他 GPU 默认是不参与计算的。为了让 TensorFlow 使用这些 GPU，我们必须将 op 明确指派给它们执行，运行代码如下：

```
with tf.Session()as sess：
    with tf.device("/gpu：1")：
        matrix1 = tf.constant([[3.，3.]])
        matrix2 = tf.constant([[2.]，[2.]])
        product = tf.matmul(matrix1，matrix2)
        …
```

2.1.3　TensorFlow 的可视化

大规模的深度神经网络运算模型是非常复杂的，其运算过程也是不容易理解的。为了易于理解、调试及优化神经网络运算模型，数据科学家及应用开发人员可以使用 TensorFlow 的可视化组件 TensorBoard。TensorBoard 主要支持 TensorFlow 模型的可视化展示及统计信息的图表展示。TensorBoard 应用架构如图 2.4 所示。

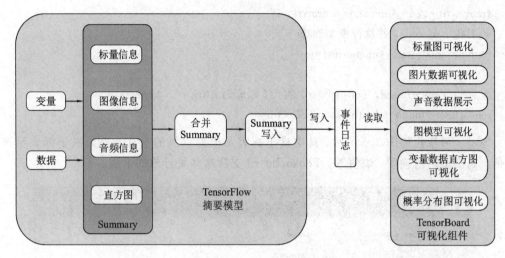

图 2.4　TensorBoard 应用架构

TensorFlow 可视化技术主要分为两部分：TensorFlow 摘要模型及 TensorBoard 可视化组件。在摘要模型中，需要把模型变量或样本数据转换为 TensorFlow Summary 操作，然后合并 Summary 操作，最后通过 Summary 写入操作写入 TensorFlow 的事件日志。TensorBoard 通过读取事件日志，进行相关摘要信息的可视化展示，主要包括标量图可视化、图片数据可视化、声音数据展示、图模型可视化，以及变量数据直方图可视化和概率分布图可视化。

TensorFlow 可视化技术的关键流程如下：

＃定义变量及训练数据的摘要操作
tf. summary. scalar('max', tf. reduce_max(var))
tf. summary. histogram('histogram', var)
tf. summary. image('input', image_shaped_input，10)＃10 张图片

＃定义合并变量操作，一次性生成所有 Summary 数据
merged ＝ tf. summary. merge_all()

＃定义写入 Summary 数据到事件日志的操作
train_writer ＝ tf. train. SummaryWriter(FLAGS. log_dir ＋ '/train', sess. graph)
test_writer ＝ tf. train. SummaryWriter(FLAGS. log_dir ＋ '/test')

＃执行训练操作，并把 Summary 信息写入事件日志
summary, _＝ sess. run([merged, train_step], feed_dict＝feed_dict(True))

train_writer. add_summary(summary，i)

#下载示例 code，并执行模型训练

python mnist_with_summaries. py

#启动 TensorBoard，TensorBoard 的 UI 地址为 http://ip_address:6006

tensorboard-logdir＝/path/to/log-directory

Scalar 可视化如图 2.5 所示，其中横坐标表示模型训练的迭代次数，纵坐标表示该标量值，如模型的精确度、熵值等。TensorBoard 支持这些统计值的下载。

图 2.5 Scalar 可视化

图片数据可视化如图 2.6 所示，该示例中显示了测试数据和训练数据中的手写数字图片。

图模型可视化如图 2.7 所示。该图可清晰地展示模型的训练流程，其中的每个方框表示变量所在的命名空间。

下面简单介绍几个在 TensorBoard 中的重要函数。

1．tf. summary. scalar

函数原型：def scalar(name，tensor，collections＝None，family＝None)。

参数说明：name 为一个节点的名字；tensor 为要可视化的数据、张量。

主要用途：一般在画 loss 曲线和 accuary 曲线时会用到这个函数。

2．tf. summary. image

函数原型：def image(name，tensor，max_outputs＝3，collections＝None，family＝None)。

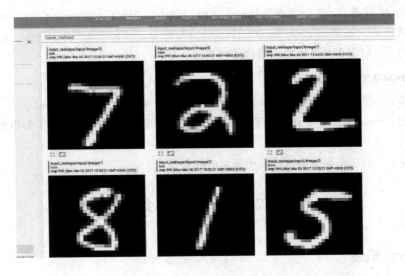

图 2.6　图片数据可视化

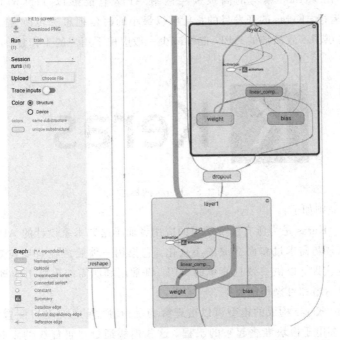

图 2.7　图模型可视化

参数说明：name 为一个节点的名字；tensor 为要可视化的图像数据，一个四维的张量，其元素类型为 uint8 或者 float32，维度为［batch_size，height，width，channels］；max_outputs 为输出的通道数量。

主要用途：一般用在神经网络中图像的可视化。

3. tf. summary. histogram

函数原型：def histogram(name，tensor，collections＝None，family＝None)。

参数说明：name 为一个节点的名字；tensor 为要可视化的数据，可以是任意形状和大小的数据。

主要用途：一般用来显示训练过程中变量的分布情况。

2.2　Keras 简 介

2.2.1　Keras 概述

Keras 是一个用 Python 编写的高级神经网络 API，它能够以 TensorFlow、CNTK 或者 Theano 作为后端运行。Keras 的开发目的是能够以最小的时延把想法转换为实验结果，是作好研究的关键。它提供了一致简洁的 API，能够减少一般应用下用户的工作量。Keras 的标志如图 2.8 所示。

图 2.8　Keras 的标志

Keras 的设计原则如下：

(1) 用户友好。Keras 是为所有深度学习的应用者而不是艺术家设计的 API，它致力于摆脱深度学习在早期因技巧需求过多而造成的小众化。它把用户体验放在首要位置。Keras 遵循减少认知困难的最佳实践，提供一致且简单的 API，将常用和所需的重复工作量降至最低，并且在发生错误时提供清晰和可操作的反馈。

(2) 模块化。由 Keras 构成的模型可以被理解为是由独立的、完全可配置的模块构成的序列或图，如同被许多电子模块堆叠起来的工程。这些模块通过尽可能少的限制被组装在一起。例如，神经网络层、损失函数、优化器、初始化方法、激活函数、正则化方法，它们都是可以组合起来堆叠构建新模型的模块，就像流程图一样清晰，如图 2.9 所示。

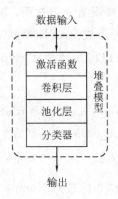

图 2.9　Keras 使用模块堆叠模型示意图

（3）易扩展性。由于采用堆叠的方式构造模型，因此在 Keras 中新的模块是很容易添加的（作为新的类和函数），现有的模块已经提供了充足的示例。由于能够轻松地创建可以提高表现力的新模块，因此 Keras 更适合高级研究。

（4）基于 Python 实现。Keras 没有设定固定格式的单独配置文件，模型定义在 Python 代码中，这些代码紧凑，易于调试，并且易于扩展。

2.2.2　Keras 的使用

2.1.2 节已经安装好了 TensorFlow，本节我们直接安装 Keras。Keras 支持多种后端引擎，如 TensorFlow、Theano、CNTK。这里我们选择 TensorFlow。

前面已经提到，Keras 通过模块堆叠的方式构造模型。下面我们根据一个简单的样例来讲解 Keras 的基本使用方法。

Keras 的工作过程主要包括：

（1）导入所需要的全部模块。需要将所有即将用到的模块全部从库中导出。

```
# 导入所需要的全部模块
from keras. models import Sequential
from keras. layers import Dense, Activation
```

（2）堆叠模型。顺序模型是多个网络层的线性堆叠，可以通过将层的列表传递给 Sequential 的构造函数来创建一个 Sequential 模型。在该步骤中，我们调用不同的模块，并通过堆叠的方式把这些模块组成一个模型。

```
# 堆叠模型
model = Sequential()                        # 声明顺序模型
model. add(Dense(32, input_dim=784))        # 堆叠第一层，全连接层，输入大小为 784
model. add(Activation('relu'))              # 使用激活函数 ReLU
```

（3）编译。在训练模型之前，需要配置学习过程，这是通过 compile 方法完成的。它接收三个参数：优化器 optimizer，损失函数 loss（即模型试图最小化的目标函数），评估标准 metrics。对于大部分分类问题，都可以将其设置为"accuracy"。

```
♯编译模型
model. compile (optimizer='rmsprop',          ♯RMSprop 优化器
                loss='mean_squared_error',    ♯均方误差
                metrics=['accuracy'])         ♯评估标准
```

（4）训练。Keras 模型在输入数据和标签的 Numpy 矩阵上进行训练。为了训练一个模型，通常使用 fit 函数，并在这个函数中指定输入和标签。

```
♯模型训练
model. fit(data, labels, epochs=10, batch_size=32)
♯data 为输入参数，labels 为标签，epochs 为迭代次数，batch_size 为小批量数据的规模
```

2.2.3　Keras 的可视化

Keras 的可视化依赖 pydot-ng 和 graphviz。用命令行输入：

```
pip install pydot-ng & brew install graphviz
```

keras. utils. vis_utils 模块提供了画出 Keras 模型的函数（利用 graphviz），该函数将画出模型结构图，并保存成图片。

```
from keras. utils import plot_model
plot_model(model, to_file='model. png')
```

plot_model 接收如下两个可选参数：

（1）show_shapes：指定是否显示输出数据的形状，默认为 False。

（2）show_layer_names：指定是否显示层名称，默认为 True。

我们也可以直接获取一个 pydot. Graph 对象，然后按照自己的需要配置它。例如，要在 IPython 中展示图片，程序如下：

```
from IPython. display import SVG
from keras. utils. vis_utils import model_to_dot
SVG(model_to_dot(model). create(prog='dot', format='svg'))
```

思 考 题

2.1　简述 TensorFlow 的工作过程。

2.2　下载并安装 TensorFlow。

2.3　简述 GPU 版本的 TensorFlow 所需的额外系统环境。

2.4　以 TensorFlow 为基础设计一个利用第二块 GPU 计算三个 2×2 矩阵相乘并打印结果的程序。三个矩阵分别命名为 **A**、**B**、**C**。

2.5　简述 TensorBoard 的应用架构。

2.6　简述 Keras 的特征。

2.7　简述 Keras 的工作过程。

2.8　写出 Keras 训练模型的指令，要求 DATA 为原始数据，LABEL 为标签集，迭代次数为 500，小批量数据规模为 128。

参 考 文 献

[1]　周志华. 机器学习[M]. 北京：清华大学出版社，2016.

[2]　喻俨，莫瑜，王琛，等. 深度学习原理与 TensorFlow 实践[M]. 北京：电子工业出版社，2017.

[3]　NIELSEN M. Neural Networks and Deep Learning[M]. Cambridge：The MIT Press，2016.
　　http：//neuralnetworksanddeeplearning. com.

[4]　GOODFELLOW I, BENGIO Y, COURVILLE A. Cambridge：The MIT Press，2016.

[5]　https：//www. tensorflow. org.

[6]　https：//keras. io.

[7]　陈云. 深度学习框架 Pytorch：入门与实践[M]. 北京：电子工业出版社，2018.

第 3 章　简单神经网络

　　人脑是很神奇的，它可以让我们认识许多东西，并在认识这些东西以后得到很好的泛化能力。就好像我们认识了一个白猫以后，就能认识其他大大小小、颜色不同的猫一样。或者当我们遇到某些需要做决定的事情时，我们总能根据经验和实际情况做出一个合乎常理的决策。既然人脑的功能如此强大，那么我们能不能让计算机模仿大脑，从而让它也变得更加智能呢？本章将从人脑学习的角度引入人工神经网络的概念，讲述其基本理论并通过 Keras 予以实现。

3.1　人脑是如何学习的

　　据估计，人类大脑拥有 1000 亿个神经细胞，如果把它们排成一条直线，长度将达到 1000 km。大脑是由许多神经元联结而成的巨大网络，如图 3.1 所示。

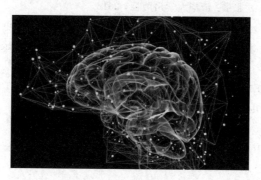

图 3.1　人脑神经元网络示意图

　　由神经学家的分析可知，当人在判断不同事物的时候，人脑中的不同神经元呈现不同的激活状态。通常人也会自动地去提取事物特征，如先判断轮廓，再判断颜色、形状等。神经元的树突接收外界感官信息，当神经元被激活时，神经元通过细胞轴突将信息传导到其他神经元，下一个神经元的树突继续用来接收其他神经元的输入信号，以此类推。

　　外界信息经过庞大的神经网络处理后，可以驱使人体对外界信息做出相应的反应。同时，神经元被激活后有一种很特殊的性质：当神经元被刺激的强度未达到某一阈值时，神经冲动不会发生；而当刺激强度达到或超过某一阈值时，神经冲动能够发生并达到最大强度。此后刺激的强度即使再持续加强或减弱，已诱发的冲动强度也不再发生变化。这样的性质为我们后面构造人工神经网络提供了理论基础。图 3.2 给出了一个简单的神经元结构。

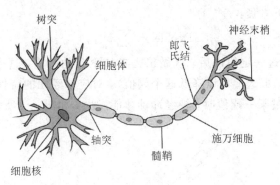

图 3.2　神经元的构成

我们举个现实生活中的例子来进一步说明。例如，听说当年的老同学打算举办一个聚会。你想念当年的老同学，正考虑是否去参加，或许会通过如下三个因素设置权重来作出决定。

（1）天气好吗？

（2）你的前男朋友或者前女朋友会不会出现？

（3）这个聚会举办的地点是否便于前往？

我们可以把天气好设为 1，不好设为 0；前任出现设为 -1，不出现设为 0；聚会地点交通方便设为 1，不方便设为 0。此时我们的大脑就会做出相应判断，也就是说，此时我们的神经元的树突会受到刺激，并且把相应的信息传递给其他神经元，使我们做出最终的判断，如图 3.3 所示。

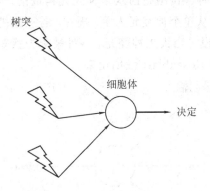

图 3.3　神经元处理信息示意图

此时我们意识到，不同的因素有着不同的重要性。如果你觉得天气对你十分重要，那么就可以把天气的权重设得高一些；如果觉得交通十分重要，就可以把交通方便与否的权重设得高一些。此时我们把每一项因素的情况设为 x_j，对应的权重设为 w_j。这样我们就可以综合考虑，列出如下方程：

$$\text{Decide} = \sum w_j x_j \tag{3.1}$$

当 Decide 数值超过一定值以后，就做出去参加聚会的打算，这个值就称为阈值（如果你对老朋友十分想念，那么你可以降低这个阈值）。对应神经元的特性来讲，就是当神经元的刺激强度达到或超过某一阈值时，神经冲动才能发生，如图 3.4 所示。

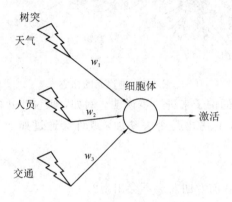

图 3.4　神经元处理不同权重信息示意图

3.2　模仿人脑——神经元（感知器）

我们知道，一个庞大的神经网络是由众多神经元构成的。如果想要构造一个符合要求的大规模神经网络，就必须从单个神经元入手。现在，若想让机器像人脑一样智能，综合第3.1 节我们就会想到，需要设计出人工神经元。一种被称为感知器的人工神经元在 20 世纪五六十年代由科学家 Frank Rosenblatt 发明出来。

一个感知器接收几个二进制输入 $x_1, x_2, \cdots, x_j$，并产生一个二进制输出，如图 3.5 所示。

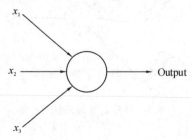

示例中的感知器有三个输入：x_1，x_2，x_3。但是，实际上感知器可以拥有更多或者更少的输入。对应我们在 3.1 节所讲的实际问题，在实际应用中还需要考虑相应输入对输出的重要性，因此对每一个输入赋予不同的权重。

神经网络的输出由分配权重后的总和来决定，当这个数值大于或小于某个阈值时，我们就会做出去参加还是不参加聚会的决定。假设我们去参加聚会的情况用数字 1 来表示，不去的情况用 0 来表示，那么感知器的工作方法可以用代数形式来表示，即

$$
\text{Output} = \begin{cases} 1, & \sum w_j x_j > \text{threshold} \\ 0, & \sum w_j x_j \leqslant \text{threshold} \end{cases} \tag{3.2}
$$

这就是一个感知器的基本表示。我们可以根据上述数学模型，认为感知器是一个根据输入与权重来做出决定的设备。

随着权重和阈值的变化，可以得到不同的决策模型。权重意味着某一个因素的重要程度，权重的增加意味着你对这一因素更加重视，而降低阈值则表示你更愿意去参加聚会。

很明显，感知器是一个非常简单的模型。这个例子说明了一个感知器如何权衡不同的依据来进行决策。如果遇到更加复杂的问题，我们可以增加感知器网络的复杂程度，如图 3.6 所示，以增强它的处理能力。

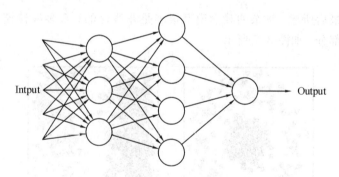

图 3.6　感知器网络

在这个网络中，Input 是输入数据。第一列的三个神经元被称为第一层感知器，分别对应天气、人员和交通这三个决定是否去参加聚会的因素。第二层的感知器是在权衡上一层的决策结果后做出决定的。因此第二层中的感知器可以比第一层做出更复杂和更抽象的决策。第三层中的感知器能进行更加复杂的决策。图 3.6 中第三层感知器只有一个神经元，代表输出 Output。以这种方式，一个多层的感知器网络就可以进行复杂巧妙的决策。

观察式(3.2)可以看出：当一个感知器计算后得到的值大于阈值时，该感知器输出为 1，从神经学角度来讲也就是这个感知器被激活；反之为 0。但是一个复杂网络拥有众多感知器，我们不可能依次去设定阈值(人为设定阈值也存在不确定性)，同时神经网络本身也

可能存在误差。因此，我们不妨将阈值左移：

$$\sum w_j x_j - \text{threshold} \tag{3.3}$$

可以整理为

$$\sum w_j x_j + \boldsymbol{b} \tag{3.4}$$

我们也可以利用向量点积的形式来代替 $\sum w_j x_j$，这样就形成了感知器的一般表达式：

$$\text{Output} = \begin{cases} 1, & \boldsymbol{w} \cdot \boldsymbol{x} + \boldsymbol{b} > 0 \\ 0, & \boldsymbol{w} \cdot \boldsymbol{x} + \boldsymbol{b} \leqslant 0 \end{cases} \tag{3.5}$$

我们把 $\boldsymbol{b}$ 称为偏置（Bias）。本书的后续部分中我们不再用阈值，而使用偏置。

现在我们能够理解感知器网络可以在一定程度上模仿人脑做出决策，从本质上讲，它是一个函数逼近的过程。但是通过上面的表达式可以发现，感知器的决策过程全部是线性的，而实际中存在一些复杂的判断问题，比如语音识别、图像识别等，难以仅靠线性模型达到很好的识别效果，因此需要在感知器模型中引入非线性成分。

3.3　非线性神经元

正如 3.2 节最后所述，复杂的数学模型很多是非线性的，众多线性模型的叠加无法很好地拟合非线性部分，如图 3.7 所示。

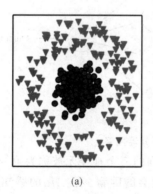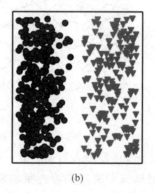

(a)　　　　　　　　　　　(b)

图 3.7　线性不可分样本与线性可分样本

为了解决上述问题，我们引入**激活函数**（Activation Functions）。激活函数对人工神经网络模型学习非常复杂的非线性函数来说具有十分重要的作用。具体地说，如果我们不引入激活函数，则输出信号将仅仅是一个输入函数简单的线性变换。虽然线性方程是很容易解决的，但是它们的复杂性有限，因此从数据中学习复杂函数映射的能力很弱。而激活函数给神经元引入了非线性因素，使得神经网络可以任意逼近任何非线性函数，这样神经网络就可以应用到众多非线性模型中。

　　如何引入激活函数呢? 我们通常将激活函数与线性神经元合并在一起使之成为非线性神经元, 其原理如图 3.8 所示。

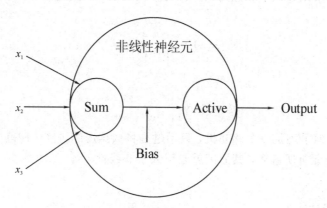

图 3.8　非线性神经元原理

非线性神经元的输出表达式为

$$\text{Output} = \sigma(wx + b) \tag{3.6}$$

其中, σ 为激活函数。

　　下面介绍几种典型的激活函数, 这里我们仅介绍它们的基本性质。

1. Sigmoid 函数

Sigmoid 函数的表达式为

$$\sigma(z) = \frac{1}{1 + e^{-z}} \tag{3.7}$$

函数图像如图 3.9 所示。

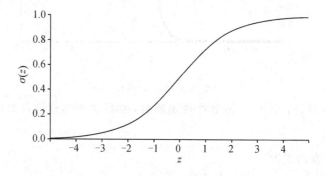

图 3.9　Sigmoid 函数

　　Sigmoid 函数的特点是：它能够把输入的连续实值变换为 0 和 1 之间的输出。特别地，如果输入是非常大的负数，那么输出就是 0；如果输入是非常大的正数，那么输出就是 1。

　　看起来 Sigmoid 函数似乎和感知机并没有什么关系，但是将 $z = wx + b$ 代入 Sigmoid 函数，得到

$$\sigma(z) = \frac{1}{1 + \mathrm{e}^{-wx-b}} \tag{3.8}$$

可以看出：

$$\sigma(z) \approx \begin{cases} 0, & \mathrm{e}^{-z} \rightarrow -\infty \\ 1, & \mathrm{e}^{-z} \rightarrow +\infty \end{cases} \tag{3.9}$$

　　这样看来，它似乎还是一个感知机，只不过是将数据压缩进[0，1]范围内。当在[0，1]之间时与线性神经元有所偏离，其原因就是引入了非线性。

2. tanh 函数

tanh 函数的表达式为

$$\tanh(z) = \frac{\mathrm{e}^z - \mathrm{e}^{-z}}{\mathrm{e}^z + \mathrm{e}^{-z}} \tag{3.10}$$

函数图像如图 3.10 所示。

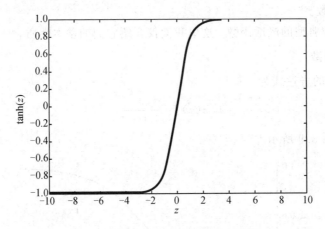

图 3.10　tanh 函数

tanh 函数的性质是：引入 tanh 非线性函数后，曲线关于坐标轴奇对称。

3. ReLU 函数

ReLU 函数的表达式为

$$\mathrm{ReLU} = \max(0，z) \tag{3.11}$$

函数图像如图 3.11 所示。

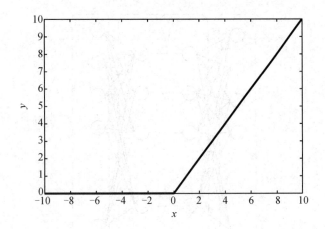

图 3.11　ReLU 函数

ReLU 函数的性质是：ReLU 函数其实就是一个取最大值函数，但是它并不是全区间可导的。由于只需要判断输入是否大于 0，因此计算速度非常快，收敛速度远快于 Sigmoid 函数和 tanh 函数。ReLU 函数是目前常用的激活函数。

我们对几个比较常见的激活函数有了一定的了解后，再回想一下我们最初的目的——希望神经网络是可以自己学习的，从数学角度来讲，也就是网络具有自动修正权重和偏置的能力。例如，假设神经网络错误地把 A 类事物分到了 B 类，网络就需要计算出如何对权重和偏置做些改动才能把事物正确地分到 A 类。一次改变权重和偏置可能还不够，我们要重复这个工作，反复改动权重和偏置来产生更好的输出。这就是网络在自动学习。

但是当我们仅使用前面介绍的感知器时，这种理想情况不会出现。这是因为在网络中单个感知器上权重或偏置的微小改动有时候会引起感知器输出的完全翻转，如 0 变到 1。而引入激活函数后，权重和偏置的变化只会引起输出的微小改变。

3.4　神经网络架构

在了解了单个神经元(感知器)和非线性激活函数后，就可以考虑组建较为复杂的神经网络了。本节首先介绍一些神经网络的术语。

假设我们获得了一个神经网络，如图 3.12 所示。

这个网络中最左边的称为**输入层**(Input Layer)，其中的神经元称为输入神经元，原始数据由该层输入到神经网络进行后续处理。最右边的为**输出层**(Output Layer)，包含输出神经元，该输出层是神经网络对样本处理后的最终结果，如分类结果。在输入层和输出层之间的是中间层，也称为隐藏层或隐含层(Hidden Layer)。"隐藏"这一词语听起来或许有些不好理解，实际上可以认为它是"既非输入也非输出，而是被包含在网络模型内部"的意思。

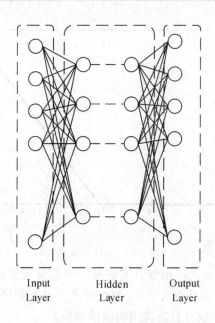

Input
Layer
　　　
Hidden
Layer
　　　
Output
Layer

图 3.12　神经网络的基本构造

　　一般的网络可以有一个隐藏层或多个隐藏层。这些隐藏层的主要作用是处理从上一层神经元传递来的信号。输出层与输入层在整体神经网络的外部,因此也被称为可见层。

　　设计网络的输入、输出层通常是比较简单、直接的。例如,假设我们知道了一朵花的花萼长度、宽度,花瓣的长度、宽度,尝试利用这四个特征来确定它是哪一种花。很自然地,我们可以将花朵的特征进行编码作为输入神经元来设计网络。由于我们知道了一朵花的四个特征,那么我们需要 4 个输入神经元,每个数值代表花朵一种特征的具体数值。输出层可以包含一个神经元或多个神经元。当输出层为一个神经元时,可以根据输出的数字确定花朵的类型。如果输出层是多个神经元,则我们可以使用每一个输出神经元代表一种类型的花,这种方法被称为One-Hot。

　　One-Hot 是一种常用的输出层编码方法。例如,我们一共有三种花,则网络的输出层包含 3 个神经元,如图 3.13 所示。

　　输入花的 4 个特征,如果输出层的第一个神经元被激活(即输出 1),那么网络判断花朵样本是第一种花,如果输出层第二个神经元被激活,就表明网络认为样本属于第二种花,依次类推。更确切地,我们可以把输出神经元赋予编号 1 到 3,并计算出哪个神经元有最高的激活值。比如,如果编号为 3 的输出层神经元被激活,那么会认为输入的样本为第三种花。换句话说,不同的花朵类型被编码成不同的形式,即第一种花为[100],第二种为[010],第三种为[001]。

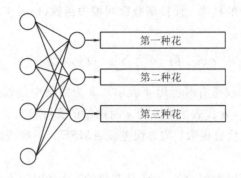

图 3.13　One-Hot 编码示意图

　　这里可能会产生一个疑问：只要有 2 位二进制数就能够完成三种情况的编码了，例如第一种花可以编码为[00]，第二种为[01]，第三种为[10]，为什么要用 3 个神经元去代表这三种不同的情况呢？

　　这里涉及如何确定输出神经元的数量问题。有经验表明，采用 One-Hot 方式，也就是将要区分的目标种类数目作为输出神经元的数量，会比单纯用二进制编码效果更好。例如，我们希望区分三种花，因此最好将输出层神经元个数设置为 3，而不采用 2 位二进制编码方式。

　　从本质上讲，我们希望的是神经网络能够自动地学习特征，然后再推论某个输入样本属于哪种类别的概率更高。如果我们采用二进制编码的方式去定义输出层的神经元数目，那么神经网络可能更倾向于学习编码而非学习输入的特征本身。而当我们使用 One-Hot 形式的时候，它会更偏向于推断。此时神经网络可能不再偏向于学习编码关系，而是判断样本可能属于哪种类型。这个方法通常很有效，能够节省大量时间。

　　相比于神经网络中输入层和输出层的直观设计，隐藏层的设计则十分复杂。神经网络的研究人员已经为隐藏层开发了许多优化方法，有助于网络的表现符合我们预期的结果。

　　我们可以发现，到目前为止所讨论的神经网络都是以上一层的输出作为下一层的输入，这个过程被称为前向传播（Forward Propagation）。这个过程意味着网络中是没有闭合回路的，信息仅仅是在神经网络中由输入层至隐藏层，再顺次传递到输出层，即只有前向的传播，而没有反向的回馈。

3.5　梯　度　下　降

3.5.1　代价函数

　　我们希望找到一个算法，能够自动地调整神经网络的权重和偏置，让网络的输出 $y(x)$ 能够拟合所有的训练输入 x。但是如何衡量希望输出与实际输出之间的偏差呢？为此引入代价函数(Cost Function)的概念。代价函数也叫**损失函数**(Loss Function)或目标函数。

定义如下的代价函数：

$$C(w, b) = \frac{1}{2n} \sum_x \| y(x) - a \|^2 \qquad (3.12)$$

其中，w 为网络中的权重(权重有时也用 w 表示)，b 为网络中的偏置，n 是训练输入数据的个数，$y(x)$ 表示目标输出，a 代表当输入为 x 时网络的实际输出。

式(3.12)也称为二次代价函数、均方误差或者 MSE。不难理解，实际输出 a 取决于网络参数 x、w、b。

观察二次代价函数可以看到，$C(w, b)$ 是非负的。这是因为该代价函数中的每一项都是非负的。同时我们还发现，当实际输出 a 与目标输出 $y(x)$ 十分接近时，代价函数 $C(w, b)$ 的数值很小，$C(w, b) \approx 0$。因此如果学习算法能调整到合适的权重和偏置，使得 $C(w, b) \approx 0$，那么这个算法就是一个能够自动学习的算法。

相反，如果 $C(w, b)$ 数值较大，就意味着 a 与 $y(x)$ 相差较大。因此训练算法的目的就是最小化权重和偏置的代价函数 $C(w, b)$。换句话说，我们希望神经网络能够自动地找到一系列能让代价尽可能小的权重和偏置。下一节介绍的梯度下降算法就可以达到这个目的。

代价函数具有如下性质：

(1) 非负性。

(2) 所比较的两个函数数值越接近，代价函数值就越小(最小化)。

那么为什么要引入代价函数呢？直接最大化正确分类的数量不是更好吗，何必去最小化一个代价函数这样的间接评估量呢？这是因为在神经网络中，通过调整权重和偏置直接进行正确分类的函数并不是一个平滑的函数，也就是说对权重和偏置做出微小的变动不会直接影响正确分类的数量，而用一个平滑的代价函数效果会更明显。

3.5.2　梯度下降

在明确了我们的目的是寻找能够使二次代价函数 $C(w, b)$ 值最小的权重与偏置之后，现在介绍一下梯度下降法。利用梯度下降法能够解决代价函数最小化的问题。

代价函数 $C(w, b)$ 是由 w 和 b 这两个变量决定的，如图3.14所示。我们的目的是找到它的全局最小值。通常代价函数是一个复杂的多元函数，只通过简单观察或计算很难直接找到它的最小值。

如果代价函数中的参数很少，则要寻找最小值，只需要求解函数的微分即可。但是神经网络可能依赖大量的权重和偏置，极其复杂。使用微分来计算函数的最小值几乎是不可行的。此时就需要换一个思路，不妨把代价函数看作一条山脉，包含海拔高度(势能)不同的山峰和山谷，而把某一时刻求得的函数值看作一个可以跳动的皮球。我们让这个球体不

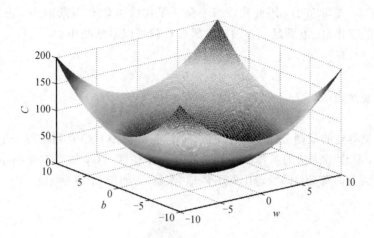

图 3.14　$C(w, b)$ 示意图

断地在山脉中跳动，随着它的跳动，势能会逐渐下降，直到它跳落到整个山脉中海拔最低的谷底（全局最小值）。

那么如何用数学形式来抽象出球体不断跳落的过程呢？其实就是让函数值逐渐减少，也就是函数的变化值始终为负，即

$$\Delta C < 0 \tag{3.13}$$

结合二次代价函数的定义式(3.12)，得到

$$\Delta C \approx \frac{\partial C}{\partial w} \Delta w + \frac{\partial C}{\partial b} \Delta b \tag{3.14}$$

所以，还需要找到选择 Δw 和 Δb 的方法，使 ΔC 始终为负。非常幸运的是，Δw 和 Δb 就是神经网络中两个参数的变化。因此如果我们找到了选择 Δw 和 Δb 的方法，也就找到了参数更新的方法。为了便于表达，我们把两个参数的变化整合为向量 $\Delta\boldsymbol{\theta}$：

$$\Delta\boldsymbol{\theta} = (\Delta w, \Delta b)^{\mathrm{T}} \tag{3.15}$$

根据梯度的定义：

$$\nabla C = \left(\frac{\partial C}{\partial w}, \frac{\partial C}{\partial b}\right)^{\mathrm{T}} \tag{3.16}$$

利用式(3.15)和式(3.16)，式(3.14)可被重写为

$$\Delta C \approx \nabla C \cdot \Delta\boldsymbol{\theta} \tag{3.17}$$

我们的目的就是让 ΔC 始终为负。令

$$\Delta\boldsymbol{\theta} = -\eta \nabla C \tag{3.18}$$

代入式(3.17)可得

$$\Delta C \approx -\eta \parallel \nabla C \parallel^2 \tag{3.19}$$

　　由于 $\|\nabla C\|^2$ 是非负的,因此式(3.19)保证了代价函数 C 不断减小。也就是说,如果能够保证参数的变化量 $\Delta\boldsymbol{\theta}$ 满足式(3.18),那么 C 就可以不断减小。

　　利用式(3.18)有

$$\Delta\boldsymbol{\theta} = \boldsymbol{\theta}' - \boldsymbol{\theta} = -\eta\nabla C \tag{3.20}$$

可以得到 $\boldsymbol{\theta}$ 的递推式:

$$\boldsymbol{\theta}' = \boldsymbol{\theta} - \eta\nabla C \tag{3.21}$$

这就是我们希望得到的规则。通过式(3.21),可以持续减小 C 值直到获得一个全局最小值。

　　综上所述,梯度下降法的工作原理就是重复计算梯度 ∇C,然后改变决定 C 的参数 $\boldsymbol{\theta}$,使 C 沿着减小的方向移动,即沿着山谷不停地"滚落",如图 3.15 所示。

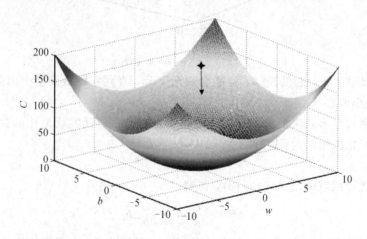

图 3.15　梯度下降示意图

　　为此可以把 C 看作目前处于山上的高度,w 和 b 为移动的方向。通过调节前进的方向使皮球不断跳落。通过式(3.21)可以看出,η 决定了 C 下降的快慢,通常称之为学习率(Learning Rate)。

　　由式(3.15)和式(3.21)可得权重和偏置这两个参数的更新方法:

$$w' = w - \eta\frac{\partial C}{\partial w} \tag{3.22}$$

$$b' = b - \eta\frac{\partial C}{\partial b} \tag{3.23}$$

　　在神经网络中,代价函数 C 是一个关于所有权重和偏置的多元函数,因此是在一个高维空间定义了一个超平面。而当面临有多个极值的函数时,梯度下降法可能会陷入局部最优而非全局最优。同时,学习率的大小也是需要慎重考虑的。当学习率过小时,下降速度过慢,时间成本过高;而当学习率过大时,梯度下降法有可能直接跨过最小值点。因此,在应用时存在很多改进的梯度下降法,需要根据实际需求做出选择和调整。

3.6　反　向　传　播

在 3.5 节介绍了参数的更新原理，通过梯度下降法可以更新神经网络的参数。那么对于拥有多层的复杂神经网络，它是如何更新每一层的参数的呢？实际上是通过反向**传播**（Back Propagation，BP）算法来解决的。

当我们使用前馈神经网络接收输入 x 并产生输出 $y(x)$ 时，信息是通过网络由输入顺次向输出流动的。输入 x 提供初始信息，然后传播到每一层的隐藏单元，最终产生输出 $y(x)$。这就是**前向传播**（Forward Propagation）。在训练过程中，前向传播可以持续地向前直到产生一个代价函数 $C(w, b)$。

与此相反，反向传播（BP）算法允许代价函数的信息通过网络由输出向输入方向进行反向流动，以此来计算梯度。

3.6.1　多层神经网络的数学表示

由于要讨论每一层神经网络的参数更新，因此需要准确地给出每一层网络参数的表达方式。

设 $w^l_{j, k}$ 表示从第 $l-1$ 层的第 k 个神经元到第 l 层第 j 个神经元的权重。如图 3.16 所示，当 l＝3 时，$w^3_{2, 3}$ 表示从第二层第三个神经元到第三层第二个神经元的权重。

对网络的偏置和激活值也使用类似的表示。如图 3.17 所示，b^l_j 表示在第 l 层第 j 个神经元的偏置，a^l_j 表示第 l 层第 j 个神经元的激活值。

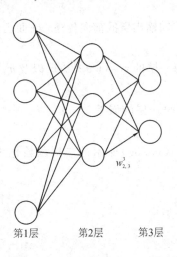

第1层　　第2层　　第3层

图 3.16　神经网络参数——权重

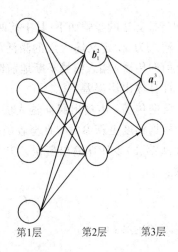

第1层　　第2层　　第3层

图 3.17　神经网络参数——偏置和激活值

这样前面讨论过的式（3.6）就可以改写为

$$a_j^l = \sigma\left(\sum_k w_{j,k}^l a_k^{l-1} + b_j^l\right) \tag{3.24}$$

在前向传播中，前一层神经网络的激活值将作为下一层神经元的输入。用向量的方式简化式(3.24)：

$$a^l = \sigma(w^l a^{l-1} + b^l) \tag{3.25}$$

令

$$z_j^l = \sum_k w_{j,k}^l a_k^{l-1} + b_j^k \tag{3.26}$$

得到

$$z^l = w^l a^{l-1} + b^l \tag{3.27}$$

因此，代价函数的表达式可以写成

$$C = \frac{1}{2}\sum_j (y_j - a_j^N)^2 \tag{3.28}$$

其中，N 为神经网络的总层数。

3.6.2　反向传播算法原理

反向传播的实质就是依靠代价函数对全局参数进行调整，即根据误差的大小来调节全局参数。定义第 l 层第 j 个神经元的误差为 E_j^l。在神经网络中每一层的输入即为上一层的输出，当参数变化时，每一层的输出也会发生变化。当参数不再发生变化时，即可认为神经元已达到较优状态。因此可以将每一层的误差量化为

$$E_j^l = \frac{\partial C}{\partial z_j^l} \tag{3.29}$$

反向传播算法的步骤如下(其中前两步是从输入层向输出层的前向传播，前面已作介绍)：

(1) 输入为 x，定义输入层的激活值为 a^1。

(2) 前向传播，输入信号不断地前馈流动，计算每一层的 $z^l = w^l a^{l-1} + b^l$ 以及 $a^l = \sigma(z^l)$。

(3) 计算输出层误差。

(4) 反向传播，由输出层向输入层反向逐层计算每一层的误差。

(5) 根据梯度更新参数，直至收敛。

下面从第(3)步计算输出层误差开始分析。仍以式(3.30)所示的二次函数作为模型的代价函数：

$$C = \frac{1}{2}\sum_j (y_j - a_j^N)^2 \tag{3.30}$$

考虑到误差的定义：

$$E_j^N = \frac{\partial C}{\partial z_j^N} \tag{3.31}$$

应用链式法则展开：

$$E_j^N = \frac{\partial C}{\partial z_j^N} = \frac{\partial C}{\partial a_j^N} \cdot \frac{\partial a_j^N}{\partial z_j^N} \tag{3.32}$$

向量化之后得到：

$$E^N = \frac{\partial C}{\partial z^N} = \frac{\partial C}{\partial a^N} \odot \frac{\partial a^N}{\partial z^N} \tag{3.33}$$

其中，$\odot$ 为 Hadamard 积，用于矩阵或向量之间按元素的乘法运算。例如：

$$\begin{bmatrix} a \\ b \end{bmatrix} \odot \begin{bmatrix} c \\ d \end{bmatrix} = \begin{bmatrix} a \times c \\ b \times d \end{bmatrix} \tag{3.34}$$

可得输出层的误差：

$$E^N = \nabla_a C \odot \sigma'(z^N) \tag{3.35}$$

通过使用式(3.30)的二次代价函数可以得到

$$\nabla_a C = a^N - y \tag{3.36}$$

代入式(3.35)，可得

$$E^N = (a^N - y) \odot \sigma'(z^N) \tag{3.37}$$

这样便得到了输出层的误差，反向传播算法的第(3)步结束。第(4)步就是利用最后一层的误差反向计算前一层的误差。

误差表达式由式(3.31)定义。若推导前一层的误差，可以利用链式法则来引入不同层之间误差的关系：

$$E_j^l = \frac{\partial C}{\partial z_j^l} = \sum_k \frac{\partial C}{\partial z_k^{l+1}} \cdot \frac{\partial z_k^{l+1}}{\partial a_j^l} \cdot \frac{\partial a_j^l}{\partial z_j^l} = \sum_k E_k^{l+1} \cdot \frac{\partial (w_{k,j}^{l+1} a_j^l + b_k^{l+1})}{\partial a_j^l} \cdot \sigma'(z_j^l)$$

$$= \sum_k E_k^{l+1} \cdot w_{k,j}^{l+1} \cdot \sigma'(z_j^l) \tag{3.38}$$

由此可以推得每一层误差的递推式：

$$E^l = ((w^{l+1})^T \cdot E^{l+1}) \odot \sigma'(z^l) \tag{3.39}$$

可以看出，每一层的误差是由下一层的权重和下一层的误差决定的。下一步就是利用这些误差去调整神经网络的参数。首先根据式(3.22)推导权重的递推表达式。

对于权重 w：

$$\frac{\partial C}{\partial w_{j,k}^l} = \frac{\partial C}{\partial z_j^l} \cdot \frac{\partial z_j^l}{\partial w_{j,k}^l} = E_j^l \cdot \frac{\partial (w_{j,k}^l a_k^{l-1} + b_j^l)}{\partial w_{j,k}^l} = a_k^{l-1} \cdot E_j^l \tag{3.40}$$

综合参数的更新原理，可以得出权重的更新方式为

$$w^{l'} = w - \eta \frac{\partial C}{\partial w} = w^l - \eta a_k^{l-1} \cdot E_j^l \tag{3.41}$$

同样，根据式(3.23)，对于偏置 b：

$$\frac{\partial C}{\partial b_j^l} = \frac{\partial C}{\partial z_j^l} \cdot \frac{\partial z_j^l}{\partial b_j^l} = E_j^l \cdot \frac{\partial (w_{j,k}^l a_k^{l-1} + b_j^l)}{\partial b_j^l} = E_j^l \tag{3.42}$$

所以可以得到偏置的更新规则：

$$b^{l'} = b^l - \eta E^l_j \tag{3.43}$$

这样就得到了反向传播算法的四个重要的基本公式，如图 3.18 所示。

计算输出层误差：$E^N = (a^N - y) \odot \sigma'(z^N)$

反向传播，计算每一层的误差：$E^l = ((w^{l+1})^T \cdot E^{l+1}) \odot \sigma'(z^l)$

权重的更新方式：$w^l = w^l - \eta a^{l-1}_k \cdot E^l_j$

偏置的更新方式：$b^{l'} = b^l - \eta E^l_j$

图 3.18　反向传播算法的基本公式

总体而言，反向传播算法就是通过调整参数的微小变化来使得代价函数产生变化。我们通过代价函数一步步地调整每一层的参数，最终达到代价函数最小的目的。值得注意的是，当某一个参数发生变化后，它后面的许多参数也会随之变化。通过展开一个权重的偏微分可以理解这个现象：

$$\frac{\partial C}{\partial w^l_{j,k}} = \sum \frac{\partial C}{\partial a^N_m} \cdot \frac{\partial a^N_m}{\partial a^{N-1}_n} \cdot \frac{\partial a^{N-1}_n}{\partial a^{N-2}_p} \cdots \frac{\partial a^{l+1}_q}{\partial a^l_j} \cdot \frac{\partial a^l_j}{\partial w^l_{j,k}} \tag{3.44}$$

3.7　实现简单神经网络

我们利用以 TensorFlow 作为基础的 Keras 框架来实现一个简单的神经网络。在这个示例中，鸢尾花的数据集如图 3.19 所示。

	Sepal.Len	Sepal.Wic	Petal.Len	Petal.Wic	Species
1	5.1	3.5	1.4	0.2	setosa
2	4.9	3	1.4	0.2	setosa
3	4.7	3.2	1.3	0.2	setosa
4	4.6	3.1	1.5	0.2	setosa
5	5	3.6	1.4	0.2	setosa
6	5.4	3.9	1.7	0.4	setosa
7	4.6	3.4	1.4	0.3	setosa
8	5	3.4	1.5	0.2	setosa
9	4.4	2.9	1.4	0.2	setosa
10	4.9	3.1	1.5	0.1	setosa
11	5.4	3.7	1.5	0.2	setosa
12	4.8	3.4	1.6	0.2	setosa
13	4.8	3	1.4	0.1	setosa

图 3.19　鸢尾花数据集

鸢尾花数据集由 150 个样本构成，共有三种鸢尾花。每一条样本记录了花萼的长度、宽度，花瓣的长度、宽度。在使用之前，我们可以将三种鸢尾花中的 setosa 类标记为 0，versicolor 类标记为 1，virginica 类标记为 2。

现在构建神经网络。

```
# 导入全部所需要的库
import numpy as np
import pandas as pd
from keras import optimizers
from keras. models import Sequential
from keras. layers import Dense
from keras. wrappers. scikit_learn import KerasClassifier
from keras. utils import np_utils
from sklearn. model_selection import train_test_split, cross_val_score
from sklearn. preprocessing import LabelEncoder
from keras. layers. core import Dense, Activation
```

导入数据文件 iris. csv(鸢尾花数据集可以联系本书作者或者从百度文库中获取)

读取路径在 Windows 环境下建议使用双斜杠。假设数据文件保存在了计算机 D 盘的 DLsample 文件夹内。

```
dataframe = pd. read_csv("D:\\DLsample\\iris. csv", header=None)
```

```
# 读取指定文件中的数据
dataset = dataframe. values
```

```
# 读取指定文件中的第 0 列至第 4 列
X = dataset[:, 0:4]. astype(float)
```

```
# 指定第 4 列为标签
Y = dataset[:, 4]
```

```
# 将标签转化为 One-Hot 形式
encoder = LabelEncoder()
encoded_Y = encoder. fit_transform(Y)
dummy_y = np_utils. to_categorical(encoded_Y, 3)
```

♯共三类，因此参数设为 3，即用三个神经元代表三种不同类型的花

♯显示读取的数据以及转化后的标签
```
print(X)
print(dummy_y)
```

♯构建模型
```
model = Sequential()
```

♯全连接层，4 维输入，神经元个数为 10，激活函数为 ReLU，首层必须声明输入的维数
```
model. add(Dense(input_dim=4, units=10, activation='relu'))
model. add(Dense(units=5, activation='relu'))
```

♯定义输出层，由于采用 One-Hot 形式，因此对应着三种类型，输出层采用 3 个神经元
```
model. add(Dense(output_dim=3, activation='softmax'))
```

♯编译模型
```
model. compile(loss='mean_squared_error',          ♯定义损失函数为均方差
               optimizer='rmsprop',                ♯定义优化器
               metrics=['accuracy'])               ♯定义评估方式为显示识别率
```

♯显示模型
```
model. summary()
```

♯训练模型
♯X 为输入，dummy_y 为目标输出，迭代次数为 500，验证集比例为 20%

♯注意这里的验证集是全部数据集的后 20%，与训练集完全独立
```
model. fit(X, dummy_y, epochs=500, batch_size=1, validation_split=0.2)
```

运行后可以看到读取的数据如图 3.20 所示。

```
[5.1  3.5  1.4  0.2]
[4.9  3.   1.4  0.2]
[4.7  3.2  1.3  0.2]
[4.6  3.1  1.5  0.2]
[5.   3.6  1.4  0.2]
[5.4  3.9  1.7  0.4]
```

图 3.20　读取到的数据

经过编码的标签正是 One-Hot 形式，如图 3.21 所示。

$$[1.\quad 0.\quad 0.]$$
$$[1.\quad 0.\quad 0.]$$
$$[1.\quad 0.\quad 0.]$$
$$[0.\quad 1.\quad 0.]$$
$$[0.\quad 1.\quad 0.]$$
$$[0.\quad 1.\quad 0.]$$

图 3.21　编码为 One-Hot 形式的标签

可以看到，网络的结构以及参数个数如图 3.22 所示。

```
Layer (type)                 Output Shape              Param #
=================================================================
dense_11 (Dense)             (None, 10)                50
_____
dense_12 (Dense)             (None, 5)                 55
_____
dense_13 (Dense)             (None, 3)                 18
=================================================================
Total params: 123
Trainable params: 123
Non-trainable params: 0
_____
```

图 3.22　显示的网络结构与参数个数

如图 3.23 所示，在训练过程中显示出来的训练样本个数 120(Train on 120 samples)和验证样本个数 30(validate on 30 samples)都与我们之前设定的 80％、20％相符合。模型开始训练后将显示每一次迭代所用时间(ms/step)、损失(loss)、训练集识别精度(acc)、验证集损失(val_loss)、验证集识别精度(val_acc)。

```
Train on 120 samples, validate on 30 samples
Epoch 1/500
120/120 [==============================] - 0s 3ms/step - loss: 0.1835 - acc: 0.6833 - val_loss: 0.3682 - val_acc: 0.0000e+00
Epoch 2/500
120/120 [==============================] - 0s 1ms/step - loss: 0.1423 - acc: 0.8333 - val_loss: 0.3749 - val_acc: 0.0000e+00
Epoch 3/500
120/120 [==============================] - 0s 1ms/step - loss: 0.1162 - acc: 0.8250 - val_loss: 0.3812 - val_acc: 0.0000e+00
Epoch 4/500
120/120 [==============================] - 0s 1ms/step - loss: 0.1020 - acc: 0.8333 - val_loss: 0.3838 - val_acc: 0.0000e+00
Epoch 5/500
120/120 [==============================] - 0s 1ms/step - loss: 0.0930 - acc: 0.8333 - val_loss: 0.4277 - val_acc: 0.0000e+00
Epoch 6/500
120/120 [==============================] - 0s 1ms/step - loss: 0.0894 - acc: 0.8333 - val_loss: 0.4165 - val_acc: 0.0000e+00
```

图 3.23　训练过程

我们可以在 Keras 中调用 TensorBoard 来观察模型的性能，例如构造数据流图，显示训练过程中的识别精度。

♯调用 TensorBoard

model. fit(X, dummy_y, epochs = 10, batch_size = 1, validation_split = 0. 2, callbacks = [TensorBoard(log_dir = '. /log_dir ')])

待训练完成后，在终端中输入：

TensorBoard--logdir = . /log_dir

此时，终端会显示相应的地址，如图 3.24 所示。

```
TensorBoard 1.8.0 at http://UINXS08HQR40ICG:6006 (Press CTRL+C to quit)
```

图 3.24　TensorBoard 地址

然后将终端显示的地址输入浏览器，即可看见我们利用 TensorBoard 绘制的一系列图像，如数据流图（见图 3.25）。

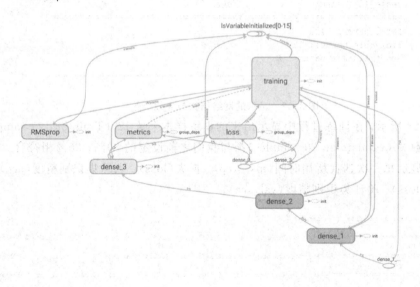

图 3.25　TensorBoard 绘制的数据流图

数据流图与我们上面所构造的神经网络相匹配，共三层全连接层。同样我们也可以看到其训练过程中的损失（loss）与验证集识别精度（val_acc）等，如图 3.26 所示。

我们也可以在 Keras 中画出训练过程中模型在验证集和训练集上表现的图像。此时，我们需要导入新的库。

loss

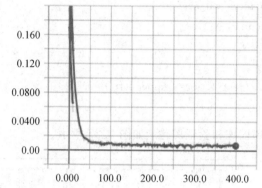

val_acc

val_acc

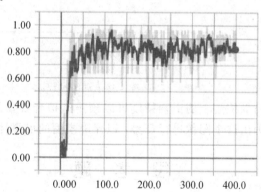

图 3.26　TensorBoard 展示训练过程

♯内嵌绘图

％matplotlib inline

import matplotlib

import matplotlib. pyplot as plt

在代码的末尾记录训练过程，并画图。

history＝model. fit(X, dummy_y, epochs＝400, batch_size＝1, validation_split＝0. 2)
print(history. history. keys())

```
plt. plot(history. history[' acc '])
plt. plot(history. history[' val_acc '])
plt. title(' model accuracy ')
plt. ylabel(' accuracy ')
plt. xlabel(' epoch ')
plt. legend([' train ', ' test '], loc=' upper left ')
plt. show()
```

最后可以同时得到训练和验证图像,如图 3.27 所示。

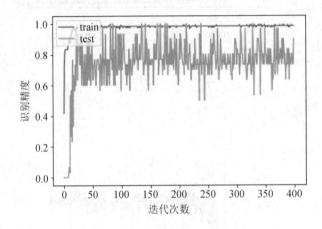

图 3.27 Keras 展示训练过程

通过观察验证集与训练集上的识别精度可以预防过拟合现象的发生。因此,通常在训练的过程中我们都要画出这个图像进行观察,以保障模型的可靠性。

思 考 题

3.1 简述激活函数的作用并写出非线性神经元的表达式。

3.2 请画出非线性神经元的原理简图。

3.3 请说明 Sigmoid、tanh、ReLU 三种激活函数哪些是中心化/零均值化的,比较 ReLU 与 Sigmoid 哪个收敛速度更快,并说明原因。

3.4 若我们以一个图像数据集作为输入,输出为图像种类,那么神经网络的输入层与输出层神经元个数分别应该为多少?为什么?注:该图像数据集中图像均为 28 像素×28 像素,共 10 类。

3.5 请简述代价函数的作用及其应具有的性质。

3.6 若已知一代价函数为 $C(v_1, v_2, v_3)$,请写出参数 v_3 的更新方程。

3.7　简述反向传播算法的工作过程。

3.8　已知第 m 层神经网络的误差向量为 $\boldsymbol{E}^m$，请写出第 $m-2$ 层的误差表达式。

3.9　试推导权重和偏置的更新表达式。

3.10　程序设计。现有 400 条病人生理参数数据。其中有健康、A 病、B 病、C 病共四种健康状况。每条数据含有 49 个生理参数，每一个生理参数为一个数字。除生理参数外，每一条数据还包含 1 项标签位，置于每一条数据的最后。该数据集为 csv 格式，存储在 C 盘 health 文件夹下，文件名为 measure. csv。

任务要求：

（1）设计一个含有四个隐藏层的神经网络（分别含有 30、20、10 个神经元，激活函数为 tanh）。

（2）要求采用 One-Hot 形式（输出层激活函数为 softmax）。

（3）能够显示模型。

（4）验证集比例为 10%，迭代次数为 800 次。

（5）使用 Keras 将 acc 与 val_acc 曲线画在同一个图中。

参 考 文 献

［1］　NIELSEN M. Neural Networks and Deep Learning[M]. Determination Press，2015.
http：//neuralnetworksanddeeplearning. com.

［2］　GOODFELLOW I J, BENGIO Y, COURVILLE A. Deep Learning[M]. Cambridge：The MIT Press，2016.

［3］　https：//www. tensorflow. org.

［4］　https：//keras. io.

［5］　RUMELHART D E, HINTON G E, WILLIAMS R J. Learning representations by back-propagating errors[J]. Nature，1986，323：533 - 536.

［6］　GOODFELLOW I J, BULATOV Y, IBARZ J, et al. Multi-digit number recognition from Street View imagery using deep convolutional neural networks[J]，2014. arXiv：1312. 6082.

［7］　LECUN Y. Modeles connexionnistes de l'apprentissage（connectionist learning models）[D]. University P. et M. Curie（Paris 6），1987.
https：//nyuscholars. nyu. edu/en/publications/phd-thesis-modeles-connexionnistes-de-lapprentissage-connectionis.

［8］　ABADI M, AGARWAL A, BARHAM P, et al. TensorFlow：Large-scale machine learning on heterogeneous systems[J]，2015. arXiv：1603. 04467.

［9］　HINTON G E. How to do backpropagation in a brain[R]. Invited talk at the NIPS'2007 Deep Learning Workshop，2007.
https：//www. techylib. com/fr/view/cracklegulley/how_to_do_backpropagation_in_a_brain.

[10]　BENGIO Y. Early inference in energy-based models approximates back-propagation[J], 2015. arXiv: 1510. 02777.

[11]　GOODFELLOW I J, MIRZA M, COURVILLE A, et al. Multi-prediction deep Boltzmann machines [C]. NIPS'13 Proceedings of the 26th International Conference on Neural Information Processing Systems, 2013, 1: 548－556.

[12]　STOYANOV V, ROPSON A, EISNER J. Empirical Risk Minimization of Graphical Model Parameters Given Approximate Inference, Decoding, and Model Structure [C]. Fourteenth International Conference on Artificial Intelligence & Statistics, 2011, 15: 725－733.

[13]　BRAKEL P, STROOBANDT D, SCHRAUWEN B. Training energy-based models for time-series imputation[J]. Journal of Machine Learning Research, 2013, 14: 2771－2797.

[14]　MINSKY M L, PAPERT S A. Perceptrons : expanded edition[M]. Cambridge: MIT Press, 1988.

[15]　CAUCHY A. Méthode générale pour la résolution de systèmes d'équations simultanées[C]. In Compte rendu des séances de l'académie des sciences, 1847: 536－538.

[16]　NOCEDAL J, WRIGHT S. Numerical Optimization[M]. New York: Springer, 2006.

[17]　ROSEN J B. The gradient projection method for nonlinear programming. part i. linear constraints [J]. Journal of the Society for Industrial and Applied Mathematics, 1690, 8(1): 181－217.

[18]　URIA B, MURRAY I, LAROCHELLE H. A Deep and Tractable Density Estimator[C]. 31st International Conference on Machine Learning, ICML 2014, 2014.

[19]　GRAVES A. Generating sequences with recurrent neural networks[R], 2013. arXiv: 1308. 0850.

[20]　LEIBNIZ G W. Memoir using the chain rule[J]. TMME 7, 2010, 2&3: 321－332.

[21]　RUMELHART D E, MCCLELLAND J L. Distributed Representations[R]. In Parallel Distributed Processing: Explorations in the Microstructure of Cognition: Foundations. MITP, 1987: 77－109.

[22]　SUTSKEVER I, MARTENS J, DAHL G, et al. On the importance of initialization and momentum in deep learning [C]. International Conference on International Conference on Machine Learning, 2013.

[23]　THOMAS P S, BRUNSKILL E. Policy Gradient Methods for Reinforcement Learning with Function Approximation and Action-Dependent Baselines[J], 2017. arXiv: 1706. 06643.

[24]　SWERSKY K, RANZATO M, BUCHMAN D, et al. On Autoencoders and Score Matching for Energy Based Models[C]. Proceedings of the 28th International Conference on Machine Learning, ICML 2011, 2011.

[25]　COTTLE R W, LEMKE C E. Nonlinear Programming[J]. IEEE Transactions on Automatic Control, 2003, 17(4): 588－589.

[26]　BENGIO Y, THIBODEAU-LAUFER E, ALAIN G, et al. Deep generative stochastic networks trainable by backprop[J], 2014. arXiv: 1306. 1091.

[27]　URIA B, MURRAY I, LAROCHELLE H. RNADE: the real-valued neural autoregressive density-estimator [C]. International Conference on Neural Information Processing Systems. Curran Associates Inc., 2013.

第 4 章　图像类数据处理

我们在第 3 章已经构造了一个简单的神经网络，并用它识别了几种不同的鸢尾花。在实际生活中，当我们看到某个水果时会一眼认出它究竟是橘子还是香蕉，而不是通过一些数字特征去判别。

对于人类而言，通过视觉处理的信息占大脑全部需要处理信息的 80％ 以上。因此，我们也希望让计算机同样拥有看懂世界的能力。为此，本章将以卷积神经网络为依托，介绍相关的深度技术，并将之应用于图像类的数据处理之中。

首先介绍简单的二维卷积神经网络，并在 Keras 上予以实现。然后介绍二维卷积神经网络的分类原理。最后根据我们在实践中发现的问题，介绍神经网络的优化方法。虽然本章在实践的基础上会出现大量看似枯燥的理论知识，但这些理论知识是支撑深度学习模型设计的重要部分。因此，在实际设计深度学习模型的过程中，应该了解每一个设计细节的根本目的，这样在面临新工程时才能显得游刃有余。

4.1　二维卷积神经网络的基本原理

第 3 章中已经实现了一个简单的神经网络。我们可以利用这个神经网络来识别图像吗？要想回答这个问题，需要考虑以下两个方面：

（1）简单神经网络用于寻找相邻数值之间的关系。

不难想象，图像中不仅有数值信息（像素值），还包括位置关系。如果仅用简单的全连接神经网络，则可能一个图像经过简单旋转或扭曲就会被分成其他类。如图 4.1 所示，我们可以非常自信地说这两个数字都是 3。但是如果仅仅通过像素值作为输入让一个全连接神经网络去识别，输出结果肯定是不同的。这是因为全连接神经网络难以寻找图像中的事物在空间上的特征，仅仅通过像素值去作判断。

图 4.1　仅有全连接难以识别发生变化的图像

（2）参数爆炸。

在全连接结构中，每一个节点的输入都是上一层所有节点的输出值到该节点的综合结果，表达式为

$$a^l = \sigma(w^l a^{l-1} + b^l) \tag{4.1}$$

假如我们有一张 800 像素×800 像素的彩色图像，那么最原始的输入量就是 800×800×3＝1 920 000 个数值（每个像素都要分成红、绿、蓝三原色值）。如果神经网络的第二层拥有 1000 个神经元，那么权重最少就需要 1 920 000×1000。这是一个非常庞大的数字。当面临有限的计算资源时，如此庞大的计算量难以被实施。

卷积神经网络（Convolutional Neural Network，CNN）就是为了解决上述问题被提出来的。卷积神经网络由 LeCun 教授于 1989 年发明，是一种专门用来处理具有类似网格结构的数据的神经网络，如序列类数据（有一定规律的一维网格）和图像数据（二维的像素网格）。我们知道，图像文件所包含的主要信息就是由像素值构成的二维矩阵（灰度图像），或者是三维数组（彩色图像）。因此，卷积神经网络对于识别图像来说是一个正确选择。相比于全连接神经网络，卷积神经网络不仅能够减少对计算资源的需求，还能学习图像中事物所包含的空间关系和特征。

4.1.1　卷积神经网络的原理

在具体讲述卷积神经网络的原理之前，先来考虑一下我们是如何识别一张图像的。首先通过识别一张人脸来阐述利用神经网络识别图像的思路。

如图 4.2 所示，人脑识别图像的过程一般是先识别轮廓，再识别不同的部件，最后识别不同部件的位置关系。这个过程就是卷积神经网络的工作过程。卷积神经网络首先提取图像的细节特征，再识别由线条轮廓组成的图案，之后识别图案的空间关系，最后输出图像的种类。这些提取、识别的功能由卷积核来实现。

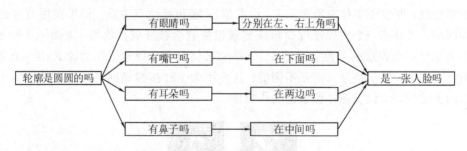

图 4.2　人脸的识别模式

我们知道，对于计算机而言，图像信息是由大量像素点所构成的像素矩阵，如图 4.3 所示。

　　相比于之前提及的全连接层，卷积神经网络不会把每个输入像素都连接到隐藏层的神经元。相反，只是连接输入图像的局部区域。确切来说，第一个隐藏层中的每个神经元会连接到输入层神经元的一个小区域。例如，一个如图 4.4 所示的 2×2 的区域中的像素（x_1，x_2，x_4，x_5）同时与一个隐藏层神经元连接。

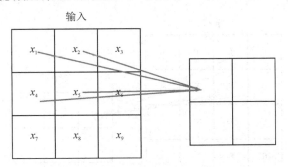

图 4.3　计算机读取到的像素矩阵（3×3 的图像）　　　图 4.4　与隐藏层神经元的局域连接

　　这个输入图像的区域被称为隐藏层神经元的**局部感受野**（Local Receptive Field）。它是输入的整张图像像素矩阵上的一个小窗口。窗口中的每一个像素（x_1，x_2，x_4，x_5）都与隐藏层神经元通过不同的权重相连接，而隐藏层神经元同时也有一个总偏置。这个隐藏层神经元可以被看作是在学习和分析输入图像的这个小窗口，即它的局部感受野。

　　在整个输入图像上交叉移动局部感受野窗口。对于每个局部感受野，在第一个隐藏层中有一个不同的对应隐藏层神经元，如图 4.5 所示。

图 4.5　3×3 图像的第一个局域连接

　　将局部感受野在输入图像矩阵中向右移动一个像素，连接到第二个隐藏层神经元，如图 4.6 所示。局部感受野每次移动像素的个数被称为**跨距**（Stride），也称为**步幅**，该示例中的跨距（步幅）是 1。实际上，有时候会使用不同的跨距。例如，我们可以往右（或下）移动 2 个像素的局部感受野，此时跨距等于 2（虽然大部分时候会固定使用 1 跨距，但是跨距不同对模型性能的影响是值得研究的）。

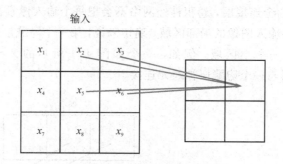

图 4.6　局部感受野的移动(跨距为 1)

如此重复，就可以构建出第一个隐藏层。例如我们有一个 3×3 的输入图像，设定局部感受野窗口为 2×2，那么隐藏层中就会有 2×2 个神经元，如图 4.5 和 4.6 所示。

此时我们会发现经过卷积操作以后获得的图像变小了！这样就导致了图像输入的维数发生了变化，从 3×3 变成了 2×2。因此输出维数是与局部感受野窗口大小以及跨距相关的。现假设输入图像的像素矩阵维数为 $N\times N$，局部感受野大小为 $F\times F$，跨距为 S，可以求得输出图像的大小为 $N'\times N'$，N' 的表达式为

$$N' = \frac{N-F}{S}+1 \tag{4.2}$$

为了解决卷积操作后维数变化这一问题，提出了补零(Padding)策略。补零策略是通过在输入的像素矩阵外围增加 0 元素来实现的，如图 4.7 所示。由式(4.2)可以看出，适当增加输入的尺寸 N 可以有效地保障输出尺寸 N' 与原始图像的有效尺寸相同。

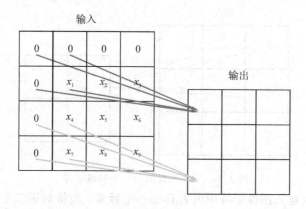

图 4.7　利用补零策略保持维数不变

通过上述示例，我们能够理解二维卷积的工作原理，如图 4.8 所示。

局部感受野所学习到的权重矩阵称为卷积核(Convolution Kernel)，也称为滤波器(Filter)，如图 4.8 中 A、B、C、D 组成的矩阵。

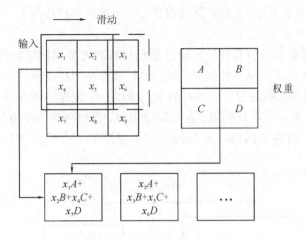

图 4.8　二维卷积示意图

不难发现，卷积核中每一个单独的参数都描述了一个输入单元与输出单元间的交互。卷积网络具有稀疏交互（Sparse Interactions，也叫作稀疏连接（Sparse Connectivity）或者稀疏权重（Sparse Weights））的特征。这是因为一般而言，卷积核的大小是远远小于输入矩阵大小的。

例如，当处理一个图像时，输入的图像可能包含成千上万个像素点，但是我们可以通过只占用几十到上百个像素点的核来检测一些小的有意义的特征，如图像的边缘。这意味着我们只需要存储少量的参数就能够完成任务，不仅减少了模型的存储需求，而且提高了它的统计效率。

效率上的提高往往是很显著的。例如，有 m 个输入和 n 个输出，那么矩阵乘法需要 $m \times n$ 个参数并且相应算法的时间复杂度为 $T(m \times n)$（T 为时间复杂函数，其大小随计算量的变化而变化）。如果我们限制每一个输出拥有的连接数为 k，那么稀疏的连接方法只需要 $k \times n$ 个参数以及 $T(k \times n)$ 运行时间。在很多实际应用中，只需保持 k 比 m 小几个数量级，就能在机器学习的任务中取得很好的表现。更为详细的稀疏编码知识超过了本书的范围，请参考与压缩感知相关的文献。

4.1.2　参数共享

我们已经说过，每个隐藏层神经元具有一个偏置和连接到它的局部感受野的权重。对于神经网络的同一层，我们使用相同的权重与偏置。这是一种参数共享的思想。对于第 j，k 个隐藏层神经元，输出为

$$\sigma\left(\boldsymbol{b} + \sum_{l=0}^{2}\sum_{m=0}^{2} w_{l,m} a_{j+l,k+m}\right) \tag{4.3}$$

其中，σ 为神经元的激活函数，b 是共享的偏置，$w_{l,m}$ 是共享权重的 2×2 数组，$a_{x,y}$ 表示位置 x、y 的输入激活值。

　　这意味着同一隐藏层的所有神经元通过卷积核检测完全相同的特征。换句话说，就是每一层都通过一种滤波器提取一种特征，每一种特征被称为特征图（Feature Map）。为了完成图像识别，我们通常需要超过一个特征映射。所以一个完整的卷积层由多个不同的特征映射组成，如图 4.9 有 3 个特征映射。在实际应用中，卷积网络会使用很多特征映射。一种早期的识别手写数字的卷积网络，如 LeNet - 5，使用了 6 个特征映射，每个关联到一个 5×5 的滤波器。

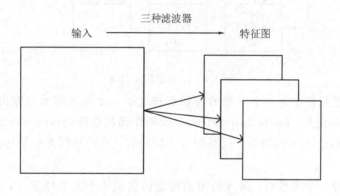

图 4.9　多种特征映射（提取多种特征）

　　通过上述分析我们不难理解，参数共享的这种形式使得神经网络具有平移等变（Equivariance）的性质，或者称为平移不变性。简而言之，就是滤波器在一张图像上有规律地移动，只要图像上存在相应特征，无论该特征出现在图像上的什么位置，滤波器都可以将其提取出来。如图 4.10 所示，不论画面中的星星在什么地方，只要与星星对应的滤波器移动到了那个位置就会被激活，反之则不被激活。

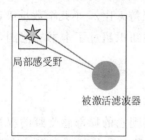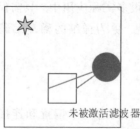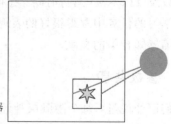

图 4.10　学习平移不变性

　　上述过程用术语来解释就是：如果输入变化后，通过一个函数使得输出也以同样方式改变，就是等变的。特别地，如果函数 $f(x)$ 与 $g(x)$ 满足 $f(g(x))=g(f(x))$，我们就说

$f(x)$ 对于变换 $g(x)$ 具有等变性。

对于卷积来说，如果令 g 是输入的任意平移函数，那么卷积函数对于 g 具有等变性。例如，令 I 表示图像在整数坐标上的亮度函数，g 表示图像的变换函数（把一个图像函数映射到另一个图像函数的函数），使得 $I' = g(I)$，其中图像函数 I' 满足 $I'(x, y) = I(x-1, y)$。这个变换把输入 I 中的每个像素向右移动一个单位。我们先对 I 进行这种变换然后进行卷积操作所得到的结果，与先对 I 进行卷积然后对输出使用平移函数 g 得到的结果是一样的。

当处理时间序列数据时，意味着通过卷积可以得到一个由输入中出现不同特征的时刻所组成的时间轴。如果我们把输入中的一个事件向后延时，则在输出中仍然会有完全相同的表示，只是时间延后了。图像与之类似，卷积产生了一个二维映射来表明某些特征在输入中出现的位置。如果我们移动输入中的对象，则它的表示也会在输出中移动同样的量。

当处理多个输入位置时，一些作用在邻居像素的函数是非常重要的。例如，在处理图像时，在卷积网络的第一层进行图像的边缘检测是很有用的。相同的边缘或多或少地散落在图像的各处，所以应当对整个图像进行参数共享。

共享权重和偏置的另一个显著的优点是：它能够在很大程度上减少卷积网络的参数数量。对于每个特征映射，我们需要 $2 \times 2 = 4$ 个共享权重，加上一个共享偏置。所以每个特征映射需要 5 个参数。如果我们有 20 个特征映射，那么总共有 $20 \times 5 = 100$ 个参数来定义卷积层。作为比较，假设我们有一个全连接，第一层有 $3 \times 3 = 9$ 个输入神经元，和一个相对适中的 30 个隐藏神经元。此时总共有 $9 \times 30 = 270$ 个权重，加上额外的 30 个偏置，共有 300 个参数。换句话说，这个全连接网络的参数数量多达卷积层参数数量的 3 倍。这仅仅是一个超级小型的网络示例，若扩大网络规模，则全连接相对于卷积层而言，参数数量会以几何倍数的形式增长。

卷积运算中的参数共享保证了只需要学习一个参数集合，这虽然没有改变前向传播的运行时间（仍然是 $T(k \times n)$），但它显著地把模型的存储需求降低至 k 个参数，并且 k 通常要比 m 小很多个数量级。因为 m 和 n 通常设为大小相同，所以 k 在实际中相对于 $m \times n$ 是很小的。因此，卷积在存储需求和统计效率方面极大地优于稠密矩阵的乘法运算，如图4.11所示。

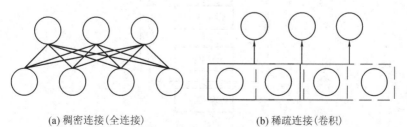

　　(a) 稠密连接（全连接）　　　　　　　(b) 稀疏连接（卷积）

图 4.11　计算成本的降低

卷积层所提取出的特征如图 4.12 所示。图中所显示的就是不同滤波器所提取出的不同特征。不难看出，它们都可以组成图形的不同纹理。

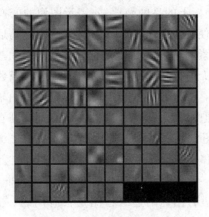

图 4.12　滤波器提取的特征

4.1.3　池化

除了卷积层，卷积神经网络也包含池化层(Pooling Layer)，它通常在卷积层之后使用，目的是简化从卷积层输出的信息，减少模型的过拟合现象，保持旋转、平移、伸缩不变性等。

因此一个典型的卷积网络包含三部分(如图 4.13 所示)。在第一部分中并行地计算多个卷积产生一组线性激活响应，这一部分即上述的卷积层。在第二部分中，每一个线性激活响应将会通过一个非线性的激活函数来增加非线性因素，如前面提及的 Sigmoid、tanh、ReLU 等激活函数。这一部分操作有时也被称为探测级(Detector Stage)。在第三部分中，我们使用池化函数(Pooling Function)来进一步调整这一层的输出，因此也被称为池化层。

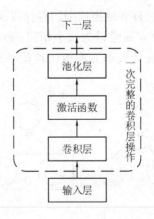

图 4.13　一次完整的卷积层操作

池化函数使用某一位置相邻输出的总体统计特征来代替网络在该位置的输出。例如，**最大池化**(Max Pooling)函数给出相邻矩形区域内的最大值。其他常用的池化函数包括相邻矩形区域内的平均值，即**平均池化**(Mean Pooling)、L_2 范数池化以及基于到中心像素的距离的加权平均函数池化。简而言之，池化就是对卷积层输出的每一个特征映射进行某种方式的凝缩。

如图 4.14 所示，在最大池化中，取一个规模为 2×2 的最大池化单元内的最大值。例如，在数值集合 $\{1, 2, 4, 5\}$ 中取最大值 5，在 $\{2, 3, 5, 6\}$ 中取最大值 6。

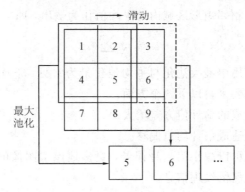

图 4.14　最大池化原理示意图

我们可以把最大池化过程看作网络在图像区域中寻找是否存在某种特征。而在找到该特征后还要丢弃该特征的位置信息。这是为什么呢？我们可以这样理解：在一个图像中事物的本质特征是最重要的，而其位置的重要性相对而言可以弱化。例如，一个猫的图像在经过旋转后图像中依旧是个猫。最大池化的另一个好处是可以凝练卷积层所提取出的特征，有助于减少后面各层所需参数的数目。图 4.15 给出了一次完整卷积层操作的实现原理。

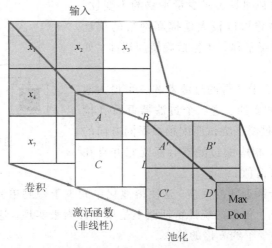

图 4.15　一次完整卷积层操作的实现原理(以最大池化为例)

其他常用的池化方法还有 L_2 池化(L_2 Pooling)和平均池化。L_2 池化就是取 2×2 区域中激活值的平方和的平方根,即

$$a' = \sqrt{\sum_{i=0}^{N} a_i^2} \tag{4.4}$$

其中,a_i 代表指定区域内的激活值,N 是区域内激活值的数量。虽然式(4.4)与最大池化不同,但在直观上和最大池化是相似的。

对于平均池化,则由相邻矩形区域内的平均值作为输出,即

$$a' = \frac{1}{N} \sum_i a_i \tag{4.5}$$

目前,在实际工程应用中最大池化与平均池化最为常见,下面我们来分析一下两者的区别。特征提取的误差主要来自以下两个方面:

(1)邻域大小受限造成的估计值方差增大。

(2)卷积层参数误差造成估计均值偏移。

一般来说,平均池化可以减小第一种误差,更多地保留图像的背景信息;最大池化能减小第二种误差,更多地保留纹理信息。

不管采用什么样的池化函数,我们希望能够表现出不变性(Invariant)。平移的不变性是指当对输入进行少量平移时,经过池化函数后的输出并不会发生改变。局部平移不变性是一个很有用的性质,尤其是当我们关心某个特征是否出现而不关心它出现的具体位置时。例如,当判定一张图像中是否包含人脸时,我们并不需要知道眼睛的精确像素位置,只需要知道有一只眼睛在脸的左边,有一只在右边就行了。

使用池化可以看作增加了一个无限强大的先验知识:这一层学得的函数必须具有对少量平移的不变性。当这个假设成立时,池化可以极大地提高网络的统计效率。当然不变性不仅指平移,还包括旋转与扭曲,如图 4.16 所示。

图 4.16 展示了用三个学得的过滤器和一个最大池化单元可以完成旋转不变性。这三个过滤器都旨在检测手写的数字 3。每个过滤器尝试匹配稍微不同方向的 3。当输入中出现 3 时,相应的过滤器会匹配它并且在探测单元中引起大的激活值。

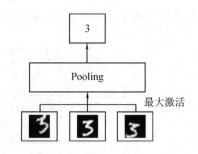

图 4.16　扭曲、旋转的平移不变性

因为池化综合了全部近邻的反馈,这使得池化单元少于探测单元成为可能,我们可以通过综合池化区域的 k 个像素的统计特征而不是单个像素来实现。这种方法提高了网络的计算效率,因为下一层少了约 k 倍的输入。

在很多任务中,池化对于处理不同大小的输入具有重要作用。例如,我们希望对不同

大小的图像进行分类,而分类层的输入必须是固定的大小,此时可以通过调整池化区域的偏置大小来实现,这样分类层总能接收到相同数量的统计特征。例如,池化层可以输出图像在平面坐标轴内四个象限的四组综合统计特征,而与图像的大小无关。

4.1.4　分类原理

现在可以将上述思想与内容组合起来构建一个完整的卷积神经网络,如图 4.17 所示。输出层神经元将显示分类结果。例如,对应 10 个数字并以 One-Hot 形式编码的神经网络就有 10 个输出神经元。

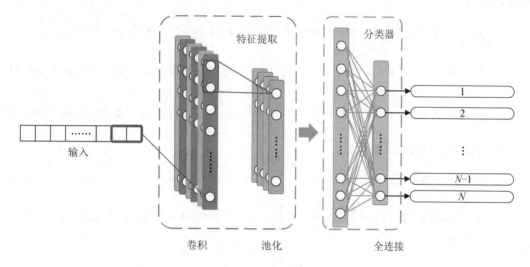

图 4.17　卷积神经网络

可以看到,网络中最后是一个全连接层将最大值混合层的每一个神经元分别连接到每一个输出神经元。这种结构是如何实现分类的呢? 前面提到利用 One-Hot 形式编码其实就是推断当前输入样本更可能属于哪一类,这是一个条件概率模型。我们先了解一下 Sigmoid 函数是如何实现二分类的。在输入 $\boldsymbol{x}$ 情况下,$\boldsymbol{c}_1$ 的概率为 $P(\boldsymbol{c}_1 \mid \boldsymbol{x})$,其表达式为

$$P(\boldsymbol{c}_1 \mid \boldsymbol{x}) = \frac{P(\boldsymbol{x} \mid \boldsymbol{c}_1)P(\boldsymbol{c}_1)}{P(\boldsymbol{x})} \tag{4.6}$$

根据全概率公式展开(以二分类为例),式(4.6)可得

$$P(\boldsymbol{c}_1 \mid \boldsymbol{x}) = \frac{P(\boldsymbol{x} \mid \boldsymbol{c}_1)P(\boldsymbol{c}_1)}{P(\boldsymbol{x} \mid \boldsymbol{c}_1)P(\boldsymbol{c}_1) + P(\boldsymbol{x} \mid \boldsymbol{c}_2)P(\boldsymbol{c}_2)} = \frac{1}{1 + \dfrac{P(\boldsymbol{x} \mid \boldsymbol{c}_2)P(\boldsymbol{c}_2)}{P(\boldsymbol{x} \mid \boldsymbol{c}_1)P(\boldsymbol{c}_1)}} \tag{4.7}$$

令

$$a = \ln \frac{P(\boldsymbol{x} \mid \boldsymbol{c}_2)P(\boldsymbol{c}_2)}{P(\boldsymbol{x} \mid \boldsymbol{c}_1)P(\boldsymbol{c}_1)} \tag{4.8}$$

则式(4.7)可被整理为

$$P(c_1 \mid x) = \frac{1}{1 + e^{-a}} \tag{4.9}$$

当 x 为连续变量时，假设输入对两类条件服从高斯分布且方差相同，高斯分布概率密度函数为

$$\frac{1}{\sqrt{2\pi}\sigma}\exp\left(-\frac{(x-\mu)^2}{2\sigma^2}\right) \tag{4.10}$$

展开式(4.10)可得

$$\frac{1}{\sqrt{2\pi}\sigma}\exp\left(\frac{(x-\mu)^2}{2\sigma^2}\right) = (\mu_1 - \mu_2)^{\mathrm{T}}\Sigma^{-1}x - \frac{1}{2}\mu_1^{\mathrm{T}}\Sigma^{-1}\mu_1 + \frac{1}{2}\mu_2^{\mathrm{T}}\Sigma^{-1}\mu_2 + \ln\frac{P(c_1)}{P(c_2)}$$

$$P(x \mid c_1) \sim N(x \mid \mu_1, \Sigma) = \frac{1}{(2\pi)^{\frac{D}{2}}|\Sigma|^{\frac{1}{2}}}\exp\left\{-\frac{1}{2}(x-\mu_1)^{\mathrm{T}}\Sigma^{-1}(x-\mu_1)\right\} \tag{4.11}$$

$$P(x \mid c_2) \sim N(x \mid \mu_2, \Sigma) = \frac{1}{(2\pi)^{\frac{D}{2}}|\Sigma|^{\frac{1}{2}}}\exp\left\{-\frac{1}{2}(x-\mu_2)^{\mathrm{T}}\Sigma^{-1}(x-\mu_2)\right\} \tag{4.12}$$

D 为随机变量维度，取对数：

$$\ln P(x \mid c_1) = -\frac{D}{2}\ln(2\pi) - \frac{1}{2}\ln|\Sigma| - \frac{1}{2}(x-\mu_1)^{\mathrm{T}}\Sigma^{-1}(x-\mu_1) \tag{4.13}$$

$$\ln P(x \mid c_2) = -\frac{D}{2}\ln(2\pi) - \frac{1}{2}\ln|\Sigma| - \frac{1}{2}(x-\mu_2)^{\mathrm{T}}\Sigma^{-1}(x-\mu_2) \tag{4.14}$$

则

$$a(x) = \ln\frac{P(x \mid c_1)P(c_1)}{P(x \mid c_2)P(c_2)} = \ln\frac{P(x \mid c_1)}{P(x \mid c_2)} + \ln\frac{P(c_1)}{P(c_2)}$$

$$= \ln P(x \mid c_1) - \ln P(x \mid c_2) + \ln\frac{P(c_1)}{P(c_2)} \tag{4.15}$$

将式(4.13)与式(4.14)代入式(4.15)，得到

$$(\mu_1 - \mu_2)^{\mathrm{T}}\Sigma^{-1}x - \frac{1}{2}\mu_1^{\mathrm{T}}\Sigma^{-1}\mu_1 + \frac{1}{2}\mu_2^{\mathrm{T}}\Sigma^{-1}\mu_2 + \ln\frac{P(c_1)}{P(c_2)} \tag{4.16}$$

若令

$$w = (\mu_1 - \mu_2)^{\mathrm{T}}\Sigma^{-1} \tag{4.17}$$

$$b = -\frac{1}{2}\mu_1^{\mathrm{T}}\Sigma^{-1}\mu_1 + \frac{1}{2}\mu_2^{\mathrm{T}}\Sigma^{-1}\mu_2 + \ln\frac{P(c_1)}{P(c_2)} \tag{4.18}$$

则我们可以将 $a(x)$ 看作 $wx+b$ 的形式。至此我们用逆推的方法证明了 Sigmoid 函数具有二分类的作用。

这里再介绍一下 softmax 函数。任何时候当需要表示具有 n 个可能取值的离散型随机

变量的分布时都可以使用 softmax 函数。它可以看作 Sigmoid 函数的扩展(Sigmoid 函数用来表示二值型变量的分布)。softmax 函数最常用作分类器的输出,表示 n 个不同类上的概率分布(softmax 函数也可以在模型内部使用)。

现在我们把分类情况推广到具有 n 个值的离散型变量的情况。下面的证明过程借鉴了刚才提到的 Sigmoid 的推导。

$$P(c_1 \mid x) = \frac{P(x \mid c_1)P(c_1)}{P(x)} \tag{4.19}$$

当涉及多种情况时,使用全概率公式展开:

$$P(c_1 \mid x) = \frac{P(x \mid c_1)P(c_1)}{\sum_i P(x \mid c_i)P(c_i)} \tag{4.20}$$

因此,我们可以写出任意情况的概率:

$$P(c_j \mid x) = \frac{P(x \mid c_j)P(c_j)}{\sum_i P(x \mid c_i)P(c_i)} \tag{4.21}$$

我们对式(4.21)进行指数化后可得

$$P(c_j \mid x) = \frac{\exp(a_j)}{\sum_i \exp(a_i)} \tag{4.22}$$

这样就获得了 softmax 函数:

$$\text{softmax}(z)_j = \frac{\exp(z_j)}{\sum_i \exp(z_i)} \tag{4.23}$$

在实际分类中,我们肯定希望这个样本被正确分类的概率最高,可以最大化 softmax 的输出值。为了计算方便,我们最大化式(4.23)的对数似然。将 softmax 定义成指数的形式是非常自然的,这是因为对数似然中的 log 可以抵消 softmax 中的 exp,即

$$\log \text{softmax}(z)_j = z_j - \log \sum_i \exp(z_i) \tag{4.24}$$

z_j 是对数似然,最大化后 z_j 逼近原输入,则 $\log \sum_i \exp(z_i) \approx z_j$,此时代价函数近似为 0。式(4.24)等号右边第一项表示输入 z_j 总是对代价函数有直接的贡献。因为这一项不会饱和,所以即使 z_j 对式(4.24)等号右边第二项的贡献很小,学习依然可以进行。当最大化对数似然时,第一项 z_j 被推高,而第二项 z 则被压低。

为了对第二项 $\log \sum_i \exp(z_i)$ 有一个直观的理解,注意到这一项可以大致近似为 $\max_i z_i$。这种近似是因为对任何明显小于 $\max_i z_i$ 的 z_k,$\exp(z_k)$ 都是不重要的。这种近似的直观感觉就是负对数似然代价函数总是强烈地惩罚最活跃的不正确预测。如果正确答案已经具有了 softmax 的最大输入,那么 $-z_j$ 项和 $\log \sum_i \exp(z_i) \approx \max_i z_i = z_j$ 项将大致抵消。这个样本

对于整体训练代价贡献很小，这个代价主要由其他未被正确分类的样本产生。

除了对数似然之外，许多目标函数对 softmax 函数不起作用。具体来说，对于那些不使用对数来抵消 softmax 中指数的目标函数，当指数函数的变量取非常小的负值时会造成梯度消失，从而使利用梯度来更新参数的模型无法学习。特别是平方误差对于 softmax 单元来说是一个很差的损失函数，即使模型能够做出高度可信的不正确预测，也不能训练模型改变其输出。我们将在后续章节中分析一些代价函数对模型性能的影响。

简单来说，从神经科学的角度看，softmax 是一种在参与其中的单元之间形成竞争的方式：softmax 输出总和等于 1，所以一个单元值的增加必然对应着其他单元值的减少。这与被认为存在于皮质中相邻神经元间的侧抑制类似。最终希望其中一个正确的输出接近 1，其他的接近 0。

4.2　简单卷积神经网络实例

本节将以识别手写数字为例，实现一个简单的二维卷积神经网络。在此使用美国情报研究所的公开数据集 MNIST。数字 0 的部分图像如图 4.18 所示。

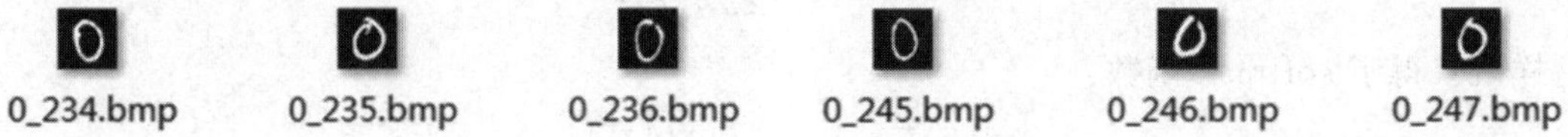

图 4.18　MNIST 数据集示例

MNIST 数据集含有 60 000 样本的训练集和 10 000 样本的测试集。每一样本为 28×28 的灰度图像，作为神经网络的输入矩阵向量，矩阵向量中每一个元素代表图像中相应位置的灰度值。测试集与训练集的标签采用 One-Hot 形式标注。

首先，使用基于 TensorFlow 的 Keras 来实现对手写体数字的识别。

```
#导入所需包
import numpy as np
import pandas as pd
import matplotlib. pyplot as plt
from keras import optimizers
from keras import regularizers
from keras. models import Sequential
from keras. layers import Dense，Dropout
from keras. wrappers. scikit_learn import KerasClassifier
from keras. utils import np_utils
```

```
from sklearn. model_selection import train_test_split, KFold, cross_val_score
from sklearn. preprocessing import LabelEncoder
from keras. layers. core import Dense, Dropout, Activation
from keras. layers import Conv2D, MaxPooling2D, GlobalAveragePooling2D, Flatten
from keras. preprocessing. image import ImageDataGenerator
from keras. callbacks import TensorBoard

#内嵌显示图像
%matplotlib inline
import matplotlib

#参数定义
img_height=28
img_width=28

#定义数据集与验证集位置
train_data_dir = 'D:\\okk\\train'
validation_data_dir = 'D:\\okk\\test'

#图像归一化
train_datagen = ImageDataGenerator(rescale=1. / 255)
test_datagen = ImageDataGenerator(rescale=1. / 255)

#图像生成(训练集)
train_generator = train_datagen. flow_from_directory(
    train_data_dir,                    #图像地址
    target_size=(28, 28),              #图像目标大小
    color_mode = 'grayscale',          #图像输出为灰度图像
    batch_size=3,                      #小批量数据
    class_mode='categorical')          #分类类别
image_numbers = train_generator. samples

#图像生成(验证集)
validation_generator = test_datagen. flow_from_directory(
    validation_data_dir,
```

```
    target_size=(28，28)，
    color_mode = 'grayscale'，
    batch_size=3，
    class_mode='categorical')
```

```
# 构建模型
model=Sequential()
```

堆叠二维卷积层，使用 64 个卷积核，跨度为 1×1，使用补零方法，输入维度为 28×28 的
单通道灰度图像，激活函数为 ReLU，卷积核规模为 2×2。值得注意的是，堆叠模型的首
层必须声明输入的维度，即 input_shape=(28，28，1)。这里因为使用的是灰度图像，所
以通道数为 1，如果使用 RGB 图像，则通道数为 3

```
model. add(Conv2D(64，2，strides=(1，1)，padding='valid'，input_shape=(28，28，1)，
activation='relu'))
```

堆叠最大池化层，池化层大小为 2×2
```
model. add(MaxPooling2D(2))
```

堆叠第二次二维卷积层，使用 128 个卷积核，跨度为 1×1，使用补零方法，输入维度为
28×28 的单通道灰度图像，激活函数为 ReLU
```
model. add(Conv2D(128，2，strides=(1，1)，padding='valid'，activation='relu'))
model. add(MaxPooling2D(2))
model. add(GlobalAveragePooling2D())
```

全连接层，使用 softmax 分类
```
model. add(Dense(output_dim=4，activation='softmax'))
```

模型编译，制订交叉熵代价函数，优化器为 rmsprop，评估方法为识别准确度
```
model. compile(loss='binary_crossentropy'，
            optimizer='rmsprop'，
            metrics=['accuracy'])
```

模型训练，制订输入、输出，批量规模。调用 TensorBoard，并把训练历史写入制订的目
录 log_dir(这部分调用了 TensorBoard)

```
history = model. fit_generator(
    train_generator,
    steps_per_epoch = image_numbers,
```

```
        epochs＝100,
        validation_data＝validation_generator,
        validation_steps ＝ 3, callbacks＝[TensorBoard(log_dir＝'. /log_dir ')]
        )
```

♯记录训练历史,打印历史关键字,绘制训练过程图像,指定图像名称、横纵坐标名称
♯(使用 Keras 画图,希望读者可以掌握)

```
print(history. history. keys())
plt. plot(history. history[' acc '])
plt. plot(history. history[' val_acc '])
plt. title(' model accuracy ')
plt. ylabel(' accuracy ')
plt. xlabel(' epoch ')
plt. legend([' train ', ' test '], loc＝' upper left ')
```

♯显示图像

```
plt. show()
```

通过上面的实例就得到了模型的识别结果,并可以看到训练过程。在训练结束后
Keras 直接显示图像,如图 4.19 所示。图中,一直以曲线形式接近纵坐标精度 1.0 的是训
练集结果,而很快就趋于将近 0.95 的是测试集结果。

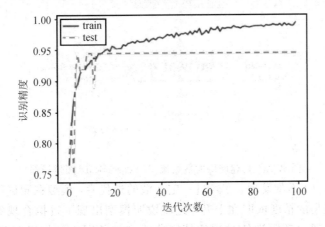

图 4.19　MNIST 数据集训练过程(Keras 图像)

当然,也可以通过程序来显示 TensorBoard 图像,比如数据流图,如图 4.20 所示,请
读者自行考虑如何处理。

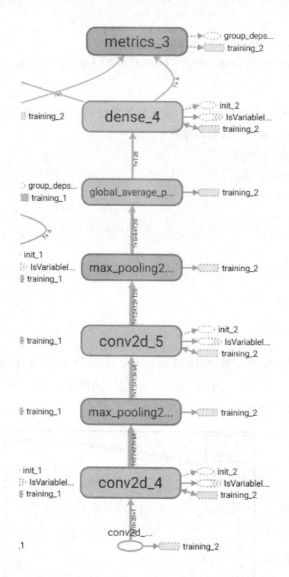

图 4.20　构建网络的数据流图（TensorBoard 图像局部）

　　通过观察图 4.19 不难发现，在经过一定次数的迭代后，模型在测试集上的识别精度不再上升，而在训练集的精度依旧在上升，这就说明模型出现了过拟合现象。我们不希望出现这种情况，因此通过观察训练过程的精度曲线来调整网络结构以预防过拟合现象的发生。所以有必要在编程的时候显示出训练过程图像的曲线。缓解过拟合现象的技术将在本书后面的章节进行讨论。

　　上述实例所构建的网络模型如图 4.21 所示。

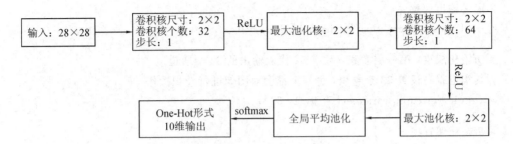

图 4.21 构建网络的结构

下面单独利用 TensorFlow 实现卷积神经网络。

导入所需包

```
from tensorflow. examples. tutorials. mnist import input_data
import tensorflow as tf
```

初始化权重函数

```
def weight_variable(shape):
initial = tf. truncated_normal(shape, stddev=0.1);
return tf. Variable(initial)
```

初始化偏置项

```
def bias_variable(shape):
    initial = tf. constant(0.1, shape=shape)
    return tf. Variable(initial)
```

定义卷积函数

```
def conv2d(x, w):
    return tf. nn. conv2d(x, w, strides=[1, 1, 1, 1], padding='SAME')
```

定义一个 2×2 的最大池化层

```
def max_pool_2_2(x):
    return
tf. nn. max_pool(x, ksize=[1, 2, 2, 1], strides=[1, 2, 2, 1], padding='SAME')
if__name__== "__main__":
```

定义输入变量

```
x = tf. placeholder("float", shape=[None, 784])
```

# 定义输出变量
y_ = tf. placeholder("float", shape=[None, 10])

# 初始化权重，第一层卷积，数字 32 代表输出的 32 个通道
# 其实也就是设置 32 个卷积，每一个都会对图像进行卷积操作
w_conv1 = weight_variable([5, 5, 1, 32])

初始化偏置项
　　　　　b_conv1 = bias_variable([32])

将输入的 x 转换成一个 4 维向量。第 2、3 维对应图像的宽和高，最后一维代表图像的颜
色通道数。输入的图像为灰度图，所以通道数为 1；如果是 RGB 图，通道数为 3。
tf. reshape(x, [−1, 28, 28, 1])的意思是将 x 自动转换成 28×28×1 的数组，−1 代表
不知道 x 的形状(shape)，它会按照后面的设置进行转换
　　　x_image = tf. reshape(x, [−1, 28, 28, 1])

# 卷积并激活第一层
h_conv1 = tf. nn. relu(conv2d(x_image, w_conv1)+ b_conv1)

# 池化第一层
h_pool1 = max_pool_2_2(h_conv1)

# 第二层卷积
# 初始化权重
w_conv2 = weight_variable([5, 5, 32, 64])

# 初始化偏置项
b_conv2 = bias_variable([64])

# 将第一层卷积池化后的结果作为第二层卷积的输入
h_conv2 = tf. nn. relu(conv2d(h_pool1, w_conv2)+ b_conv2)

# 池化第二层
h_pool2 = max_pool_2_2(h_conv2)

# 设置全连接层的权重
w_fc1 = weight_variable([7 * 7 * 64, 1024])

设置全连接层的偏置

```
b_fc1 = bias_variable([1024])
```

将第二层卷积池化后的结果转换成一个 7×7×64 的数组
```
h_pool2_flat = tf.reshape(h_pool2,[-1,7 * 7 * 64])
```

通过全连接之后激活
```
h_fc1 = tf.nn.relu(tf.matmul(h_pool2_flat, w_fc1)+ b_fc1)
```

防止过拟合
```
keep_prob = tf.placeholder("float")
    h_fc1_drop = tf.nn.dropout(h_fc1, keep_prob)
```

输出层
```
w_fc2 = weight_variable([1024, 10])
    b_fc2 = bias_variable([10])
y_conv = tf.nn.softmax(tf.matmul(h_fc1_drop, w_fc2)+ b_fc2)
```

日志输出，每迭代 100 次输出一次日志
定义交叉熵为损失函数
```
    cross_entropy = -tf.reduce_sum(y_ * tf.log(y_conv))
```

最小化交叉熵
```
train_step = tf.train.AdamOptimizer(1e-4).minimize(cross_entropy)
```

计算准确率
```
correct_prediction = tf.equal(tf.argmax(y_conv, 1), tf.argmax(y_, 1))
    accuracy = tf.reduce_mean(tf.cast(correct_prediction, "float"))
    sess = tf.Session()
    sess.run(tf.initialize_all_variables())
```

下载 mnist 的手写数字的数据集
```
mnist = input_data.read_data_sets("MNIST_data/", one_hot=True)
    for i in range(20000):
batch = mnist.train.next_batch(50)
    if i % 100 == 0:
        train_accuracy = accuracy.eval(session=sess, feed_dict={x: batch[0],
        y_: batch[1], keep_prob: 1.0})
            print("step %d, training accuracy %g"%(i, train_accuracy))
```

```
train_step. run(session = sess, feed_dict={x: batch[0], y_: batch[1],
keep_prob: 0.5})
print("test accuracy %g" % accuracy. eval(session=sess, feed_dict={
x: mnist. test. images, y_: mnist. test. labels, keep_prob: 1.0}))
```

至此我们可以看出 TensorFlow 代码与 Keras 代码的区别。TensorFlow 代码的结构性不强，较为冗余复杂，但灵活性强，可以自行编写不同的层。Keras 代码简单清晰，条理性好，但由于强大的封装而导致灵活性有所下降。因此对于深度学习方面的新手而言，利用 Keras 能够快速进入项目，是一个不错的选择。

4.3　过度拟合

4.3.1　容量、过拟合与欠拟合的基本概念

机器学习的主要挑战是算法必须很好地面对测试集，而不只是在训练集上表现良好。这种对先前未处理过的新输入数据也表现良好的能力称为**泛化**(Generalization)。

通常情况下，在训练模型时，我们可以在训练集上通过训练误差(Training Error)来度量误差大小。模型训练的目标就是降低训练误差，这也是前面提到的损失函数的作用。这还只是一个简单的优化问题。但是机器学习的优化不仅仅是希望模型的训练误差较小，同时也希望泛化误差很低。泛化误差可以被定义为对新输入的误差期望。

通常通过度量模型在测试集(test set)上的性能来评估机器学习模型的泛化误差。下面我们以线性模型为例，通过最小化训练误差来训练模型：

$$\frac{1}{m^{(\text{train})}} \parallel \boldsymbol{X}^{(\text{train})} \boldsymbol{w} - \boldsymbol{y}^{(\text{train})} \parallel_2^2 \tag{4.25}$$

同时也关注测试误差：

$$\frac{1}{m^{(\text{test})}} \parallel \boldsymbol{X}^{(\text{test})} \boldsymbol{w} - \boldsymbol{y}^{(\text{test})} \parallel_2^2 \tag{4.26}$$

通常我们会做一系列独立同分布假设(i. i. d. assumption)。该假设的含义是：每个数据集中的样本都是彼此相互独立的(Independent)，并且训练集和测试集是同分布的(Identically Distributed)，即具有相同的分布。这个假设使我们认为每一个训练样本和每一个测试样本相互独立但具有相同的分布。通过该假设我们可以将大量的原始数据采样生成训练样本集和测试样本集。

但是当我们使用机器学习算法时，测试误差期望一般会大于或等于训练误差期望。增强机器学习算法效果的方法主要有以下两种：

(1) 降低训练误差。

(2) 缩小训练误差和测试误差的差距。

　　这两个因素对应机器学习的两个主要挑战:欠拟合(Underfitting)和过拟合(Overfitting)。欠拟合是指模型不能在训练集上获得足够低的误差。过拟合是指训练误差和测试误差之间的差距过大。

　　通过调整模型的**容量**(Capacity),可以控制模型是否偏向于过拟合或者欠拟合,因此它是指拟合各种函数的能力。容量低的模型可能很难拟合训练集。容量高的模型可能会过拟合,也就是过度学习训练集的特征。

　　仍以最熟悉的线性回归来举例,其表达式如下:

$$y = wx + b \tag{4.27}$$

可以通过引入高次项来学习数据更多类型的特征,则

$$y = b + \sum_{i=1}^{N} w_i x^i \tag{4.28}$$

　　当机器学习算法的容量适合于所执行任务的复杂度和所提供训练数据的数量时,效果通常会最佳。容量不足的模型不能解决复杂任务。容量高的模型能够解决复杂的任务,但是当其容量高于任务所需时,有可能会导致过拟合。

　　为了更清晰地加以说明,图 4.22 比较了线性、二次和六次函数拟合数据点的效果。

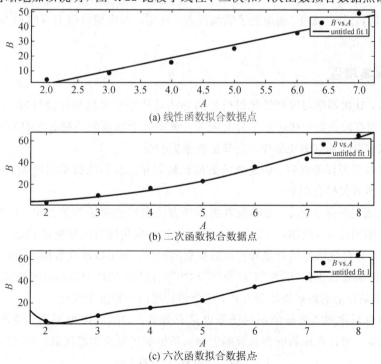

(a) 线性函数拟合数据点

(b) 二次函数拟合数据点

(c) 六次函数拟合数据点

图 4.22　拟合训练集样本

图 4.22(a)利用线性函数拟合数据将会导致欠拟合,无法捕捉数据中的非线性信息。图 4.22(b)使用二次函数拟合数据,泛化得比较好,不会导致明显的欠拟合或者过拟合。图 4.22(c)显示了 6 阶多项式拟合原始数据集的情况,有可能导致过拟合。

虽然高阶多项式可以完美地拟合函数,但是由于过于完全地拟合了提供的原始数据,将会导致该函数在其他样本上的泛化能力不强。换句话说,高阶多项式如果复杂到它的训练参数比训练样本还多,虽然能够获得很多穿过训练样本点的描述函数,但难以在这些不同的函数解中选出一个具有良好泛化性的结果。因此在这个模型当中,二次模型符合任务的真实结构,可以很好地泛化到新的相关数据集中。

到目前为止,我们讨论了通过改变输入特征的数量和加入这些特征对应的参数来改变模型的容量。事实上,还有很多方法可以改变模型的容量,容量不仅取决于模型的选择。在实际中,学习算法或许不会真的找到最优函数,而仅仅找到一个可以大大降低训练误差并满足要求的函数。

提高机器学习模型泛化的现代思想可以追溯到很久以前。当时许多学者提出了一个简约原则,即奥卡姆剃刀(Occam's razor)。该原则指出,在同样能够解释已知观测现象的假设中,我们应该挑选"最简单"的那一个。与此同时,我们还需要记住虽然更简单的函数更可能被泛化,但函数不应该过于"简单"而加大了训练误差。通常,当模型容量上升时训练误差会下降。因此需要掌握一个度。

4.3.2 数据集增强

不难理解,让机器学习模型泛化得更好的办法是使用更多的数据进行训练。但是在实际工程中,我们拥有的数据量往往是十分有限的。解决这个问题的一种方法是在原始数据的基础上创建新数据并添加到训练集中,也就是数据集增强。

对一些机器学习任务而言,创建新的数据比较简单。而训练数据越庞大,模型就越不容易出现过拟合或者欠拟合现象。

图像可以通过平移、旋转、加噪或者扭曲等方法来扩充原始的数据集。这是因为扩充后不改变原来数据的特征。例如,一个兔子的图像旋转一定角度后图像里依旧是一个兔子。但需要注意的是,在通过变换原始数据来扩增数据集的时候,不可以改变数据本质的所属类别。例如,字符识别时需要认识到"b"和"d"以及"6"和"9"的区别,所以对这些任务来说,水平翻转和旋转 $180°$ 并不是合适的数据集增强方式,这会使数据的类别发生变化。

数据集增强对序列类数据的识别任务也是有效的,如时间序列识别、特征序列识别等。最简单的做法是,可以在原始的训练数据上加入不影响所属类别的扰动:

$$\boldsymbol{M}'_{\text{train}} = \boldsymbol{M}_{\text{train}} + \boldsymbol{D} \tag{4.29}$$

式中,$\boldsymbol{M}_{\text{train}}$ 为原始训练集,$\boldsymbol{D}$ 为随机扰动,$\boldsymbol{M}'_{\text{train}}$ 为新生成的扩增数据。这样,$\boldsymbol{M}_{\text{train}}$ 与 $\boldsymbol{M}'_{\text{train}}$ 合

并形成了扩充后的训练集。这种通过生成新数据来扩充原始数据集的方式也被称为**数据扩展**（Data Extensions）。

当然，通过加入随机扰动来提升模型泛化能力，不仅仅局限于通过向原始数据加入扰动来实现，还可以通过向神经元以及模型中增加参数来实现。

4.3.3　L_2 正则化

机器学习的核心问题是不仅要在训练数据上表现好，还要在新输入的数据上具有良好的泛化性。为此在机器学习中，许多算法通过减少测试误差（可能会以增大训练误差为代价）来实现。这些算法策略被称为正则化，它也成为了研究热点之一。

许多正则化方法通过对目标函数 J 添加一个参数范数惩罚项 $\Omega(\boldsymbol{\theta})$ 来限制模型的学习能力，我们将正则化后的目标函数记为 $\tilde{J}$，则

$$\tilde{J}(\boldsymbol{\theta}; \boldsymbol{X}, \boldsymbol{y}) = J(\boldsymbol{\theta}; \boldsymbol{X}, \boldsymbol{y}) + \alpha\Omega(\boldsymbol{\theta}) \tag{4.30}$$

其中，$\alpha \in [0, \infty)$ 为惩罚系数，它是用来权衡范数惩罚项 Ω 和标准目标函数 $J(\boldsymbol{\theta}; \boldsymbol{X})$ 相对贡献的超参数。当 α 为 0 时表示没有正则化；α 越大，则正则化惩罚越大。

总体而言，正则化就是给最小化经验误差函数加上约束项。这个约束项具有引导作用，在优化误差函数时将选择满足约束条件下梯度减少的方向，使最终解趋向于先验知识。

在神经网络中，参数包括每一层的权重和偏置，我们通常只对权重做惩罚而不对偏置做正则惩罚。对偏置进行正则化可能会导致明显的欠拟合。为此我们使用向量 $\boldsymbol{w}$ 表示所有应受范数惩罚影响的权重，而向量 $\boldsymbol{\theta}$ 表示全部参数（包括 $\boldsymbol{w}$ 和无需正则化的偏置 $\boldsymbol{b}$）。

虽然我们希望对网络的每一层参数都使用单独的惩罚项并分配不同的惩罚系数，但是寻找合适的多个超参数的代价很大。因此为了节约计算资源，我们在所有层使用相同的**权重衰减**（Weight Decay）。

正则化偏向于学习权重更小的模型。小的权重意味着更低的复杂性，因此可以减少过拟合现象。

正则化有各种方式，下面首先介绍 L_2 正则化（正则化有时也被称为规范化）。L_2 正则化主要通过向目标函数添加一个正则项来使权重更加接近原点。该正则项为

$$\Omega(\boldsymbol{\theta}) = \frac{1}{2} \| \boldsymbol{w} \|_2^2 \tag{4.31}$$

当然，我们也可以将参数正则化为接近空间中的其他特定点，同样具有正则化效果，特定的点越接近真实值其结果越好。但是，在我们不知道正确值的时候，零是具有普适性的默认值。L_2 正则化也被称为岭回归或 Tikhonov 正则。

我们可以通过研究正则化后目标函数的梯度变化来判断一些改进的正则化算法是否更好。由于不对偏置设定正则化，因此在推导过程中假定参数向量中不含偏置参数，此时式（4.30）中的目标函数变为

$$\tilde{J}(\boldsymbol{\theta}; \boldsymbol{X}, \boldsymbol{y}) = J(\boldsymbol{\theta}; \boldsymbol{X}, \boldsymbol{y}) + \frac{\alpha}{2} w^{\mathrm{T}} w \tag{4.32}$$

可以求得含有正则项的代价函数的梯度：

$$\nabla_w \tilde{J}(w; \boldsymbol{X}, \boldsymbol{y}) = \alpha w + \nabla_w J(w; \boldsymbol{X}, \boldsymbol{y}) \tag{4.33}$$

使用梯度下降的方法来更新权重：

$$w' = w - \eta(\alpha w + \nabla_w J(w; \boldsymbol{X}, \boldsymbol{y})) \tag{4.34}$$

合并同类项后得到

$$w' = (1 - \eta\alpha) w - \eta \nabla_w J(w; \boldsymbol{X}, \boldsymbol{y}) \tag{4.35}$$

由式(4.35)可以看到，加入权重衰减后，参数的学习方式发生了变化。由于将权重乘以了一个常数因子，因此在每一步梯度更新的时候权重向量均会发生收缩。下面我们进一步分析该变化对整个训练过程的影响。

进一步化简方程，令 w^* 为未正则化的目标函数在取得最小训练误差时的权重向量，即

$$w^* = \underset{w}{\arg\min} J(w) \tag{4.36}$$

在 w^* 的邻域对目标函数做二次近似，得到近似的二次代价目标函数为

$$\hat{J}(\boldsymbol{\theta}) = J(w^*) + \frac{1}{2}(w - w^*)^{\mathrm{T}} \boldsymbol{H}(w - w^*) \tag{4.37}$$

其中，$\boldsymbol{H}$ 是 J 在 w^* 处计算的关于 w 的 Hessian 矩阵。

当函数具有多维输入时，通常存在许多二阶导数。此时可以将这些导数合并成一个矩阵，称为 Hessian 矩阵。Hessian 矩阵 $\boldsymbol{H}(f)(\boldsymbol{x})$ 定义为

$$\boldsymbol{H}(f)(\boldsymbol{x})_{i,j} = \frac{\partial^2}{\partial \boldsymbol{x}_i \partial \boldsymbol{x}_j} f(\boldsymbol{x}) \tag{4.38}$$

由于微分计算在任何二阶偏导连续点处具有可交换的性质，因此式(4.38)等号右边项可变换为

$$\frac{\partial^2}{\partial \boldsymbol{x}_i \partial \boldsymbol{x}_j} f(\boldsymbol{x}) = \frac{\partial^2}{\partial \boldsymbol{x}_j \partial \boldsymbol{x}_i} f(\boldsymbol{x}) \tag{4.39}$$

也就是说，$H_{i,j} = H_{j,i}$。因此可以得到这样一个性质：Hessian 矩阵在这些点上是对称的。其实当 Hessian 矩阵被应用于深度学习时是实对称的，我们可以将其分解成一组特征值以及特征值所对应的正交基。在特定方向上的二阶导数可以写成 $\boldsymbol{x}^{\mathrm{T}} \boldsymbol{H} \boldsymbol{x}$。当 $\boldsymbol{x}$ 为 $\boldsymbol{H}$ 的一个特征向量时，该方向的二阶导数就是其所对应的特征值。由此我们可以得到式(4.37)。

当 Hessian 矩阵的特征值均为正时，此时的临界点是局部极小值点，Hessian 矩阵是正定的。当 Hessian 矩阵的特征值均为负时，此时的临界点是局部极大值点，Hessian 矩阵是负定的。而当对于非零向量 $\boldsymbol{x}$ 都有 $\boldsymbol{x}^{\mathrm{T}} \boldsymbol{H} \boldsymbol{x} \geqslant \boldsymbol{0}$ 时，此时 Hessian 矩阵是半正定的，反之为半负定的。

我们再来观察式(4.37)，由于 w^* 已经被定义为最优，因此其对应的梯度应消失为 0，也

就是已经到谷底，梯度不应再下降。此处的二次近似中没有一阶项。因为 w^* 是 J 的一个最优点，因此可以得到 H 是半正定的这一结论。也就是说，当近似表示 $\hat{J}$ 取最小的时候，其梯度：

$$\nabla_w \hat{J} = H(w - w^*) = 0 \tag{4.40}$$

现在讨论最小正则化后的 $\hat{J}$。这里假设 $\tilde{w}$ 为最优点，则

$$\alpha\tilde{w} + H(\tilde{w} - w^*) = 0 \tag{4.41}$$

整理可得

$$(H + \alpha I)\tilde{w} = Hw^* \tag{4.42}$$

$$\tilde{w} = (H + \alpha I)^{-1} Hw^* \tag{4.43}$$

此时，当 α 趋近于 0 时，正则化的解 $\tilde{w}$ 会趋向于 w^*。因为 H 是实对称的，所以可以将其分解成一个对角矩阵 Λ 和一组特征向量的标准正交基 Q，并且有 $H = Q\Lambda Q^T$。

在此需要先说明一下为什么实对称矩阵中属于不同特征值的特征向量是正交的。根据矩阵论得到

$$\sigma(\alpha) = \lambda\alpha \tag{4.44}$$

$$\sigma(\beta) = \mu\beta \tag{4.45}$$

$$(\sigma(\alpha), \beta) = (\alpha, \sigma(\beta)) \tag{4.46}$$

将式(4.44)与式(4.45)代入式(4.46)得到

$$(\sigma(\alpha), \beta) = (\alpha, \sigma(\beta)) \tag{4.47}$$

$$(\lambda\alpha, \beta) = (\alpha, \mu\beta) \tag{4.48}$$

$$\lambda(\alpha, \beta) = \mu(\alpha, \beta) \tag{4.49}$$

$$(\alpha, \beta) = 0, \lambda \neq \mu \tag{4.50}$$

这样我们就可以得出实对称矩阵属于不同特征值的特征向量互相正交的结论。此时，将该结论应用于式(4.43)，可得

$$\tilde{w} = (Q\Lambda Q^T + \alpha I)^{-1} Q\Lambda Q^T w^* = [Q(\Lambda + \alpha I)Q^T]^{-1} Q\Lambda Q^T w^*$$
$$= Q(\Lambda + \alpha I)^{-1} \Lambda Q^T w^* \tag{4.51}$$

不难看出，权重衰减的效果是沿着 H 的特征向量所定义的轴缩放 w^*。也就是说，我们会根据其定义的因子 $\lambda_i (\lambda_i + \alpha)^{-1}$ 来缩放与 H 第 i 个特征向量对齐的 w^* 的分量。

换句话说，只有在显著减小目标函数方向上的参数会保留完好，而在无助于目标函数减小的方向(Hessian 矩阵较小的特征值)上改变参数并不会显著地增加梯度。不重要的方向对应的分量会在训练过程中因正则化而被衰减掉，即沿着 H 特征值较大的方向($\lambda_i \gg \alpha$)正则化的影响较小，反之则会被衰减到几乎为 0。

我们将该原理应用于二次代价函数，目标函数变为

$$(Xw - y)^T(Xw - y) + \frac{1}{2}\alpha w^T w \tag{4.52}$$

其解由

$$w = (X^TX)^{-1}X^Ty \tag{4.53}$$

变为

$$w = (X^TX + \alpha I)^{-1}X^Ty \tag{4.54}$$

比较上面两个公式发现，不同的仅仅是在对角增加了 α。但是正如我们所分析的那样，正是这个 α 使权重的更新有了趋向性。我们可以看到，L_2 正则化能让学习算法"感知"到具有较高方差的输入 x，因此与输出目标的协方差较小（相对增加方差）的特征的权重将会收缩。

下面我们来分析 L_2 规范化为什么要加上这样的一个约束项。

如图 4.23 所示，上方的椭圆区域是最小化 J 区域。下方的圆圈是 w 的限定条件区域。在没有限定条件的情况下，一般使用梯度下降算法，在椭圆 J 区域内会一直沿着 w 梯度的反方向前进（梯度下降的方向），直到找到全局最优值 w^*。例如，空间中有一点 w（图中椭圆区域 J 与圆圈相交并标注的点），此时 w 会沿着 $-\nabla J$ 的方向移动。但是由于存在限定条件（即图 4.23 中的圆圈），w 不能离开圆形区域，最多只能位于圆上的边缘位置，因此只能沿着切线方向 v 运动。

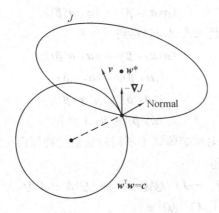

图 4.23　L_2 规范化原理

运动方向 v 与法线方向垂直。在运动过程中，只要 $-\nabla J$ 与运行方向不垂直，则表明 $-\nabla J$ 仍会在 w 的切线方向上产生分量，此时 w 就会继续运动，寻找下一步最优解。只有当 $-\nabla J$ 与 w 的切线方向垂直时，$-\nabla J$ 在 w 的切线方向才没有分量，此时 w 才会停止更新，到达最接近 w^* 的位置，且同时满足限定条件。

当 $-\nabla J$ 与 w 的切线方向垂直，即 $-\nabla J$ 与 w 的法线方向平行时，根据平行关系可知：

$$-\nabla J = \lambda w \tag{4.55}$$

即

$$\nabla J + \lambda w = 0 \tag{4.56}$$

也就是说，只要满足式(4.56)，就能实现正则化目标。这里 $\mathbf{V}J$ 是目标函数 J 的梯度，通过对式(4.56)做积分运算可得

$$J' = J + \frac{\lambda}{2} \mathbf{w}^2 \tag{4.57}$$

这样就得出了 L_2 正则化的表达式：

$$J' = J + \alpha \sum_j \mathbf{w}_j^2 \tag{4.58}$$

4.3.4　L_1 正则化

L_2 正则化是权重衰减最常见的形式，我们还可以使用其他方法来限制模型参数的规模，如 L_1 正则化，它具有使特征表示更为稀疏的性质。

对模型参数 w 的 L_1 正则化被定义为

$$\Omega(\boldsymbol{\theta}) = \|w\|_1 = \sum_i |w_i| \tag{4.59}$$

即各个模型参数的绝对值之和。如果希望将参数正则化到其他非零值 $w^{(0)}$，则式(4.59)变为

$$\Omega(\boldsymbol{\theta}) = \sum_i |w_i - w_i^{(0)}| \tag{4.60}$$

同样不考虑偏置参数的正则化。与 L_2 类似，我们通过缩放惩罚项 Ω 的非负超参数 α 来控制 L_1 规范化的约束强度。因此，类似地可以将 L_1 正则化的目标函数表示为

$$\hat{J}(\boldsymbol{\theta}; \mathbf{X}, \mathbf{y}) = J(\boldsymbol{\theta}; \mathbf{X}, \mathbf{y}) + \alpha \|w\|_1 \tag{4.61}$$

其梯度近似为

$$\mathbf{V}_w \hat{J}(w; \mathbf{X}, \mathbf{y}) = \alpha \mathrm{sign}(w) + \mathbf{V}_w J(w; \mathbf{X}, \mathbf{y}) \tag{4.62}$$

在此可以看到，L_1 正则化对梯度的影响不再是线性地缩放每个 w_i，而是添加了一项与 $\alpha\mathrm{sign}(w_i)$ 同号的常数。考虑在简单情况下采用截断泰勒级数，可以得到的梯度为

$$\mathbf{V}_w \hat{J} = \mathbf{H}(w - w^*) \tag{4.63}$$

同样，$\mathbf{H}$ 是 J 在 w^* 处计算的关于 w 的 Hessian 矩阵。

为了分析方便，我们假设原始数据已经经过了处理，即 Hessian 矩阵是对角的，输入特征之间的相关性已被去除。此时，可以将 L_1 正则化目标函数的二次近似分解成关于参数的求和：

$$\hat{J}(w; \mathbf{X}, \mathbf{y}) = J(w^*; \mathbf{X}, \mathbf{y}) + \sum_i \left[\frac{1}{2} H_{i,i}(w_i - w_i^*)^2 + \alpha |w_i| \right] \tag{4.64}$$

求出令式(4.64)最小化的解析解为

$$w_i = \mathrm{sign}(w_i^*)\max\left\{ |w_i^*| - \frac{\alpha}{H_{i,i}}, 0 \right\} \tag{4.65}$$

此时，我们不难得出如下结论：

（1）当 $w_i^* \leqslant \dfrac{\alpha}{H_{i,i}}$ 时，由于在方向 i 上 $J(w; X, y)$ 对 $\hat{J}(w; X, y)$ 的贡献被抵消，因此 L_1 正则化将 w_i 推至 $\mathbf{0}$。

（2）当 $w_i^* > \dfrac{\alpha}{H_{i,i}}$ 时，正则化不会将 w_i 的最优值推至 $\mathbf{0}$，而仅仅将其在相应方向上移动 $\dfrac{\alpha}{H_{i,i}}$ 的距离。

由上述分析可知，L_1 规范化通过使参数向 0 靠拢而具有产生更**稀疏**(Sparse)解的性质。与 L_2 正则化相比，L_1 正则化的稀疏性具有本质的不同。对于 L_2 正则化时的公式(4.51)，假设 Hessian 矩阵为对角正定矩阵，那么可以得到

$$\tilde{w}_i = \frac{H_{i,i}}{H_{i,i} + \alpha} w_i^* \tag{4.66}$$

不难发现，如果 w_i^* 为非零值，则 $\tilde{w}_i$ 也会保持非零。这样的性质说明 L_2 正则化不会使参数变得稀疏，而 L_1 正则化有可能通过设置相应的 α 来实现稀疏。

下面我们从图形角度分析 L_1 正则化的提出原理以及 L_1 正则化的稀疏性。

如图 4.24 所示，和 L_2 正则化的原理相似，当目标函数的梯度下降方向与法向平行时，即可得到约束条件下的 w^*。由于 L_1 正则化时在矩形某一边上的法向方向是固定的，因此根据 L_2 正则化的推导原理，可以推得对于 L_1，有

$$J' = J + \alpha \sum_j |w_j| \tag{4.67}$$

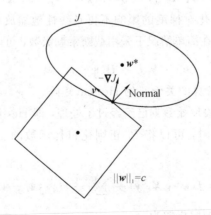

图 4.24　L_1 规范化原理

下面我们对比一下 L_1、L_2 正则化的稀疏性，如图 4.25 所示。

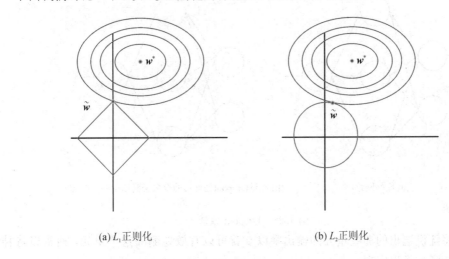

(a) L_1 正则化　　　　　　　　　　　(b) L_2 正则化

图 4.25　L_1、L_2 规范化稀疏性对比

我们观察 L_1 正则化，其约束项所对应的顶点最优解的坐标为 $(0, w)$。约束函数具有许多突出的角，目标函数与这些角接触的概率远大于约束函数的其他部位。在这些角上，许多权值为 0，因此 L_1 正则化相对于 L_2 正则化更具有稀疏性。

在 Keras 中我们可以引入正则化方法来抑制过拟合现象。例如：

from keras. regularizers import l2，activity_l2

model. add(Dense(64，input_dim=64，W_regularizer=l2(0.01)，activity_regularizer=activity_l2 (0.01)))

W_regularizer 为施加在权重上的正则项；activity_regularizer 为施加在输出上的正则项。其中的数字为正则化系数，就是前面介绍的 α。

4.3.5　Dropout

弃权（Dropout）技术是一种计算方便，能够提升模型泛化能力的深度学习模型的改进方法。有时候我们希望能够同时训练多个模型，并在测试样本上评估这些模型以达到提升泛化能力的目的。但是，当每一个模型都是一个庞大神经网络的时候，这种做法就不切实际了，因为需要庞大的计算资源。Dropout 能够解决这个问题，它能帮助我们近似地训练和评估指数级数量的庞大神经网络。

具体来说，Dropout 训练中有继承这一步。它包括从原始网络中随机（临时）删除非输出单元后形成的子网络，如图 4.26 所示。

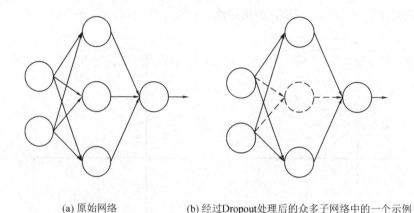

(a) 原始网络　　　　　　　　(b) 经过Dropout处理后的众多子网络中的一个示例

图 4.26　Dropout 原理

只需要将随机选出的那些单元的输出乘以 0 就可以有效地删除这个单元,通常以将神经元乘以掩码的形式予以实现。

定义 k 个不同的模型,从训练集中有放回地采样,构成 k 个不同的数据集。然后在第 i 个训练集上训练第 i 个模型。Dropout 的目标就是在指数级数量的神经网络上近似完成这样的过程。所谓回放,是指这些数据在使用之后还放回训练集中可以被重新采样,也就是有可能被多次使用。

在训练过程中使用 Dropout 时,通常使用基于小批量数据的学习算法,如随机梯度下降等。每次在小批量数据中加载一个样本,然后随机抽样网络中所有输入和隐藏单元的不同二值掩码。对于每个单元,掩码是独立采样的。掩码值为 1 的采样概率是训练开始前一个固定的超参数。

注意:这里的掩码值为 1 的采样概率不是指该单元的激活值,而是该单元被采样或者被包含在神经网络中的概率为 100%。通常在每一个小批量训练的神经网络中,一个输入单元被采样的概率为 0.8,一个隐藏单元被采样的概率为 0.5。然后就像之前一样完成前向传播、反向传播以及参数更新。

我们通过乘以掩码向量的形式对神经元实现随机删除。图 4.27 中给出了 Dropout 前向传播示意图。其中,深颜色的为被采样的神经元。本质上讲,就是从原始网络中随机挑选子网络。

这里把掩码向量 $\boldsymbol{\mu}$ 定义为模型的参数,$L(\boldsymbol{\theta}, \boldsymbol{\mu})$ 是由参数 $\boldsymbol{\theta}$ 和掩码 $\boldsymbol{\mu}$ 定义的模型代价。和之前讲述的一样,Dropout 训练的目标是最小化代价函数的期望,即 $E_{\mu}L(\boldsymbol{\theta}, \boldsymbol{\mu})$。这个期望具有指数级的数量,但是我们可以通过抽样 $\boldsymbol{\mu}$ 的方式获得

图 4.27　Dropout 前向传播

梯度的无偏估计。

　　在 Dropout 中，所有的子模型是参数共享的。也就是说，每一个子模型都继承了原始模型参数的不同子集。通过参数共享的方式可以在有限计算资源的条件下实现指数级数量模型的训练。在 Dropout 中，通常大部分模型都不被显式地训练，这是因为原始神经网络过于庞大。取而代之的是，在单个步骤中训练一小部分子网络，而使用参数共享会使得剩余的子网络也拥有较好的参数。

　　现在，进一步从数学的角度来分析 Dropout。正如上面所说，在 Dropout 的情况下，通过掩码 $\boldsymbol{\mu}$ 定义每一个子模型的概率分布。所有掩码的算术平均值由式(4.68)给出：

$$\sum_{\boldsymbol{\mu}} P(\boldsymbol{\mu}) p(\boldsymbol{y} \mid \boldsymbol{x}, \boldsymbol{\mu}) \tag{4.68}$$

其中，$P(\boldsymbol{\mu})$ 为采样 $\boldsymbol{\mu}$ 的概率分布。

　　由于这个代数式包含多达指数级的函数项，因此是难以计算的。虽然到目前为止还没有成熟的理论让我们确定深度神经网络是否允许以某种可行的方式来简化式(4.68)，但是在大量的工程实践中我们发现一般 10~20 个掩码就可以获得不错的表现。

　　另一个近似全部子网络的预测方法是利用所有子网络预测分布的几何平均来代替算术平均。该方法仅需要一个前向传播的代价。几何平均是一种常规的平均方法：若有 N 个数，则这 N 个数的积再开 N 次方就是这 N 个数的几何平均值。

　　由于几何平均是数值的乘积再开方，因此当某事件概率为 0 时，其几何平均不再为概率分布。所以多个概率分布的几何平均不能保证是一个概率分布。而为了保证结果是一个概率分布，我们应该设定没有子模型给某一事件分配的概率为 0，并重新标准化所得分布。式(4.69)给出了通过几何平均定义的非标准化概率分布：

$$\tilde{p}_{\text{ensemble}}(\boldsymbol{y} \mid \boldsymbol{x}) = \sqrt[2^d]{\prod_{\boldsymbol{\mu}} p(\boldsymbol{y} \mid \boldsymbol{x}, \boldsymbol{\mu})} \tag{4.69}$$

其中，d 为可被暂时删除的单元数量。为了推导方便，我们使用服从均匀分布的 $\boldsymbol{\mu}$（其实非均匀分布也是可以的）。为了作出相应的预测，重新标准化所有子网络的概率分布：

$$p_{\text{ensemble}}(\boldsymbol{y} \mid \boldsymbol{x}) = \frac{\tilde{p}_{\text{ensemble}}(\boldsymbol{y} \mid \boldsymbol{x})}{\sum_{\boldsymbol{y}'} \tilde{p}_{\text{ensemble}}(\boldsymbol{y}' \mid \boldsymbol{x})} \tag{4.70}$$

　　Dropout 的另一个重要观点是：可以通过评估模型中的 $p(\boldsymbol{y} \mid \boldsymbol{x})$ 来近似 p_{ensemble}。该模型具有所有单元，但我们通过将单元 i 的输出权重乘以单元 i 的被采样概率来得到该单元输出的正确期望值。这种方法被称为权重比例推断规则（Weight Scaling Inference Rule），在实际工程应用中表现很好。

　　对许多不具有非线性隐藏单元的模型而言，权重比例推断是一个精确推断。例如，对于 softmax 函数回归分类，向量 $\boldsymbol{x}$ 表示 n 个输入变量，则

$$P(\mathbf{Y} = \mathbf{y} \mid \mathbf{x}) = \mathrm{softmax}(\mathbf{w}^{\mathrm{T}}\mathbf{x} + \mathbf{b})_y \tag{4.71}$$

由二值掩码向量 $\boldsymbol{\mu}$ 逐元素相乘：

$$P(\mathbf{Y} = \mathbf{y} \mid \mathbf{x}; \boldsymbol{\mu}) = \mathrm{softmax}(\mathbf{w}^{\mathrm{T}}(\boldsymbol{\mu}\odot\mathbf{x}) + \mathbf{b})_y \tag{4.72}$$

重新标准化所有子集的几何平均：

$$p_{\mathrm{ensemble}}(\mathbf{Y} = \mathbf{y} \mid \mathbf{x}) = \frac{\widetilde{p}_{\mathrm{ensemble}}(\mathbf{Y} = \mathbf{y} \mid \mathbf{x})}{\sum_{\mathbf{y}'}\widetilde{p}_{\mathrm{ensemble}}(\mathbf{Y} = \mathbf{y}' \mid \mathbf{x})} \tag{4.73}$$

其中：

$$\widetilde{p}_{\mathrm{ensemble}}(\mathbf{Y} = \mathbf{y} \mid \mathbf{x}) = \sqrt[2^n]{\prod_{\boldsymbol{\mu}\in\{0,1\}^n} P(\mathbf{Y} = \mathbf{y} \mid \mathbf{x}; \boldsymbol{\mu})} \tag{4.74}$$

此时，我们简化 $\widetilde{p}_{\mathrm{ensemble}}$：

$$
\begin{aligned}
\widetilde{p}_{\mathrm{ensemble}}(\mathbf{Y} = \mathbf{y} \mid \mathbf{x}) &= \sqrt[2^n]{\prod_{\boldsymbol{\mu}\in\{0,1\}^n} P(\mathbf{Y} = \mathbf{y} \mid \mathbf{x}; \boldsymbol{\mu})} \\
&= \sqrt[2^n]{\prod_{\boldsymbol{\mu}\in\{0,1\}^n} \mathrm{softmax}(\mathbf{w}^{\mathrm{T}}(\boldsymbol{\mu}\odot\mathbf{x}) + \mathbf{b})_y} \\
&= \sqrt[2^n]{\prod_{\boldsymbol{\mu}\in\{0,1\}^n} \frac{\exp(\mathbf{w}_y^{\mathrm{T}}(\boldsymbol{\mu}\odot\mathbf{x}) + b_y)}{\sum_{y'}\exp(\mathbf{w}_{y'}^{\mathrm{T}}(\boldsymbol{\mu}\odot\mathbf{x}) + b_{y'})}}
\end{aligned} \tag{4.75}
$$

由于 $\widetilde{P}$ 被标准化，因此可以忽略相对于 $\mathbf{y}$ 不变的项：

$$
\begin{aligned}
\widetilde{p}_{\mathrm{ensemble}}(\mathbf{Y} = \mathbf{y} \mid \mathbf{x}) &\propto \sqrt[2^n]{\prod_{\boldsymbol{\mu}\in\{0,1\}^n} \exp(\mathbf{w}_y^{\mathrm{T}}(\boldsymbol{\mu}\odot\mathbf{x}) + b_y)} \\
&= \exp\left(\frac{1}{2^n}\sum_{\boldsymbol{\mu}\in\{0,1\}^n} \mathbf{w}_y^{\mathrm{T}}(\boldsymbol{\mu}\odot\mathbf{x}) + b_y\right) \\
&= \exp\left(\frac{1}{2}\mathbf{w}_y^{\mathrm{T}}\mathbf{x} + b_y\right)
\end{aligned} \tag{4.76}
$$

此时，将式 (4.76) 代入式 (4.73) 即可以得到一个权重为 $\frac{1}{2}\mathbf{w}$ 的 softmax 函数分类器。

在实际应用过程中，Dropout 比一些计算开销小的正则化方法更有效。Dropout 也可以与其他形式的正则化合并，使模型性能得到进一步的提升。计算方便是 Dropout 的一个优点。

Dropout 的另一个显著优点是不会特别限制适用的模型或训练过程。它在绝大部分使用分布式表示且可以用随机梯度下降训练的模型上都表现很好。

必须指出的是，虽然 Dropout 在特定模型上每一步的代价是微不足道的，但在一个完整的系统上使用 Dropout 的代价可能非常显著。因为 Dropout 是一个正则化技术，它通过随机（临时）删除非输出神经元增加了网络类型，同时也减少了模型的有效容量。为了抵消这种影响，我们必须增大模型规模。不出意外的话，使用 Dropout 时最佳验证集的误差会小很多，但这是以更大的模型和更多训练算法的迭代次数为代价换来的。对于非常大的数据集，正则化带来的泛化误差减少得很小。在这些情况下，使用 Dropout 和更大模型的计算代价可能超过正则化带来的好处。

使用 Dropout 的大部分原因来自于施加到非输出单元的掩码噪声。通过引入掩码噪声使深度学习模型拥有了自适应的能力，即当原始输入遭受到一定程度的破坏后依旧能够准确地加以识别。

Dropout 另一个重要的方面是掩码噪声是乘性的。乘性噪声对原始分布影响不大，同时避免了单纯增加权重而造成的病态增加模型鲁棒性的问题。在训练时向隐藏单元引入加性和乘性噪声重新参数化模型的方法被称为批标准化，我们将在后续章节详细讲解。

我们可以在 Keras 中直接调用 Dropout：

keras. layers. core. Dropout(rate，noise_shape＝None，seed＝None)

其中，rate 为 0～1 的浮点数，控制需要断开的神经元的比例；noise_shape 为整数张量，为将要应用在输入上的二值 Dropout 掩码（mask）的形状（shape），例如，如果输入为（batch_size，timesteps，features），并且希望在各个时间步上的 Dropout mask 都相同，则可输入 noise_shape＝（batch_size，1，features）；seed 为整数，表示使用的随机数种子。

4.3.6　提前终止

可以理解，当模型具有很强的学习能力时极有可能过度学习训练集样本。在这个时候，训练误差（图 4.28 中下方的曲线）确实会随着时间的推移逐渐降低，但验证集（图 4.28 中上方的曲线）的误差有可能再次上升，并且这种现象大概率会出现。

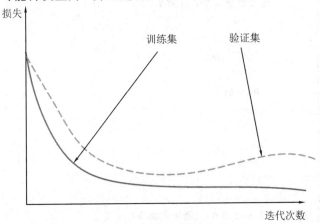

图 4.28　过拟合造成的损失升高

虽然保存的模型参数通常是全部训练完成后的参数，但这个参数不一定是最优的。我们最初的目的是获得使验证集误差最低的参数设置。因此可以考虑这样的策略：当验证集上的误差在事先指定的循环次数内没有进一步改善时，算法就终止。这种策略被称为**提前终止**（Early Stopping），它使用起来简单有效。

例如，当将循环次数设定为5时，就意味着如果模型在验证集上的损失在5次循环中没有得到提升的话，算法会终止模型的训练。上述循环次数被称为**耐心**（Patience）。若在一定耐心值的循环中模型在验证集上的表现没有提升，那么我们可以认为后续的训练对模型是没有意义的，再去过多地学习训练集数据会导致模型的过拟合现象，毕竟我们希望最终得到的模型是一个具有很好泛化能力的模型。

图 4.29 给出了提前终止算法的基本流程。

预设：评估间隔的步数为 n；
　　　训练步数为 i；
　　　初始参数为 $\boldsymbol{\theta}_0$；
　　　验证集损失为 L；
　　　耐心记录参数为 j；
过程：
　　　$\boldsymbol{\theta} \leftarrow \boldsymbol{\theta}_0$；
　　　$i \leftarrow 0$；
　　　$j \leftarrow 0$；
　　　$L \leftarrow \infty$；
　　　$\boldsymbol{\theta}^* \leftarrow \boldsymbol{\theta}$；
　　　$i^* \leftarrow i$；
　　　While $j < p$ do
　　　　模型训练 n 步，记录 $\boldsymbol{\theta}$；
　　　　$i \leftarrow i + n$；
　　　　$L' = L(\boldsymbol{\theta})$；
　　　　If $L' < L$ then
　　　　　$j \leftarrow 0$；
　　　　　$\boldsymbol{\theta}^* \leftarrow \boldsymbol{\theta}$；
　　　　　$i^* \leftarrow i$；
　　　　　$L \leftarrow L'$；
　　　　Else
　　　　　$j \leftarrow j+1$；
　　　　End if
　　　End while
输出：最佳参数为 $\boldsymbol{\theta}^*$，最佳训练步数为 i^*。

图 4.29　提前终止算法的基本流程

　　我们也可以将提前终止算法理解为一个非常高效的超参数选择算法。在训练过程中，我们增加的仅仅是一个耐心记录参数，不会增加过多的额外计算负担。大多数超参数的选择必须使用高代价的猜测和检查过程，我们需要在训练开始时猜测一个超参数，然后运行几个步骤检查它的训练效果，而提前终止算法不需要大量的反复尝试，它仅仅是正常训练过程中所增加的一个"微小过程"。

　　这种方法唯一显著的代价是训练期间要定期评估验证集。但是，评估验证集的过程本就是训练一个深度学习模型该有的过程，因此我们可以认为提前终止算法是非常高效的。

　　提前终止几乎不需要改变基本训练过程、目标函数或者具体的网络构造。这意味着无需很大改变动态的训练过程就能很容易地使用提前终止。提前终止可单独使用或与其他的正则化策略结合使用。

　　提前终止需要评估模型在验证集上的表现，这意味着某些在验证集中的训练数据不能再被利用去更新模型。但是，为了更好地利用这些额外的评估数据，我们可以在完成提前终止的首次训练之后进行额外的训练。在额外的训练步骤中，所有训练数据都可以被包括在内。这里有两个基本的策略可用于额外训练过程。

　　第一个策略如图 4.30 所示，是将模型作为一个全新的空白模型，重新初始化模型的全部参数，然后使用所有数据再次训练。在这个额外训练过程中，我们可以使用第一轮提前终止训练确定的最佳步数。这样的策略存在着一些不确定因素。例如，由于局部最小值的存在，我们没有办法知道重新训练时对参数进行相同次数的更新和对数据集进行相同次数的遍历哪一个得到的最终模型参数更好。同时，由于训练集变大了，因此在额外训练的过程中，每一次遍历数据集将会更多次地更新参数。

预设：原始数据集，数据 X，标签 y

过程：

1：将 X 分割为 $\{X^1, X^2\}$，y 分割为 $\{y^1, y^2\}$；

2：从随机 θ 开始，将 $\{X^1, y^1\}$ 作为训练集，$\{X^2, y^2\}$ 作为验证集；

3：运行算法过程见图 4.29，获利最佳训练步数 i^*；

4：随机 θ；

5：在 $\{X, y\}$ 上训练 i^* 步。

图 4.30　提前终止算法确定最优训练步数，然后在全部数据上训练

　　另一个策略是先由部分数据训练模型，然后使用全部数据继续训练。在这个算法中，没有最优步数这个超参数指导我们需要在训练多少步后终止。但是，我们可以监控相同验证集的平均损失函数，并继续训练，直到它低于第一轮提前终止过程终止时的损失函数值。此策略避免了重新训练模型的高计算成本，但表现并没有图 4.30 所给出的策略那么好。例如，由于局部最优、参数初始化等因素，模型在验证集上的表现不一定能达到之前的目标

值。图 4.31 给出了该算法的具体过程。

预设：原始数据集，数据 $\boldsymbol{X}$，标签 $\boldsymbol{y}$

过程：

1：将 $\boldsymbol{X}$ 分割为 $\{\boldsymbol{X}^1,\ \boldsymbol{X}^2\}$，$\boldsymbol{y}$ 分割为 $\{\boldsymbol{y}^1,\ \boldsymbol{y}^2\}$；

2：从随机 $\boldsymbol{\theta}$ 开始，将 $\{\boldsymbol{X}^1,\ \boldsymbol{y}^1\}$ 作为训练集，$\{\boldsymbol{X}^2,\ \boldsymbol{y}^2\}$ 作为验证集；

3：运行算法过程见图 4.29，更新参数 $\boldsymbol{\theta}$；

4：获取最小损失 $L_{\min}$；

5：当 $L(\boldsymbol{\theta},\ \boldsymbol{X}^2,\ \boldsymbol{y}^2) > L_{\min}$ 时，继续在 $\{\boldsymbol{X},\ \boldsymbol{y}\}$ 上训练模型。

图 4.31　提前终止算法确定最小损失，然后在全部数据上继续训练以达到或超越之前达到的目标值

我们一直在强调，提前终止是具有正则化作用的。接下来我们具体分析提前终止正则化模型的真正机制。

由于采用了提前终止，因此可以认为将模型的参数空间限制在初始参数 $\boldsymbol{\theta}_0$ 的一个邻域之内。假如以学习率 η 进行了 i^* 步的优化步骤，那么可以将模型的有效容量进行量化，即 ηi^*。假设梯度有界，我们又限制了迭代次数和学习速率，这样模型就能够限制从 $\boldsymbol{\theta}_0$ 到达的参数空间的距离。这样看来，提前终止算法的效果与 L_2 正则化的效果相似。这两种算法最大的区别在于提前终止算法从初始化参数的位置开始梯度下降，然后随着梯度下降的方向开始更新参数，参数在较早的最优点 $\tilde{w}$ 停止，而不是停止在最小化代价的点 w^*。L_2 规范化使得总代价的最小值比非正则化代价的最小值更靠近规定的点。它们的差别如图 4.32 所示。注：在提前终止算法的图中虚线代表梯度下降的轨迹，在 L_2 正则化的图中圆圈代表惩罚项范围。

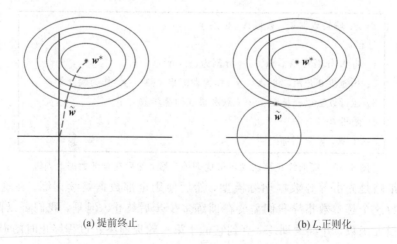

(a) 提前终止　　　　　　　　　　　　(b) L_2 正则化

图 4.32　提前终止算法与 L_2 正则化的区别

为了便于推导，设定条件为在二次误差的简单线性模型和简单的梯度下降情况下，参数仅包含 w 的简单情形。我们在权重 w 的损失最小值点 w^* 附近以二次近似逼近代价函数 J：

$$\hat{J}(\boldsymbol{\theta}) = J(\boldsymbol{w}^*) + \frac{1}{2}(\boldsymbol{w} - \boldsymbol{w}^*)^{\mathrm{T}} \boldsymbol{H}(\boldsymbol{w} - \boldsymbol{w}^*) \tag{4.77}$$

其中，$\boldsymbol{H}$ 是 J 关于 w 在损失最小值点 w^* 点的 Hessian 矩阵。由于我们已经假设 w^* 为损失最小值点，也就是 $J(\boldsymbol{\theta})$ 的最小值点，因此我们可以知道 $\boldsymbol{H}$ 是正半定的（参见第 4.3.3 节）。求得式（4.77）的梯度为

$$\nabla_w \hat{J}(\boldsymbol{w}) = \boldsymbol{H}(\boldsymbol{w} - \boldsymbol{w}^*) \tag{4.78}$$

有了梯度以后，我们开始研究具体的梯度下降。为了推导方便，设定初始参数为 0，即 $\boldsymbol{w}^{(0)} = \boldsymbol{0}$。我们利用近似的 $\hat{J}$ 去研究具体的损失：

$$\boldsymbol{w}^{(i)} = \boldsymbol{w}^{(i-1)} - \eta \, \nabla_w \hat{J}(\boldsymbol{w}^{(i-1)}) \tag{4.79}$$

将式（4.78）代入式（4.79）可得

$$\boldsymbol{w}^{(i)} = \boldsymbol{w}^{(i-1)} - \eta \boldsymbol{H}(\boldsymbol{w}^{(i-1)} - \boldsymbol{w}^*) \tag{4.80}$$

合并整理可得

$$\boldsymbol{w}^{(i)} - \boldsymbol{w}^* = (\boldsymbol{I} - \eta \boldsymbol{H})(\boldsymbol{w}^{(i-1)} - \boldsymbol{w}^*) \tag{4.81}$$

我们之前已经说明，根据特征分解 $\boldsymbol{H}$ 可写为 $\boldsymbol{H} = \boldsymbol{Q\Lambda Q}^{\mathrm{T}}$。其中，$\boldsymbol{\Lambda}$ 为对角矩阵，$\boldsymbol{Q}$ 是特征向量的一组标准正交基。此时，式（4.81）改写为

$$\boldsymbol{w}^{(i)} - \boldsymbol{w}^* = (\boldsymbol{I} - \eta \boldsymbol{Q\Lambda Q}^{\mathrm{T}})(\boldsymbol{w}^{(i-1)} - \boldsymbol{w}^*) \tag{4.82}$$

$$\boldsymbol{Q}^{\mathrm{T}}(\boldsymbol{w}^{(i)} - \boldsymbol{w}^*) = (\boldsymbol{I} - \eta \boldsymbol{\Lambda})\boldsymbol{Q}^{\mathrm{T}}(\boldsymbol{w}^{(i-1)} - \boldsymbol{w}^*) \tag{4.83}$$

设定 $\boldsymbol{w}^{(0)} = \boldsymbol{0}$，$\eta$ 满足 $|1 - \eta\lambda_i| < 1$，那么经过 i 次迭代以后，可得

$$\boldsymbol{Q}^{\mathrm{T}}\boldsymbol{w}^{(i)} = [\boldsymbol{I} - (\boldsymbol{I} - \eta\boldsymbol{\Lambda})^{\mathrm{T}}]\boldsymbol{Q}^{\mathrm{T}}\boldsymbol{w}^* \tag{4.84}$$

此时，式（4.51）可以被改写为

$$\boldsymbol{Q}^{\mathrm{T}}\widetilde{\boldsymbol{w}} = (\boldsymbol{\Lambda} + \alpha\boldsymbol{I})^{-1}\boldsymbol{\Lambda}\boldsymbol{Q}^{\mathrm{T}}\boldsymbol{w}^* \tag{4.85}$$

$$\boldsymbol{Q}^{\mathrm{T}}\widetilde{\boldsymbol{w}} = [\boldsymbol{I} - (\boldsymbol{\Lambda} + \alpha\boldsymbol{I})^{-1}\alpha]\boldsymbol{Q}^{\mathrm{T}}\boldsymbol{w}^* \tag{4.86}$$

根据式（4.84）与式（4.86）可以看出，若满足：

$$(\boldsymbol{I} - \eta\boldsymbol{\Lambda})^{\mathrm{T}} = (\boldsymbol{\Lambda} + \alpha\boldsymbol{I})^{-1}\alpha \tag{4.87}$$

则可以认为 L_2 正则化与提前终止是近似的，当然这是我们在目标函数二次近似的情况下推导的。

提前终止需要监控验证集误差，以便在空间中适当的点处终止轨迹变化。因此提前终止比权重衰减更具有优势，它能自动确定正则化的较优值，而权重衰减需要进行多个不同超参数值的训练实验。

我们可以在 Keras 中实现提前终止：

♯ 调用 EarlyStopping 包
from keras.callbacks import EarlyStopping
♯ 监控验证集损失，耐心设置为 2

early_stopping = EarlyStopping(monitor='val_loss', patience=2)
model.fit(X, y, validation_split=0.2, callbacks=[early_stopping])

4.4 时间优化

通过前面几节的学习,已经能实现一个泛化能力满足要求的二维卷积神经网络。但是,在实际的工程应用中我们不仅仅追求模型的识别能力,还追求在相同精度情况下能够有着更低的时间成本以及计算成本。本节我们主要学习如何在优化模型性能的同时降低模型的时间成本,节约计算资源。

4.4.1 交叉熵代价函数

回想我们的学习过程,当我们把橘子错认成香蕉的时候,我们可以很快地认识到错误,并且牢牢记住这两个水果不是一个类型。对应地,我们希望构造的深度学习模型在遇到较大错误时可以很快改正错误,快速更新参数。但是当我们构造了模型以后有时候可以发现这样的现象,在开始的时候模型性能提升得很慢,而到了后期模型性能改善的速度突然加快了,如图 4.33 所示。

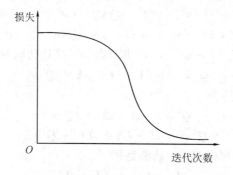

图 4.33　错误较大时的学习缓慢现象

这种现象看起来和人类学习过程差异很大(人类通常是在犯错比较明显的时候学习的速度最快),而且这种现象会在更加一般的神经网络中出现。为何学习如此缓慢呢?我们能够找到避免这种情况的方法吗?

回想一下之前介绍的参数更新的原理,参数是由学习率乘以代价函数的相应梯度来更新的,也就是 $\partial C/\partial w$ 与 $\partial C/\partial b$ 这些偏导数决定了学习的速度。所以当学习缓慢的现象发生时,实际上这些偏导数值很小。现在以之前反复使用的二次代价函数为例来研究代价函数的梯度对学习速率的影响。定义二次代价函数为

$$C = \frac{1}{2n}(\boldsymbol{a} - \boldsymbol{y})^2 \tag{4.88}$$

其中，C 是代价函数值；y 是目标输出；a 是实际输出，$a = \sigma(z)$，$z = wx + b$，σ 为激活函数，x 为输入，w 为权重，b 为偏置。将式(4.88)展开：

$$C = \frac{1}{2n}\,(\sigma(wx + b) - y)^2 \tag{4.89}$$

此时根据链式法则分别求权重与偏置的偏导数：

$$\frac{\partial C}{\partial w} = \frac{1}{n}(\sigma(wx + b) - y) \cdot \frac{\partial \sigma(wx + b)}{\partial w} = \frac{1}{n}(a - y)\sigma'(z)x \tag{4.90}$$

同理，我们可以推得关于偏置的偏导数：

$$\frac{\partial C}{\partial b} = \frac{1}{n}(a - y) \cdot \frac{\partial \sigma(wx + b)}{\partial b} = \frac{1}{n}(a - y)\sigma'(z) \tag{4.91}$$

将式(4.90)扩展为第 3 章中提到的多层神经元网络的表达形式：

$$\frac{\partial C}{\partial w_{j,\,k}^{L}} = \frac{1}{n}\sum_x (a_j^L - y_j)\sigma'(z_j^L)x \tag{4.92}$$

由于在多层神经网络中上一层的输出作为下一层的输入，因此可以将式(4.92)改写为

$$\frac{\partial C}{\partial w_{j,\,k}^{L}} = \frac{1}{n}\sum_x (a_j^L - y_j)\sigma'(z_j^L)a_k^{L-1} \tag{4.93}$$

同理，关于偏置的偏导数可以写成：

$$\frac{\partial C}{\partial b_{j,\,k}^{L}} = \frac{1}{n}\sum_x (a_j^L - y_j)\sigma'(z_j^L) \tag{4.94}$$

不难发现，式(4.93)和式(4.94)都含有 $\sigma'(z_j^L)$。

通过上面的推导我们发现，参数的更新速度与其激活函数的梯度有关。如图 4.34 所示，以 Sigmoid 函数举例，当 z 值较大时，Sigmoid 函数的输出较为平缓，梯度较小，由于参数更新的速度受其影响，因此参数迭代速度较慢。这就是学习缓慢的原因所在。

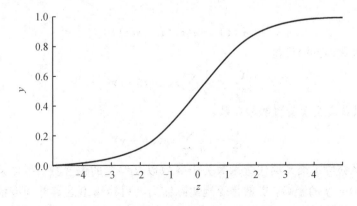

图 4.34　Sigmoid 函数

那么我们如何解决这个问题呢？能否提出这样一个代价函数，令其偏导数中不含激活函数的梯度呢？为此我们提出了如下交叉熵代价函数：

$$C = -\frac{1}{n}\sum_x \left[y\ln a + (1-y)\ln(1-a) \right] \tag{4.95}$$

式中，n 是训练数据的总数量，x 是训练输入，a 是实际输出，y 是对应的目标输出。

为什么这样的函数可以成为代价函数呢？回想 3.5.1 节提及的代价函数的性质不难发现，式(4.95)是非负的，这是因为求和中所有独立项都是负数，并且式子的前面有负号。由于 $a = \sigma(z)$，σ 为 Sigmoid 函数，因此 $0 < a < 1$。由于存在对数函数，因此求和项中的每一项都是负数。同时，对于所有的训练输入 x，神经元实际的输出接近目标值，那么交叉熵将接近 0。综上所述，交叉熵代价函数符合所有代价函数所应具有的性质，可以作为一个代价函数。

下面通过偏导数来分析为什么交叉熵代价函数可以有效地避免学习缓慢的问题。将 $a = \sigma(z)$ 代入式(4.95)并利用链式法则求其偏导数：

$$\begin{aligned}\frac{\partial C}{\partial w_j} &= -\frac{1}{n}\sum_x \left(\frac{y}{\sigma(z)} - \frac{1-y}{1-\sigma(z)} \right)\frac{\partial \sigma}{\partial w_j} \\ &= -\frac{1}{n}\sum_x \left(\frac{y}{\sigma(z)} - \frac{1-y}{1-\sigma(z)} \right)\sigma'(z)x_j \end{aligned} \tag{4.96}$$

合并同类项，并简化：

$$\frac{\partial C}{\partial w_j} = \frac{1}{n}\sum_x \frac{\sigma'(z)x_j}{\sigma(z)(1-\sigma(z))}(\sigma(z) - y) \tag{4.97}$$

由于

$$\sigma(z) = \frac{1}{1+e^{-z}}, \quad \sigma'(z) = \frac{e^{-z}}{(1+e^{-z})^2}, \quad 1-\sigma(z) = \frac{e^{-z}}{1+e^{-z}}$$

因此，可以推出：

$$\sigma'(z) = \sigma(z)(1-\sigma(z)) \tag{4.98}$$

将式(4.98)代入式(4.99)可得

$$\frac{\partial C}{\partial w_j} = \frac{1}{n}\sum_x x_j(\sigma(z) - y) \tag{4.99}$$

同理，可以获得关于偏置的偏导数：

$$\frac{\partial C}{\partial b} = \frac{1}{n}\sum_x (\sigma(z) - y) \tag{4.100}$$

这样我们就获得了交叉熵代价函数关于参数以及偏置的偏导数。可以发现，它们的更新速度受到 $\sigma(z) - y$ 的影响，也就是受到实际输出与目标输出的偏差程度的影响。更大的误差将拥有更快的学习速度。特别地，这个代价函数还避免了在二次代价函数的类似方程中由于存在 $\sigma'(z)$ 而导致的学习缓慢问题。交叉熵代价函数如图 4.35 所示。

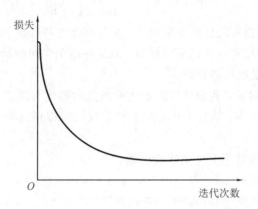

图 4.35　交叉熵代价函数避免了学习缓慢的问题，在误差较大时学习速度也较快

现在，我们将交叉熵代价函数扩展到多层神经网络上，得到

$$C = -\frac{1}{n} \sum_{x} \sum_{j} \left[\boldsymbol{y}_j \ln \boldsymbol{a}_j^L + (1 - \boldsymbol{y}_j) \ln(1 - \boldsymbol{a}_j^L) \right] \tag{4.101}$$

此外前面已经说过，学习缓慢的问题不仅仅与代价函数有关，它还与激活函数本身有关。因此我们除了改变代价函数以外还应该改变激活函数，也就是寻找一个具有较优全局梯度的激活函数来缓解学习缓慢的问题。

PReLU 函数与 3.3 节中介绍的 ReLU 函数很相近，PReLU 的函数表达式如式(4.102)所示，曲线如图 4.36 所示。

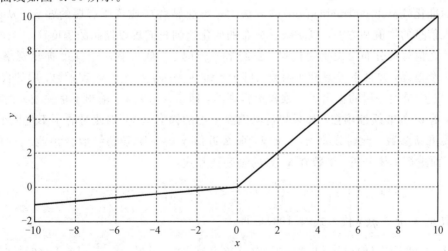

图 4.36　PReLU 函数图像

$$PReLU(\boldsymbol{x}) = \begin{cases} x, & x > 0 \\ ax, & x \leqslant 0 \end{cases} \tag{4.102}$$

可以看到，PReLU 函数具有较优的全局梯度，在任何地方神经元都不会非常饱和。唯一不足的地方就是，PReLU 在零点处是不可导的。但是在整个空间中恰好处于零点的概率是非常低的，因此这一点几乎可以被忽略。

通过上述一系列的讨论，我们应该理解代价函数的梯度与激活函数的全局梯度均对模型学习速度起到重要的作用。因此，在实际工程中我们可以以这两方面作为切入点来优化模型所需的时间成本。

在 Keras 中可以直接使用交叉熵代价函数：

model.compile(loss='categorical_crossentropy', optimizer='sgd')

其中，loss 为代价函数类型，optimizer 为优化方法。

4.4.2　批标准化

在训练过程中，模型的参数不断地被更新，因而导致每一层数据分布都不停地变化，即在经过了每一层的层内操作后，各层输出分布就与对应的输入信号分布不同，而且这个差异会随着网络深度的增大而增大。但是，我们在最初训练模型的时候假设的是训练数据的数学分布和验证数据的数学分布是相同的。由于经过多层神经网络的处理，信号的数学分布发生了巨大变化，因此导致模型的泛化能力被限制。上述现象被称为**内部变量转变**（Internal Covariate Shift）。

解决这个问题的方法一般是根据训练样本和目标样本的比例对训练样本做一个矫正。采用**批标准化**（Batch Normalization）的方法来标准化某些层或者所有层的输入，从而固定每层输入信息的均值和方差，以防数学分布的变化达到我们难以控制的程度。

为什么信号的分布会发生变化呢？我们举一个例子，假设有一个深度神经网络，每一层仅有一个单元，并且不考虑激活函数，则 $\hat{y} = xw_1w_2\cdots w_N$。其中，$w_i$ 表示第 i 层的权重。第 i 层的输出 $\boldsymbol{f}_i$ 是上一层的输出 $\boldsymbol{f}_{i-1}$ 乘权重得到的，即 $\boldsymbol{f}_i = \boldsymbol{f}_{i-1}w_i$；输出 $\hat{y}$ 是关于 x 的线性函数，是权重 w_i 的非线性函数。如果代价函数在 $\hat{y}$ 上的梯度是 1，则此时的 $\hat{y}$ 不是极小值点，现在需要更新参数。此时设定 $\boldsymbol{g} = \nabla_w\hat{y}$，那么近似 $\hat{y}$ 的一阶泰勒级数会预测 $\hat{y}$ 的值变化 $\eta\boldsymbol{g}^{\mathrm{T}}\boldsymbol{g}$。下面进行具体分析。函数在 $\boldsymbol{x}_0$ 点的泰勒展开式：

$$f(\boldsymbol{x}) = \frac{f(\boldsymbol{x}_0)}{0!} + \frac{f'(\boldsymbol{x}_0)}{1!}(\boldsymbol{x} - \boldsymbol{x}_0) + \frac{f''(\boldsymbol{x}_0)}{2!}(\boldsymbol{x} - \boldsymbol{x}_0)^2 + \cdots \tag{4.103}$$

由于参数 $w' \leftarrow w - \eta\boldsymbol{g}$，代入式（4.103）可得

$$f(\boldsymbol{x}_0 - \eta\boldsymbol{g}) = f(\boldsymbol{x}_0) + (\boldsymbol{x}_0 - \eta\boldsymbol{g} - \boldsymbol{x}_0)^{\mathrm{T}}\boldsymbol{g} + \frac{1}{2}(\boldsymbol{x}_0 - \eta\boldsymbol{g} - \boldsymbol{x}_0)^{\mathrm{T}}H(\boldsymbol{x}_0 - \eta\boldsymbol{g} - \boldsymbol{x}_0)$$

$$\tag{4.104}$$

如果考虑一阶近似，则式(4.104)等号右边可写为

$$f(\boldsymbol{x}_0) - \eta \boldsymbol{g}^{\mathrm{T}} \boldsymbol{g} \tag{4.105}$$

则 $\hat{y}$ 的值减少 $\eta \boldsymbol{g}^{\mathrm{T}} \boldsymbol{g}$。但是，实际上应该是存在二阶、三阶直到 N 阶的。由于我们是不可能计算到 N 阶的，因此每一层之间都具有偏差，而且这种偏差逐层累计越来越大，这就是每一层的运算会改变信号分布的原因。

由于训练数据的数量是十分庞大的，因此不可能一次性对所有的样本数据进行标准化，这时需要将全部的训练数据分成一个个小批量数据，然后标准化每一个小批量数据。这样就把一个庞大的难以实现的计算任务变成了小批量的易实现的任务。这样的小批量数据被称为mini-batch。这是批标准化的重要突破，避免了一次计算全部数据的数学分布，节约了计算资源。当然，变成小批量数据后，梯度下降就变成了在小批量数据上的梯度下降，这部分的具体内容我们将在 4.4.3 节中具体讨论，本节我们只解决批标准化的问题。

设 F 是需要标准化的小批量激活值，以矩阵的方式排布，每一个样本的激活值在矩阵的每一行中。为了标准化 F，我们做如下运算：

$$\boldsymbol{F}' = \frac{\boldsymbol{F} - \boldsymbol{\mu}}{\boldsymbol{\sigma}} \tag{4.106}$$

其中，$\boldsymbol{\mu}$ 是包含每个单元均值的向量，$\boldsymbol{\sigma}$ 是包含每个单元标准差的向量。$\boldsymbol{\mu}$ 和 $\boldsymbol{\sigma}$ 中的每一个值是对应矩阵 F 的每一行的元素。

在训练阶段：

$$\boldsymbol{\mu} = \frac{1}{m} \sum_i \boldsymbol{F}_{i,:} \tag{4.107}$$

则标准差为

$$\boldsymbol{\sigma} = \sqrt{\delta + \frac{1}{m} \sum_i (\boldsymbol{F} - \boldsymbol{\mu})_i^2} \tag{4.108}$$

其中，δ 是一个十分接近于 0 的正值，以避免遇到 $\sqrt{z}$ 的梯度在 $z = 0$ 处未定义的问题。至关重要的是，我们在每一层都进行标准化，这样信号经过多层神经元处理以后数学分布依然会被强制固定，每一层的激活值的标准差和均值都不会再发生变化，这就意味着梯度也不会再简单地改变激活值的数学分布，标准化操作会消除梯度下降对激活值数学分布的影响，归零其在梯度中的元素。

标准化一个单元的均值和标准差会降低神经网络的表达能力。为了保持网络的表现力，通常会将批量隐藏单元激活值 F 替换为 $\boldsymbol{AF}' + \boldsymbol{B}$。其中，$A$ 和 B 是允许新变量有任意均值和标准差的学习参数。可能在这里会有疑惑，为什么我们好不容易归一化了激活值，又引入参数允许它被重设为任意值呢？这是因为，原先的参数 F 的均值取决于 F 下层中参数的复杂关联。在新的参数中，$\boldsymbol{AF}' + \boldsymbol{B}$ 的均值仅由 B 决定，避免了各层之间的干扰，新参数很容易通过梯度下降来学习。

现在我们接触到的大多数神经网络层会采取 $\sigma(wx+b)$ 的形式,其中 σ 是某个固定的非线性激活函数,如 Sigmoid。看见这个形式的表达式,我们可能会提出如下问题:应该直接批标准化输入 x 还是变换后的值 $wx+b$ 呢?后者应该更好。更具体地,应将 $wx+b$ 替换为 wx 的标准化形式。偏置项应该被忽略,因为会加入批标准化的新参数,所以原先的偏置项是冗余的。

批标准化通过强制规定数学分布而缓解了深度学习模型中内部变量转变的现象,利用 mini-batch 的方法减少了计算成本。那么,mini-batch 是如何使梯度下降的呢?又是如何节省计算时间的呢?这些内容将在 4.4.3 节具体讨论。

利用 Keras 直接实现批标准化的程序如下:

keras. layers. normalization. BatchNormalization (epsilon = 1e − 06,mode = 0,axis = −1,momentum = 0.9,weights = None,beta_init = ' zero ',gamma_init = ' one ')

其中,epsilon 为大于 0 的小浮点数,用于防止除 0 错误;mode 为整数,指定规范化的模式,取 0 或 1;momentum 是指按特征规范化时计算数据的指数平均数和标准差的动量;weights 为初始化权重,为包含 2 个 numpy array 的 list,其 shape 为[(input_shape),(input_shape)];beta_init 为 beta 的初始化方法;gamma_init 为 gamma 的初始化方法。除了上述示例所体现的关键字外,还有 gamma_regularizer 为 WeightRegularizer(如 L_1 或 L_2 正则化)的实例,作用在 gamma 向量上;beta_regularizer 为 WeightRegularizer 的实例,作用在 beta 向量上。

4.4.3　随机梯度下降

通过前面介绍的梯度下降算法我们可以发现,全局模型参数的更新需要计算全部数据的梯度。但是在训练过程中每一次的更新参数都要在所有训练数据上计算梯度是一个很庞大的计算工程,需要花费很多时间。那么能否使用一部分数据来估计全局梯度以加快学习速度呢?答案是可以的。

随机梯度下降(Stochastic Gradient Descent,SGD)就是通过随机选取少量的 m 个训练输入来工作。我们将这些随机的训练输入标记为 X_1,X_2,X_3,$\cdots$,X_m,并把它们组成为一个小批量数据(mini-batch)。假设样本数量 m 足够大,我们希望 ∇C_{X_j} 的平均值大致等于整个 ∇C_x 的平均值,即

$$\frac{\sum_{j=1}^{m} \nabla C_{X_j}}{m} \approx \frac{\sum_{x} \nabla C_x}{n} = \nabla C \tag{4.109}$$

整理可得

$$\nabla C \approx \frac{1}{m} \sum_{j=1}^{m} \nabla C_{X_j} \tag{4.110}$$

将其向量化就可以写成

$$\frac{\sum_{j=1}^{m} \mathbf{\nabla} \boldsymbol{C}_{X_j}}{m} = \frac{1}{m} \mathbf{\nabla}_{\theta} \sum_{i} L(f(\boldsymbol{x}^{(i)} ; \boldsymbol{\theta}) , \boldsymbol{y}^{(i)}) \tag{4.111}$$

其中，L 为损失函数，$\boldsymbol{\theta}$ 为模型参数，$\boldsymbol{x}$ 为输入，$\boldsymbol{y}$ 为目标输出。

　　这就证实了我们可以通过计算随机选取的小批量数据的梯度来估算整体的梯度，小批量数据的梯度是整体数据梯度的无偏估计。用小批量数据的梯度估算整体的梯度，降低了对计算资源的需求，加速了学习的进程。但是，值得注意的是，每次的小批量数据的抽取都是随机的，从一组样本中计算出全局梯度期望的无偏估计要求这些样本是独立的，同时这些样本不可以重复使用。当我们随机抽取完全部的训练输入后，就完成了一次训练迭代。

　　这样，我们就得到了随机梯度下降算法的参数更新方法：

$$\boldsymbol{w}' = \boldsymbol{w} - \frac{\eta}{m} \frac{\partial \boldsymbol{C}}{\partial \boldsymbol{w}} \tag{4.112}$$

$$\boldsymbol{b}' = \boldsymbol{b} - \frac{\eta}{m} \frac{\partial \boldsymbol{C}}{\partial \boldsymbol{b}} \tag{4.113}$$

图 4.37 给出了 SGD 的算法流程。

预设：学习率为 η，初始参数为 $\boldsymbol{\theta}$

过程：SGD 在第 k 个训练迭代的更新

　　While 未满足训练停止要求 do

　　　　从训练集中随机采样包含 m 个样本 $\{\boldsymbol{x}^{(1)} , \boldsymbol{x}^{(2)} , \cdots , \boldsymbol{x}^{(m)}\}$ 的小批量样本，其中 $\boldsymbol{x}^{(i)}$ 对应的目标输出为 $\boldsymbol{y}^{(i)}$；

　　　　计算小批量数据的梯度：$\hat{\boldsymbol{g}} = \dfrac{1}{m} \mathbf{\nabla}_{\theta} \sum_{i} L(f(\boldsymbol{x}^{(i)} ; \boldsymbol{\theta}) , \boldsymbol{y}^{(i)})$；

　　　　更新参数：$\boldsymbol{\theta}' = \boldsymbol{\theta} - \eta \hat{\boldsymbol{g}}$。

　　End while

图 4.37　SGD 算法流程

　　批量大小通常选择为 2 的幂数，这样可以获得更快的运行时间，一般取值范围是 32~256。在尝试大模型时有时选择 16。

　　SGD 算法中的另一个关键参数是学习率。使用固定值的学习率是可以的，但是在实践中有必要随着时间的推移逐渐降低学习率，因此我们将第 k 步迭代的学习率记作 η_k。

　　SGD 中梯度估计引入的噪声源（m 个训练样本的随机采样）并不会在极小点处消失。相比之下，当我们使用批量梯度下降到极小点时，整个代价函数的真实梯度会变得很小直至为 0，因此批量梯度下降可以使用固定的学习率。保证 SGD 收敛的一个充分条件是

$$\sum_{k=1}^{\infty} \eta_k = \infty \tag{4.114}$$

且满足：

$$\sum_{k=1}^{\infty} \eta_k^2 < \infty \tag{4.115}$$

实际应用过程中，一般学习率会线性衰减到第 τ 次迭代：

$$\eta_k = (1-\alpha)\eta_0 + \alpha\eta_\tau \tag{4.116}$$

其中，$\alpha = \dfrac{k}{\tau}$。在第 τ 次迭代之后，一般使 η 保持常数。

学习率可以通过试验和误差来选取，最好的选择方法是监测目标函数值随时间变化的学习曲线。根据式(4.116)，需要选择的参数为 η_0、η_τ、τ。通常 τ 被设为需要反复遍历训练集几百次的迭代次数，η_τ 应设为 η_0 的大约 1% 。现在的主要问题是如何设置 η_0。若 η_0 太大，则学习曲线将会剧烈振荡，代价函数值通常会明显增加。比较缓和的振荡是可以的，容易在训练随机代价函数(Dropout 的代价函数)时出现。如果学习率太小，那么学习过程会很缓慢。如果初始学习率太低，那么学习可能会卡在一个相当高的代价值上。

就总训练时间和最终代价值而言，最优初始学习率会高于大约迭代 100 次后达到最佳效果的学习率。因此，通常最好是检测最早的几轮迭代，选择一个比在效果上表现最佳的学习率更大的学习率，但又不能太大，否则会导致严重的振荡。

SGD 的每一步更新计算时间不依赖整体训练样本的数目。即使训练样本数目非常大时，它们也能利用小批量数据达到快速收敛。

我们可以利用 Keras 来实现 SGD：

keras. optimizers. SGD(lr＝0.01，momentum＝0.0，decay＝0.0，nesterov＝False)

或者是在编译部分添加 SGD：

sgd ＝ SGD(lr＝0.01，decay＝1e－6，momentum＝0.9，nesterov＝True)

model. compile(loss＝'mean_squared_error'，optimizer＝sgd)

其中，lr 为大于 0 的浮点数，是学习率；decay 为大于 0 的浮点数，是每次更新后的学习率衰减值；momentum 为大于 0 的浮点数，是动量参数；nesterov 为布尔值，表示是否使用 Nesterov 动量。

4.4.4 动量

虽然随机梯度下降仍然是非常受欢迎的优化方法，但其学习过程有时会很慢。梯度下降算法仅仅是令代价函数沿着梯度下降的方向不断减小，存在梯度下降时沿着梯度减少的方向不停振荡的情况。也就是说，代价函数的值虽然总体趋势是减小的，但是它会反复振荡直至最小，如图 4.38 所示。

　　虽然最终梯度下降算法还是会达到一个极小值点，但是由于其存在着很大的振荡，因此会花费许多额外的时间，这并不是我们想要看到的结果。为了解决这个问题，引入了动量（Momentum）算法。动量算法累积了之前梯度指数级衰减的移动平均，并且继续沿该方向移动。简单来说，动量算法希望能有一个量牵引着代价函数向梯度下降的方向移动，以减少振荡的幅度，加快学习速率。图 4.39 所示为以较小振幅到达极小值的曲线。

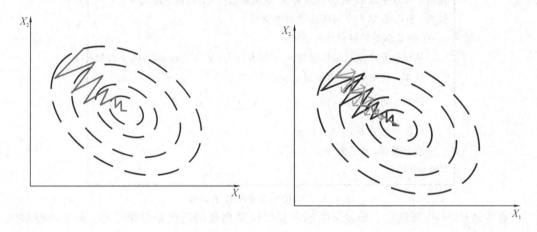

图 4.38　梯度下降算法的振荡现象　　　　　图 4.39　动量梯度下降算法减缓了振荡现象

　　图 4.39 中，振幅较小的曲线为带有动量的梯度下降算法的下降轨迹，而振幅较大的是普通的 SGD 算法轨迹，箭头为牵引方向。可以明显看出，含动量的梯度下降算法的振荡情况得以缓解，可以有效地提升模型的训练效率。箭头的牵引方向总是指向梯度下降的方向，当运动方向与梯度下降方向相同时，牵引速度使代价函数下降的速度加快，反之则阻碍运动。

　　从直观上看，动量算法引入了变量 v 来体现牵引力的存在，用它的变化来代表牵引着参数在空间移动的方向和速率，如图 4.39 中的箭头所示。速度被设为负梯度的指数衰减平均。动量在物理学上定义为质量乘以速度。在动量学习算法中，假设有一个粒子的质量为单位质量，则速度向量 v 可以看作粒子的动量。超参数 $\alpha \in [0, 1)$ 决定了对梯度的衰减程度。我们也可以将这个动量看作牵引力的方向，当代价函数的值沿着梯度下降的方向运动时动量会使代价函数值下降得更快。

　　此时，含动量的梯度下降的参数更新如下：

$$v = \alpha v - \eta \nabla_\theta \left(\frac{1}{m} \sum_{i=1}^{m} L(f(\boldsymbol{x}^{(i)} ; \boldsymbol{\theta}), \boldsymbol{y}^{(i)}) \right) \tag{4.117}$$

$$\boldsymbol{\theta} = \boldsymbol{\theta} + v \tag{4.118}$$

通过上述两个参数更新的表达式，我们不难看出速度 v 积累了梯度方向，即

$$\mathbf{\nabla}_\theta\left(\frac{1}{m}\sum_{i=1}^m L(f(\boldsymbol{x}^{(i)};\boldsymbol{\theta}),\boldsymbol{y}^{(i)})\right) \tag{4.119}$$

系数 α 和 η 越大，其梯度衰减得越少，这意味着之前梯度对现在方向的影响也越大。带动量的 SGD 算法过程如图 4.40 所示。

预设：学习率为 η，初始参数为 $\boldsymbol{\theta}$，动量参数为 α，初始速度为 $\boldsymbol{v}$

过程：SGD 在第 k 个训练迭代的更新

　While 未满足训练停止要求 do

　　从训练集中随机采样包含 m 个样本 $\{\boldsymbol{x}^{(1)},\boldsymbol{x}^{(2)},\cdots,\boldsymbol{x}^{(m)}\}$ 的小批量

　　样本，其中 $\boldsymbol{x}^{(i)}$ 对应的目标输出为 $\boldsymbol{y}^{(i)}$；

　　计算小批量数据的梯度：$\hat{\boldsymbol{g}}=\dfrac{1}{m}\mathbf{\nabla}_\theta\sum_i L(f(\boldsymbol{x}^{(i)};\boldsymbol{\theta}),\boldsymbol{y}^{(i)})$；

　　计算速度更新：$\boldsymbol{v}=\alpha\boldsymbol{v}-\eta\hat{\boldsymbol{g}}$；

　　更新参数：$\boldsymbol{\theta}'=\boldsymbol{\theta}+\boldsymbol{v}$。

End while

图 4.40　动量梯度下降算法流程

在普通的 SGD 算法中，梯度下降的步长仅仅是梯度的范数乘以学习率。但是动量梯度下降的步长取决于梯度的大小以及连续梯度的方向。也就是说，当许多连续的梯度指向相同的方向时，步长最大。如果动量算法总是得到梯度 $\boldsymbol{g}$，那么它会在 $-\boldsymbol{g}$ 方向上不停地加速，直至达到最终速度，这一点是通过速度的更新式来体现的。速度的更新由本次的梯度下降的方向与上一次的速度方向共同决定。

整理式（4.117）可知，在含动量的梯度下降算法中步长变为

$$\frac{\eta\|\boldsymbol{g}\|}{1-\alpha} \tag{4.120}$$

因此，我们也可以把动量的超参数看作 $1/(1-\alpha)$。举个例子，如果我们把 α 设为 0.5，那么此时梯度将会以原先梯度的速度的 2 倍继续下降。

在实际的工程应用中，α 的取值通常是 0.5、0.9、0.99。和学习率一样，α 也会随着时间不断调整。α 的初始值一般是一个较小的值，随后会慢慢变大。但是随着时间的推移，收缩 η 显得比调整 α 更重要一些。

如果觉得动量梯度下降比较抽象，我们利用牛顿力学来解释一下。可以将动量算法视为在连续时间下对粒子运动的描述。

假如粒子在任意时间点的位移由 $\boldsymbol{x}(t)$ 给定，粒子受到力 $\boldsymbol{f}(t)$ 的作用。根据牛顿第二定律 $\boldsymbol{F}=m\boldsymbol{a}$ 可以知道，力是正比于加速度的。当假设粒子的质量为单位质量时，$\boldsymbol{F}=\boldsymbol{a}$。也就是说，知道加速度也就意味着知道了力。加速度可由位移 $\boldsymbol{x}(t)$ 求得，即

$$f(t) = a(t) = \frac{\partial^2}{\partial t^2} x(t) \tag{4.121}$$

把这个二阶微分方程展开写为一阶偏微分方程，得到

$$v(t) = \frac{\partial}{\partial t} x(t) \tag{4.122}$$

$$f(t) = a(t) = \frac{\partial}{\partial t} v(t) \tag{4.123}$$

由此可见，动量算法就是求解微分方程。求解微分方程的一个简单数值方法是**欧拉方法**。式(4.122)和式(4.123)也解释了动量更新的基本形式。微分方程表示了相应物理量的变化趋势，通过式(4.123)可知，力推动粒子沿着代价函数表面下坡的方向移动。也就是说，v 变化的方向就是力的方向。

那么 v 变化的方向是怎样的呢？此时再来看 v 的更新式(4.117)，它的变化方向是 $-\eta\hat{g}$，所以 $-\eta\hat{g}$ 就是这个牵引力的方向，即图 4.39 中的箭头方向。$-\eta\hat{g}$ 即是上一步梯度下降的方向。这也说明了当速度与牵引力方向一致时速度会加快，反之会减慢。

欧拉方法可以认为是一种折线法，它使用折线来拟合曲线。假设现在需要求解如下微分方程：

$$\begin{cases} y' = f(x, y), & a \leqslant x \leqslant b \\ y(a) = y_0 \end{cases} \tag{4.124}$$

假设

$$a = x_0 < x_1 < \cdots < x_n = b \tag{4.125}$$

$$x_n = x_0 + nh \tag{4.126}$$

其中，h 为步长，此时使方程离散化：

$$y'(x_0) = \frac{y_1 - y_0}{x_1 - x_0} = \frac{y_1 - y_0}{h} \tag{4.127}$$

则

$$f(x_0, y_0) = \frac{y_1 - y_0}{h} \tag{4.128}$$

$$y_1 = y_0 + hf(x_0, y_0) \tag{4.129}$$

可以获得任意表达式：

$$y_{n+1} = y_n + hf(x_0, y_0) \tag{4.130}$$

我们可以在 Keras 中直接实现含动量的梯度下降：

```
sgd = SGD(lr=0.01, decay=1e-6, momentum=0.9, nesterov=True)
model.compile(loss='mean_squared_error', optimizer=sgd)
```

其中，momentum 是我们上面说到的动量参数 α，lr 是学习率 η。

4.4.5　Nesterov 动量

Nesterov 动量算法是标准动量算法的一个变种。在凸批量梯度的情况下，Nesterov 动量改进了额外误差收敛率，但是在随机梯度的情况下没有改进。凸优化的相关知识已经超出了本书的范围，这里我们不作过多的讲解。对于 Nesterov 动量算法，下面我们给出简单的分析。

Nesterov 动量算法的更新方法如下：

$$v = \alpha v - \eta \mathbf{\nabla}_{\theta}\left(\frac{1}{m}\sum_{i=1}^{m} L(f(\pmb{x}^{(i)};\pmb{\theta}+\alpha v),\pmb{y}^{(i)})\right) \tag{4.131}$$

$$\pmb{\theta} = \pmb{\theta} + v \tag{4.132}$$

其中，参数 α 和 η 的计算与标准动量算法是相同的，两者之间的区别就是 Nesterov 动量算法往标准动量方法中添加了一个校正因子。具体的 Nesterov 动量算法流程如图 4.41 所示。

预设：学习率为 η，初始参数为 $\pmb{\theta}$，动量参数为 α，初始速度为 v

过程：SGD 在第 k 个训练迭代的更新

　While 未满足训练停止要求 do

　　从训练集中随机采样包含 m 个样本 $\{\pmb{x}^{(1)},\pmb{x}^{(2)},\cdots,\pmb{x}^{(m)}\}$ 的小批量样本，其中 $\pmb{x}^{(i)}$ 对应的目标输出为 $\pmb{y}^{(i)}$；

　　临时更新：$\tilde{\pmb{\theta}}=\pmb{\theta}+\alpha v$；

　　计算小批量数据的梯度：$\hat{\pmb{g}}=\dfrac{1}{m}\mathbf{\nabla}_{\tilde{\pmb{\theta}}}\sum_{i}L(f(\pmb{x}^{(i)};\tilde{\pmb{\theta}}),\pmb{y}^{(i)})$；

　　计算速度更新：$v=\alpha v-\eta\hat{\pmb{g}}$；

　　更新参数：$\pmb{\theta}'=\pmb{\theta}+v$。

　End while

图 4.41　Nesterov 动量梯度下降算法流程

我们可以在 Keras 中直接实现 Nesterov 动量梯度下降算法，它和我们 4.4.4 节所讲的动量梯度下降算法在一起：

sgd = SGD(lr=0.01, decay=1e−6, momentum=0.9, nesterov=True)

model.compile(loss='mean_squared_error', optimizer=sgd)

当 nesterov 为 True 时，即开启了 Nesterov 动量梯度下降算法。

4.5　综合二维卷积神经网络实例

本章首先构造了一个简单的二维卷积神经网络去识别手写体数字，然后根据在实际工程中发现的问题介绍了一系列优化方法，并介绍了这些算法在 Keras 上的实现。

在本节中，我们将实现一个综合了本章所介绍的多项技术的深度学习模型，并将其应用于一个实际工程中。我们利用二维卷积神经网络去识别相对于手写体数字来讲更加复杂的图像，如汽车、恐龙和花。

首先，我们将数据分为训练集与验证集，分为两个文件夹 train 和 test，如图 4.42 所示。

每个文件夹中拥有三个子文件夹，分别按类存放汽车（BUS）、花（HUA）和恐龙（KONGLONG）的图像，如图 4.43 所示。

test　　　　train　　　　　　　　BUS　　　　HUA　　　KONGLONG

图 4.42　将数据分为训练集与验证集　　　　图 4.43　分别按类存放汽车、花和恐龙的图像

这里，我们利用 Keras 来构建深度学习模型。

```
# 导入需要的所有包
import numpy as np
import pandas as pd
%matplotlib inline  # 内嵌显示图像
import matplotlib
import matplotlib. pyplot as plt
from keras import optimizers
from keras import regularizers
from keras. models import Sequential
from keras. layers import Dense, Dropout
from keras. wrappers. scikit_learn import KerasClassifier
from keras. utils import np_utils
from sklearn. model_selection import train_test_split, KFold, cross_val_score
from sklearn. preprocessing import LabelEncoder
from keras. layers. core import Dense, Dropout, Activation
from keras. layers import Conv2D, MaxPooling2D, GlobalAveragePooling2D, Flatten
from keras. preprocessing. image import ImageDataGenerator
from keras. callbacks import TensorBoard
```

```
from keras. callbacks import EarlyStopping

# 预设参数
img_height＝28
img_width＝28

# 指定训练集以及验证集的位置
train_data_dir = 'D:\\DLsample\\train'
validation_data_dir = 'D:\\DLsample\\test'

# 图像归一化
train_datagen = ImageDataGenerator(rescale=1. / 255)
test_datagen = ImageDataGenerator(rescale=1. / 255)

# 图像处理
train_generator = train_datagen. flow_from_directory(
      train_data_dir,                             # 训练集位置
      target_size=(img_height, img_width),        # 将数据剪裁成所需大小
      color_mode = 'grayscale',                   # 生成灰度图像
      batch_size=10,                              # 小批量数据为 10
      class_mode='categorical')                   # 返回各类型的 One-Hot 形式
image_numbers = train_generator. samples
validation_generator = test_datagen. flow_from_directory(
      validation_data_dir,                        # 验证集位置
      target_size=(img_height, img_width),        # 将数据剪裁成所需大小
      color_mode = 'grayscale',                   # 生成灰度图像
      batch_size=10,                              # 小批量数据为 10
      class_mode='categorical')                   # 返回各类型的 One-Hot 形式

# 构建模型
model＝Sequential()

# 堆叠二维卷积层，卷积核个数为 64，卷积核大小为 2×2，卷积核步数为 1，利用补零方法，
# 首层声明输入的维数，激活函数为 ReLU。这里由于我们利用的是灰度图像，因此输入
# 维度为(28, 28, 1)
model. add(Conv2D(64, 2, strides=(1, 1), padding='valid', input_shape=(28, 28, 1),
```

```
                                                activation='relu'))
```

♯堆叠最大卷积层规模为 2×2
```
model. add(MaxPooling2D(2))
```

♯第二个卷积层
```
model. add(Conv2D(128，2，strides=(1，1)，padding='valid'，input_shape=(28，28，1)，
activation='relu'))
model. add(MaxPooling2D(2))
```

♯全局卷积层
```
model. add(GlobalAveragePooling2D())
```

♯全连接层
```
model. add(Dense(100))
```

♯引入 Dropout 技术，每一个神经元被临时删除的概率为 0.5
```
model. add(Dropout(0.5))
```

♯全连接层，由于是多分类，因此我们采用 softmax 函数。一共有三类图像，并采用了
♯One-Hot 形式，所以输出神经元有 3 个
```
model. add(Dense(output_dim=3，activation='softmax'))
```

♯设置随机梯度下降的参数，采用 Nesterov 动量
```
sgd = optimizers. SGD(lr=0.01，decay=1e−6，momentum=0.9，nesterov=True)
```

♯编译模型，损失函数使用交叉熵代价函数，优化方法采用含动量的随机梯度下降法，
♯评估准则使用识别准确率
```
model. compile (loss='binary_crossentropy'，
                optimizer='sgd'，
                metrics=['accuracy'])
```

♯使用提前停止算法，监控量为验证集损失，耐心为 7
```
early_stopping = EarlyStopping(monitor='val_loss'，patience=7)
```

♯训练模型，指定训练集、验证集、迭代次数
```
history = model. fit_generator(
    train_generator,
```

```
        steps_per_epoch = image_numbers,
        epochs=100,
        validation_data=validation_generator, validation_steps=3,

# 调用 TensorBoard 以及提前停止算法
        callbacks=[TensorBoard(log_dir='./log_dir2'), early_stopping]
        )


# 打印历史关键字
print(history.history.keys())

# 绘制 acc val-acc 图像
plt.plot(history.history['acc'])
plt.plot(history.history['val_acc'])


# 图像名称
plt.title('model accuracy')


# y 轴名称
plt.ylabel('accuracy')


# x 轴名称
plt.xlabel('epoch')


plt.legend(['train', 'test'], loc='upper left')
plt.show()
```

我们可以看到，训练的过程如图 4.44 所示。

```
Epoch 1/100
150/150 [==============================] - 9s 57ms/step - loss: 0.6101 - acc: 0.6717 - val_loss: 0.5823 - val_acc: 0.6667
Epoch 2/100
150/150 [==============================] - 6s 41ms/step - loss: 0.5576 - acc: 0.7276 - val_loss: 0.5191 - val_acc: 0.7778
Epoch 3/100
150/150 [==============================] - 6s 42ms/step - loss: 0.4881 - acc: 0.7759 - val_loss: 0.4464 - val_acc: 0.7926
Epoch 4/100
150/150 [==============================] - 6s 42ms/step - loss: 0.4126 - acc: 0.7997 - val_loss: 0.3784 - val_acc: 0.8074
Epoch 5/100
150/150 [==============================] - 7s 44ms/step - loss: 0.3507 - acc: 0.8471 - val_loss: 0.3314 - val_acc: 0.7852
Epoch 6/100
150/150 [==============================] - 6s 41ms/step - loss: 0.3072 - acc: 0.8849 - val_loss: 0.2981 - val_acc: 0.8815
Epoch 7/100
```

图 4.44　利用卷积神经网络识别三种物体的深度学习模型训练过程（Keras）

相对于图 4.19，在识别比手写体数字更为复杂的图像时，这个综合了多项技术的二维卷积神经网络的过拟合现象已经得到了很大的改善，模型在训练集以及验证集上的表现都很好，最终识别率都接近 100%。同时，模型并没有发现明显的训练集性能不断提高而验证集性能不再提高的现象。

我们也可以在训练模型的过程中明显看到，利用随机梯度下降算法后，每次迭代所需时间大幅降低。

这里，我们在终端输入（这次我们训练记录存放的路径）：

tensorboard--logdir=./log_dir2

输入终端显示的地址，我们可以看到 TensorBoard 中的图像如图 4.45 所示。

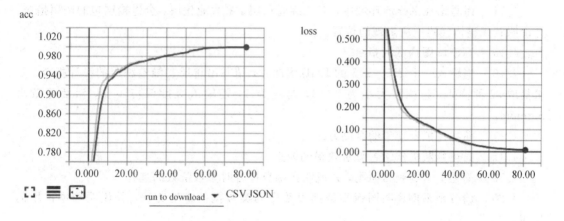

图 4.45　利用卷积神经网络识别三种物体的深度学习模型训练过程（TensorBoard）

思　考　题

4.1　简述全连接神经网络不适用于识别图像类数据的原因。

4.2　画出 5×5 灰度图像使用 2×2 滤波器处理的原理图（跨距为 1）。

4.3　若输入维数为 28×28，局部感受野大小为 3×3，跨距为 2，求出输出图像的大小。

4.4　特征图的种类数量由什么决定？

4.5　简述共享权重的优点。

4.6　若滤波器的规模为 3×3，一层神经网络提取了 29 种特征，计算该层神经网络的参数个数（使用共享权重算法）。

4.7　简述二维卷积神经网络的工作过程。

4.8　简述池化层的作用。

4.9　简述一次完整卷积层的操作步骤。

4.10　现有一个 4×4 特征矩阵[1, 2, 3, 4; 5, 6, 7, 8; 9, 10, 11, 12; 13, 14, 15, 16]。利用 3×3 的池化单元进行处理，跨度为 1，请分别写出最大池化、L_2 池化以及平均池化的输出矩阵。

4.11　若在输入 x 的情况下，神经网络判断为 c_1 类，即情况为 $P(c_1 \mid x)$，请推导 Sigmoid 二分类原理（不考虑输入的数学分布）。

4.12　请写出 softmax (x) 的基本表达式，选择当分类 10 种手写体数字时的分类函数，并说明理由。

4.13　请写出在卷积神经网络中使图像信息尺寸保持不变的策略。

4.14　请写出在 Keras 环境中，对二维卷积层、最大池化层、全连接层包的调用指令，并说明其在整体代码中应出现的位置。

4.15　写出画图内嵌的指令。

4.16　当输入一个 255×255 的 RGB 图像时，请写出首层二维卷积层的设计指令。要求提取 32 种特征，卷积核大小为 3×3，跨度为 1，使输入维度保持不变，激活函数为 Sigmoid。

4.17　简述过拟合现象的观测方法。

4.18　简述判断机器学习算法效果的因素。

4.19　简述奥卡姆剃刀原则，并说明在函数拟合时参数阶数的选择。

4.20　请分别举例说明图像类数据以及序列类数据的扩增方法，并说明数据扩增的作用。

4.21　简述正则化的作用。

4.22　分别写出 L_1、L_2 正则化的目标函数表达式并对比稀疏性，说明哪一种正则化方法可以使特征变得更稀疏。

4.23　简述 Dropout 的实现过程，并介绍 Dropout 的优点。

4.24　简述 Dropout 增加的噪声为加性噪声还是乘性噪声，并指出哪一种噪声对数据的数学分布影响更大。

4.25　写出使用 Dropout 的指令（Keras 环境，神经元被临时删除的概率为 40%），并指出它在代码中应出现的位置。

4.26　简述提前终止策略的实施方法，并写出基本流程。

4.27　对比提前终止与 L_1 正则化的稀疏性。

4.28　简述有哪些梯度影响了深度学习模型参数更新的速度，并举例说明。

4.29　写出交叉熵代价函数表达式，并证明为什么交叉熵可以作为代价函数使用。

4.30　解释说明为什么使用 ReLU 激活函数会比 Sigmoid 函数学习效率更高。

4.31　简述使用 Sigmoid 激活函数和二次代价函数的深度学习模型在开始时学习缓慢的原因。

4.32　何为内部变量转变？它对深度学习模型造成的影响是什么？可通过何种技术解决？

4.33　写出随机梯度下降的梯度向量化的表达式。

4.34　简述小批量数据梯度是整体样本梯度无偏估计的条件。

4.35　简述 SGD 算法流程，并说明批量大小的选择方法。

4.36　说明保证 SGD 收敛的充分条件。

4.37　如何选取 SGD 的学习率？

4.38　简述 SGD 算法会花费额外时间的主要原因。

4.39　写出含动量的 SGD 算法的参数更新表达式。

4.40　简述为什么含动量的 SGD 算法可以减少标准 SGD 算法的振荡时间。

4.41　简述含动量的 SGD 算法的流程。若 $\alpha = 0.9$，则梯度下降的速度会变为原来的多少倍？

4.42　设计二维卷积神经网络来识别彩色图像。图像共有青蛙、苹果、花、公交汽车以及人这几类，每类 1000 张图像。请说明图像的存放方式（存放在 D 盘下），具体文件夹名称自拟。要求图像进行归一化，图像统一为 255 像素×255 像素的灰度图像。每张图旋转 5°，使用 One-Hot 形式编码标签。网络利用 2×2 的最大池化，应用 50% 的弃权技术，使用含动量的 SGD 算法更新参数。动量参数为 0.9，学习率为 0.01。程序可以使用 TensorBoard 观察数据流图，Keras 内嵌显示训练过程。图像的 x 轴为 epoch，y 轴为 loss。

参 考 文 献

[1]　NIELSEN M. Neural Networks and Deep Learning[M]. Determination Pree，2016. http：//neuralnetworksanddeeplearning. com.

[2]　GOODFELLOW I, BENGIO Y, COURVILLE A. Deep Learning[M]. Cambridge：The MIT Press，2016.

[3]　https：//www. tensorflow. org.

[4]　https：//keras. io.

[5]　LECUN Y. Generalization and Network Design Strategies[C]. Connectionism in Perspective. Elsevier，1989.

[6]　ZHOU Y T, CHELLAPPA R. Computation of optical flow using a neural network[C]. Neural Networks，1988. IEEE International Conference on，1988.

[7]　BOUREAU Y, PONCE J, LECUN Y. A theoretical analysis of feature pooling in vision algorithms[C]. In Proc. International Conference on Machine learning (ICML'10)，2010.

[8] BOUREAU Y L, ROUX N L, BACH F, et al. Ask the locals: Multi-way local pooling for image recognition[C]. Proc. International Conference on Computer Vision (ICCV'11). IEEE, 2011.

[9] JIA Y, HUANG C, DARRELL T. Beyond spatial pyramids: Receptive field learning for pooled image features[J]. 2012 IEEE Conference on Computer Vision and Pattern Recognition, 2012: 3370 – 3377.

[10] SZEGEDY C, LIU W, JIA Y, et al. Going deeper with convolutions[R], 2014. arXiv: 1409. 4842.

[11] CUN Y L. Learning Process in an Asymmetric Threshold Network[M]. Disordered Systems and Biological Organization. Berlin: Springer, 1986.

[12] LECUN Y. Generalization and Network Design Strategies[C]. Connectionism in Perspective. Elsevier, 1989.

[13] GREGOR K, LECUN Y. Emergence of complex-like cells in a temporal product network with local receptive fields[R], 2010. arXiv: 1006. 0448.

[14] LE Q V, NGIAM J, CHEN Z, et al. Tiled convolutional neural networks[C]. Advances in Neural Information Processing Systems 23: 24th Annual Conference on Neural Information Processing Systems 2010, 2010.

[15] SIMARD P, VICTORRI B, LECUN Y, et al. Tangent Prop: a formalism for specifying selected invariances in adaptive networks[C]. Advances in Neural Information Processing Systems (NIPS 1991). Morgan Kaufmann Publishers Inc., 1992.

[16] GOODFELLOW I J. Technical Report: Multidimensional, Downsampled Convolution for Autoencoders [J]. University de Montreal, 2010.

[17] JAIN V, MURRAY J F, ROTH F, et al. Supervised Learning of Image Restoration with Convolutional Networks[C]. IEEE International Conference on Computer Vision, 2007.

[18] PINHEIRO P H O, COLLOBERT R. From image-level to pixel-level labeling with convolutional networks[C]. In Conference on Computer Vision and Pattern Recognition (CVPR), 2015.

[19] BRIGGMAN K, DENK W, SEUNG S, et al. Maximin affinity learning of image segmentation[J]. In NIPS'2009, 2009, 1865 – 1873.

[20] TURAGA S C, MURRAY J F, JAIN V, et al. Convolutional networks can learn to generate affinity graphs for image segmentation[J]. Neural Computation, 2010, 22: 511 – 538.

[21] FARABET C, COUPRIE C, NAJMAN L, et al. Learning hierarchical features for scene labeling [J]. IEEE Transactions on Pattern Analysis and Machine Intelligence, 2013, 35(8): 1915 – 1929.

[22] NING F, DELHOMME D, LECUN Y, et al. Toward automatic phenotyping of developing embryos from videos[J]. Image Processing, IEEE Transactions on, 2005, 14(9): 1360 – 1371.

[23] TOMPSON J, JAIN A, LECUN Y, et al. Joint Training of a Convolutional Network and a Graphical Model for Human Pose Estimation[J], 2014. arXiv: 1406. 2984.

[24] CHEN B, TING J A, MARLIN B M, et al. Deep learning of invariant spatio-temporal features from video[C]. NIPS * 2010 Deep Learning and Unsupervised Feature Learning Workshop, 2010.

[25] JARRETT K, KAVUKCUOGLU K, RANZATO M, et al. What is the best multi-stage architecture

for object recognition[C]. In ICCV'09, 2009.

[26] SAXE A M, WEI P, KOH Z, et al. On random weights and unsupervised feature learning[C]. International Conference on International Conference on Machine Learning, 2012.

[27] PINTO N, STONE Z, ZICKLER T, et al. Scaling up biologically-inspired computer vision: A case study in unconstrained face recognition on facebook[C]. CVPR 2011 WORKSHOPS. IEEE, 2011.

[28] COX D, PINTO N. Beyond Simple Features: A Large-Scale Feature Search Approach to Unconstrained Face Recognition[C]. Automatic Face & Gesture Recognition and Workshops (FG 2011), 2011 IEEE International Conference on, 2011.

[29] BRIDLE J S. Alphanets: a recurrent 'neural' network architecture with a hidden Markov model interpretation[J]. Speech Communication, 1990, 9(1): 83 - 92.

[30] VAPNIK V N. The Nature of Statistical Learning Theory[M]. New York: Springer, 2000.

[31] BLUMER A, EHRENFEUCHT A, HAUSSLER D, et al. Learnability and the Vapnik - Chervonenkis dimension[J]. Journal of the ACM, 1989, 36(4): 865 - 929.

[32] GOLDBERGER J, ROWEIS S, HINTON G, et al. Neighbourhood components analysis[C]. International Conference on Neural Information Processing Systems, 2004.

[33] WOLPERT D H. The lack of a priori distinction between learning algorithms[J]. Neural Computation, 1996, 8(7): 1341 - 1390.

[34] TIBSHIRANI R J. Regression shrinkage and selection via the lasso[J]. Journal of the Royal Statistical Society B, 1995, 58: 267 - 288.

[35] HINTON G E, SRIVASTAVA N, KRIZHEVSKY A, et al. Improving neural networks by preventing co-adaptation of feature detectors[R], 2012. arXiv: 1207. 0580.

[36] JAITLY N, HINTON G E. Vocal tract length perturbation (VTLP) improves speech recognition. In ICML'2013, 2013.

[37] SIETSMA J, DOW R. Creating artificial neural networks that generalize. Neural Networks, 1991, 4 (1): 67 - 79.

[38] TANG Y, ELIASMITH C. Deep networks for robust visual recognition[C]. Proceedings of the 27th International Conference on Machine Learning (ICML - 10), 2010.

[39] POOLE B, SOHL-DICKSTEIN J, GANGULI S. Analyzing noise in autoencoders and deep networks [J], 2014. arXiv: 1406. 1831.

[40] GRAVES A. Practical Variational Inference for Neural Networks[J]. Advances in Neural Information Processing Systems, 2011: 2348 - 2356.

[41] HOCHREITER S, SCHMIDHUBER J. Simplifying Neural Nets by Discovering Flat Minima[C]. International Conference on Neural Information Processing Systems. Cambridge: MIT Press, 1994.

[42] SZEGEDY C, VANHOUCKE V, IOFFE S, et al. Rethinking the Inception Architecture for Computer Vision[J]. 2016 IEEE Conference on Computer Vision and Pattern Recognition (CVPR), 2016: 2818 - 2826.

[43]　BOTTOU L, BOUSQUET O. The Tradeoffs of Large Scale Learning[C]. Advances in Neural Information Processing Systems 20, Proceedings of the Twenty-First Annual Conference on Neural Information Processing Systems, Vancouver, British Columbia, Canada, 2007.

[44]　BOTTOU L. Online algorithms and stochastic approximations[M]. Cambridge: Cambridge University Press, 1998.

[45]　SUTSKEVER I, MARTENS J, DAHL G, et al. On the importance of initialization and momentum in deep learning[C]. International Conference on International Conference on Machine Learning, 2013.

第 5 章　序列类数据处理

第 4 章介绍了识别图像类数据的深度学习技术。但是在我们的生活以及工程应用中，数据的表现形式不一定只有图像，还存在着诸如特征序列、语音信号、文本等序列类数据，这些数据同样记录着十分重要的信息，我们也希望计算机能够准确地识别它们。

本章将介绍一系列序列类数据处理的方法并利用 Keras 实现它们。同时，也会介绍一些适用于处理序列类数据深度学习模型的优化方法。

5.1　一维卷积神经网络

在第 4 章中讨论了二维卷积神经网络对图像类数据的识别，那么对于序列类数据（如在第 3 章中所讲的鸢尾花的特征序列）如何处理呢？其实二维卷积神经网络能够处理有 x 轴和 y 轴的图像，那么我们能否对只有一个轴的序列信号使用一维卷积呢？答案是肯定的。

5.1.1　一维卷积神经网络的原理

与二维卷积神经网络相似，一维卷积神经网络也是利用滤波器来识别特征的。为了减小计算的复杂度，在识别一种特征的时候依旧使用权重共享技术。当然，在第 4 章中介绍的池化、随机梯度下降等技术也适用于一维卷积神经网络。这些技术都是普遍适用于卷积神经网络的，它们不论是原理还是代码都十分相似。一维卷积的基本原理如图 5.1 所示。

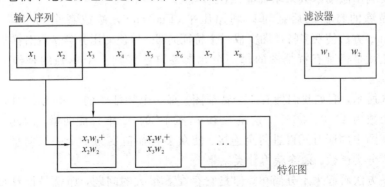

图 5.1　一维卷积的原理图

不难发现，图 5.1 中的输入序列的数据维度为 8，滤波器的维度为 2。与二维卷积类似，卷积后输出的数据维度特征图个数为 $8-2+1=7$。由此可以得到一维卷积的输出维度公式：

$$N = I - F + 1 \qquad (5.1)$$

其中，N 为输出维度，I 为输入维度，F 为滤波器维度。这样看来，一维卷积与二维卷积一样，同样存在着维度减少的问题。为了保持信号的维度不发生变化，一维卷积也可以采用补零策略，如图 5.2 所示。

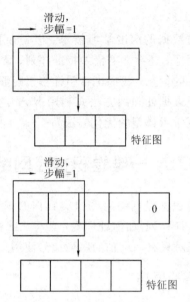

图 5.2　一维卷积补零维持信号维数不变

在得到特征图之后，为了进一步提炼特征，还要使用池化技术。与二维卷积技术相同，在一维卷积中我们依旧可以使用最大池化、平均池化以及 L_2 池化等。但是，在使用池化技术之前还需要利用激活函数来增加非线性因素。

在获得提炼的特征之后还可以利用压平（Flatten）方法或者全局平均池化（Global Average Pooling）方法使众多特征图变成一个特征向量，以便使用分类函数对样本进行分类。

压平方法就是将所有特征图的每一个元素各自连接到一个单独的神经元，原理如图 5.3 所示。

如图 5.3 所示，假如我们拥有 4 个特征图，每一个特征图的大小为 1×8，那么全连接层的神经元个数为 $4 \times 8 = 32$ 个，这是一个"被压平"的 32 维特征向量。因此，压平方法就是首先将特征图中的所有元素进行全连接，使众多特征值变为一个一维向量，然后将这个特征向量送入分类函数，最终获得分类结果。

虽然压平方法看起来十分简单，但是它存在着很大的问题，那就是计算量。当特征图的数量以及规模十分庞大时，加入全连接层会使模型的参数数量剧增。为了解决这一问题，可以使用全局平均池化方法。

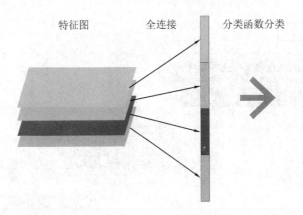

图 5.3　压平方法原理

　　全局平均池化方法就是首先计算每一个特征图中元素的平均值，然后将每一个特征图的平均值构成特征向量，得到的特征向量再被送入分类函数，最终得到样本的分类结果。由于全局平均池化方法只是求取了每一个特征图的平均值而非使用全连接层，因此节省了大量的计算资源。全局平均池化方法的原理如图 5.4 所示。

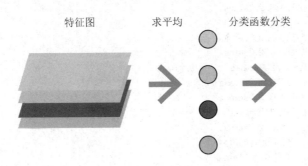

图 5.4　全局平均池化方法的原理

　　结合在第 4 章中所讲到的二维卷积神经网络，我们就得到了一维卷积神经网络的原理图，如图 5.5 所示。

　　关于代价函数以及随机梯度下降的数学表达式，我们不再重复推导，请参阅第 4 章。

5.1.2　一维卷积神经网络实例

　　现在利用 Keras 来实现一个实际的工程问题，也就是在第 3 章中讲述"简单神经网络"时所提到的对不同种类鸢尾花进行识别，数据集如图 5.6 所示。

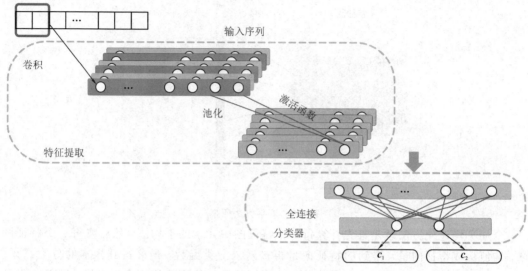

图 5.5 一维卷积神经网络的原理

```
"Sepal. Length" "Sepal. Width" "Petal. Length" "Petal. Width" "Species"
"1" 5.1 3.5 1.4 0.2 "setosa"
"2" 4.9 3 1.4 0.2 "setosa"
"3" 4.7 3.2 1.3 0.2 "setosa"
"4" 4.6 3.1 1.5 0.2 "setosa"
"5" 5 3.6 1.4 0.2 "setosa"
"6" 5.4 3.9 1.7 0.4 "setosa"
"7" 4.6 3.4 1.4 0.3 "setosa"
"8" 5 3.4 1.5 0.2 "setosa"
"9" 4.4 2.9 1.4 0.2 "setosa"
"10" 4.9 3.1 1.5 0.1 "setosa"
"11" 5.4 3.7 1.5 0.2 "setosa"
"12" 4.8 3.4 1.6 0.2 "setosa"
"13" 4.8 3 1.4 0.1 "setosa"
"14" 4.3 3 1.1 0.1 "setosa"
"15" 5.8 4 1.2 0.2 "setosa"
"16" 5.7 4.4 1.5 0.4 "setosa"
"17" 5.4 3.9 1.3 0.4 "setosa"
"18" 5.1 3.5 1.4 0.3 "setosa"
"19" 5.7 3.8 1.7 0.3 "setosa"
"20" 5.1 3.8 1.5 0.3 "setosa"
"21" 5.4 3.4 1.7 0.2 "setosa"
"22" 5.1 3.7 1.5 0.4 "setosa"
"23" 4.6 3.6 1 0.2 "setosa"
"24" 5.1 3.3 1.7 0.5 "setosa"
```

图 5.6 鸢尾花数据集

不难理解，鸢尾花数据集就是序列数据，每一条数据由鸢尾花的特征值构成。因此，我们可以使用一维卷积神经网络对鸢尾花数据进行识别。现在初步构造一个一维卷积神经网络来进行实验，看看它的效果如何。

```
# 导入所需要的包
import numpy as np
import pandas as pd
from keras import optimizers
from keras import regularizers
from keras. models import Sequential
from keras. layers import Dense, Dropout
from keras. wrappers. scikit_learn import KerasClassifier
from keras. utils import np_utils
from sklearn. model_selection import train_test_split, KFold, cross_val_score
from sklearn. preprocessing import LabelEncoder
from keras. layers. core import Dense, Dropout, Activation
from keras. layers import Conv1D, MaxPooling1D, GlobalAveragePooling1D, Flatten
from keras. callbacks import TensorBoard
from keras. callbacks import EarlyStopping
% matplotlib inline
import matplotlib
import matplotlib. pyplot as plt


# 读取 CSV 文件
dataframe = pd. read_csv("D:\\DLsample\\iris2. csv", header=None)
dataset = dataframe. values


# 读取范围的设定，共读取第 0 至 4 列并转为 float 形式
X = dataset[:, 0:4]. astype(float)


# 标签的设定，第 4 列为标签列
Y = dataset[:, 4]


# 由于 Conv1 官方要求输入为一个形如(samples, steps, input_dim)的 3D 张量,因此要
# 对输入的数据增扩
X = np. expand_dims(X, 3)
```

```
# 将每一类值对应为一个整数
encoder = LabelEncoder()
encoded_Y = encoder. fit_transform(Y)

# One-Hot 形式编码
dummy_y = np_utils. to_categorical(encoded_Y，3)

# 显示输入数据以及编码后的标签
print(X)
print(dummy_y)
# 搭建模型
model = Sequential()

# 第一层需要对输入进行说明 input_shape＝（长度，维数）。使用一维卷积层，确定激活
# 函数，补零算法
model. add(Conv1D(64，3，activation='relu'，input_shape=(4，1)，padding='same'))

# 使用最大池化
model. add(MaxPooling1D(2))

# 第二层卷积层
model. add(Conv1D(128，3，activation='relu'，input_shape=(4，1)，padding='same'))
model. add(MaxPooling1D(2))

# 为了节省计算资源，使用全局平均池化
model. add(GlobalAveragePooling1D())

# 全连接层
model. add(Dense(10，activation='relu'))
model. add(Dense(5，activation='relu'))

# 最后一层为判别层，由于是多分类，因此采用 softmax，而未采用 Sigmoid
model. add(Dense(output_dim=3，activation='softmax'))

# 编译模型
```

♯当然也可以选用随机梯度下降 sgd ＝ optimizers. SGD(lr＝0. 01，decay＝1e－6，

♯momentum＝0. 9，nesterov＝True)

```
model. compile (loss＝' binary_crossentropy ',
                optimizer＝' rmsprop ',
                metrics＝[' accuracy '])
```

♯打印模型

```
model. summary()
```

♯训练网络

```
History＝model. fit(X，dummy_y，epochs＝500，batch_size＝20，validation_split＝0. 2)
```

♯画图

```
plt. plot(history. history[' acc '])
plt. plot(history. history[' val_acc '])
```

♯设定图片属性

```
plt. title(' model accuracy ')
plt. ylabel(' accuracy ')
plt. xlabel(' epoch ')
plt. legend([' train ', ' test '], loc＝' upper left ')
plt. show()
```

最后，我们可以观察到内嵌的训练图像，如图 5.7 所示。

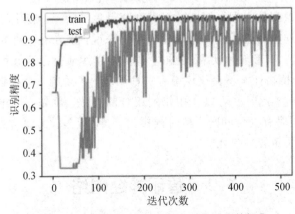

图 5.7　一维卷积神经网络识别鸢尾花数据集

处理后的数据集如图 5.8 所示，这与图 5.6 所示的原始数据集不太一样。这是因为我们在训练模型之前为了读取方便对数据集做了一些预处理，即去除了样本的编号，并将样本的文字标签编码为数字。将样本标签数字化也是一个在训练深度学习模型的过程中常用的方法。

5	3.5	1.6	0.6	0
5.1	3.8	1.9	0.4	0
4.8	3	1.4	0.3	0
5.1	3.8	1.6	0.2	0
4.6	3.2	1.4	0.2	0
5.3	3.7	1.5	0.2	0
5	3.3	1.4	0.2	0
7	3.2	4.7	1.4	1
6.4	3.2	4.5	1.5	1
6.9	3.1	4.9	1.5	1
5.5	2.3	4	1.3	1
6.5	2.8	4.6	1.5	1
5.7	2.8	4.5	1.3	1
6.3	3.3	4.7	1.6	1
4.9	2.4	3.3	1	1
6.6	2.9	4.6	1.3	1
5.2	2.7	3.9	1.4	1
5	2	3.5	1	1
5.9	3	4.2	1.5	1

图 5.8 标签数字化的鸢尾花数据集

标签数字化后的数据使得训练深度学习模型变得更加容易，特别是当我们需要使用排列组合方法确定一些样本所属类别的情况时。举例来说，现在有一些植物生病了，共有变色、坏死、腐烂、萎蔫、畸形五种现象。此时，我们很自然地就把这五种疾病现象编号为 0、1、2、3、4。但是一个植物样本不会仅仅患有一种疾病，那么当一个植物样本同时患有多种疾病的时候如何处理呢？此时就可以使用排列组合的方法。例如，当样本同时有变色和坏死的时候标记为 5，同时有变色和腐烂的时候标记为 6，等等。由此可见，标签的数字化在实际应用中起到了至关重要的作用。

5.2 循环神经网络

循环神经网络(Recurrent Neural Network，RNN)是一类常用于处理序列数据的神经网络。就像我们之前介绍的二维卷积网络是专门用于处理网格化数据(例如图像类数据)的神经网络,循环神经网络是专门用于处理序列 $\{x^{(1)}, x^{(2)}, \cdots, x^{(t)}\}$ 的神经网络。之前介绍的二维卷积网络可以很容易地扩展到具有很大宽度和高度的图像,还可以处理大小可变的图像,循环网络同样可以扩展到能够处理可变长度的序列。

　　这里还是要提到参数共享技术,它可以使模型具有更强的泛化能力。如果我们在处理序列类数据时使每个序列元素所对应的神经元都有一个单独的参数,那么不但不能使模型具有泛化性能,也不能在时间上很好地识别不同序列长度和不同位置元素的统计强度。而当样本的某些特定部分在序列内多个位置出现时,能识别这样的特征显得尤为重要。换句话说,我们希望出现在序列中不同位置的同一重要信息具有同样的权重。

　　例如,在电子病历中有这样的两句描述:"午餐后病人出现了血糖上升的症状"和"病人的血糖上升在午餐后"。如果利用深度学习模型通过识别这样的两种描述来了解病人的症状,则无论"血糖上升"这个重要词元素在整个描述序列中所处的位置在前或在后,都希望模型能够识别出"血糖上升"这一重要的资料片段。而如果希望获得症状出现的时间,则"午餐后"这一描述不论出现在句子的前面还是后面,都希望能够被提取出来。

　　假设我们要训练一个处理固定长度句子的前馈网络。这时,传统的全连接前馈网络会给每个输入特征赋予一个单独的参数,所以需要分别学习句子每个位置的所有语言规则,也就是权重。相比之下,循环神经网络在几个时间步内共享相同的权重,不需要分别学习句子每个位置的所有语言规则。

　　本节所述的 RNN 是指在时间序列上的操作,该序列在时刻 t 包含向量 $x^{(t)}$。但是在实际情况中,RNN 也可以应用于非时间序列,就如同刚刚所举的电子病历的例子。因此,时间步索引 t 不一定表示现实世界中流逝的时间,有时候表示序列中的位置。

　　循环网络通常是在序列的小批量元素上进行操作的,并且不同的小批量数据可以具有不同的序列长度。此外,RNN 也可以应用于两个维度的空间数据(如图像和视频信号)。

5.2.1　循环神经网络的基本原理

　　信号流图可以很好地显示深度学习模型的信号流向以及具体构造。为了让循环神经网络变得更易被理解,我们结合信号流图来解释循环神经网络的原理。

　　首先考虑动态系统的基本形式:

$$s^{(t)} = f(s^{(t-1)}; \boldsymbol{\theta}) \tag{5.2}$$

其中,$s^{(t)}$ 是系统在时刻 t 的状态,$\boldsymbol{\theta}$ 为系统参数。通过表达式不难看出,每一时刻的系统状态不仅仅由系统参数决定,还由系统上一时刻的状态决定。由于系统在时刻 t 还需要考虑 $t-1$ 时刻的状态,因此这样的系统是循环的。

　　对于有限时间步 τ,例如 $\tau = 3$,展开式(5.2)得到

$$s^{(3)} = f(s^{(2)}; \boldsymbol{\theta}) = f(f(s^{(1)}; \boldsymbol{\theta}); \boldsymbol{\theta}) \tag{5.3}$$

不停地迭代下去就能得到最终的表达。图 5.9 是利用传统的数据流图来表达这一过程。

图 5.9 迭代式的信号流图

现在考虑系统在不同时间的输入，那么式(5.2)就被改写为

$$s^{(t)} = f(s^{(t-1)}, x^{(t)}; \theta) \tag{5.4}$$

如果这些是网络的隐藏单元表现出来的状态，则使用变量 h 来替换状态量，重写为

$$h^{(t)} = f(h^{(t-1)}, x^{(t)}; \theta) \tag{5.5}$$

由此可见，深度学习模型最后的层通过读取隐藏层的数据来对样本进行预测。增加了输入数据的系统信号流图如图 5.10 所示。

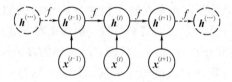

图 5.10 增加了输入数据的系统信号流图

当循环网络根据过去预测未来或者预测某个情况时，通常要学会使用 $h^{(t)}$ 作为过去序列的有损抽象表示。这种表示一般是有损的，因为从本质上讲，它是将任意长度的序列 $\{x^{(t-1)}, x^{(t)}, \cdots, x^{(3)}, x^{(2)}, x^{(1)}\}$ 映射到一个固定长度的序列 $h^{(t)}$。根据不同的训练准则，这个抽象表示可能选择性地精确保留过去序列的某些元素，例如前面示例中所提到的"午餐后"和"血糖上升"这样的关键元素。

在自然语言建模的过程中使用 RNN，通常给定前一个词去预测下一个词或者给定一系列词来预测样本类别，此时没有必要存储时刻 t 之前输入序列中的所有信息，而仅仅存储足够的信息即可。当然，我们要求 $h^{(t)}$ 在稀疏的同时又足够丰富，尽可能无差别地恢复输入序列。

设一个函数 $g^{(t)}$ 经 t 步展开后的循环为

$$h^{(t)} = g^{(t)}(x^{(t)}, x^{(t-1)}, \cdots, x^{(2)}, x^{(1)}) = f(h^{(t-1)}, x^{(t)}; \theta) \tag{5.6}$$

函数 $g^{(t)}$ 将全部的过去序列 $\{x^{(t-1)}, x^{(t)}, \cdots, x^{(3)}, x^{(2)}, x^{(1)}\}$ 作为输入来更新系统当前的状态，通过前面的分析允许将 $g^{(t)}$ 分解为多次映射函数 f 的重复应用。这种迭代方法具有以下两个优点：

(1) 由于它描述的是一种状态到另一种状态的转移，而非直接处理长短不一的原始序列数据，因此无论序列的长度如何，最终学成的模型始终具有相同的输入大小。

(2) 我们可以在每个时间步使用相同参数的转移函数 f。

　　这两个优点保证了在所有时间步和所有序列长度上操作单一的模型是可能的，而不需要在所有可能的时间步学习独立的模型 $\boldsymbol{g}^{(t)}$。也就是说，不需要在每一个时间步都学习一个单独的参数。

　　基于上述的一系列思想，我们能够设计出不同的循环神经网络。常见的循环神经网络共有如下三种结构：

　　(1) 每个时间步都产生一个输出，并且隐藏单元之间有循环连接。

　　(2) 每个时间步都产生一个输出，只有当前时刻的输出到下个时刻的隐藏单元之间有循环连接。

　　(3) 隐藏单元之间存在循环连接，但读取整个序列后产生单个输出。

　　下面我们来具体说明各个类型循环神经网络的基本构造。

　　对于第 1 种循环神经网络，如图 5.11 所示，需要将输入序列 $\boldsymbol{x}$ 映射到输出序列 $\boldsymbol{o}$ 的损失值。如何衡量这种映射的合理性呢？这时需要计算循环网络的训练损失。损失 $\boldsymbol{L}$ 衡量 $\boldsymbol{o}$ 与相应的训练目标 $\boldsymbol{y}$ 的距离。当使用 softmax 输出时，我们假设 $\boldsymbol{o}$ 是未归一化的对数概率。损失 $\boldsymbol{L}$ 内部计算 $\hat{\boldsymbol{y}} = \text{softmax}(\boldsymbol{o})$，并将其与目标输出 $\boldsymbol{y}$ 作比较。我们将 RNN 输入到隐藏层的连接权重矩阵记为 $\boldsymbol{U}$，将隐藏层到隐藏层的循环连接权重矩阵记为 $\boldsymbol{W}$，将隐藏层到输出的连接权重矩阵记为 $\boldsymbol{V}$。

　　对于第 2 种循环神经网络，如图 5.12 所示，从输出到隐藏层的反馈连接是此类 RNN 的唯一循环。在每一个时间步，输入为 $\boldsymbol{x}^{(t)}$，隐藏层的激活值为 $\boldsymbol{h}^{(t)}$，输出为 $\boldsymbol{o}^{(t)}$，目标输出为 $\boldsymbol{y}^{(t)}$，损失为 $\boldsymbol{L}^{(t)}$。相对来说，第 1 种 RNN 可以选择将其希望得到的关于过去的任何信息放入隐藏层 $\boldsymbol{h}^{(t)}$ 中并且将 $\boldsymbol{h}^{(t)}$ 传播到未来；第 2 种 RNN 被训练为将特定输出值放入 $\boldsymbol{o}^{(t)}$ 中，并且 $\boldsymbol{o}^{(t)}$ 是允许传播到未来的唯一信息。

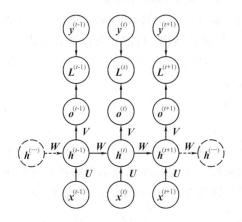

图 5.11　第 1 种 RNN 的信号流图

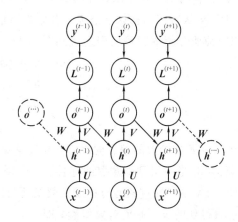

图 5.12　第 2 种 RNN 的信号流图

这种结构没有从 $\boldsymbol{h}^{(t)}$ 开始进行前向传播的直接连接。之前的 $\boldsymbol{h}^{(t)}$ 仅通过系统产生的预测间接地连接到当前时间步。由于 $o^{(t)}$ 为抽象后的数据，通常缺乏过去的重要信息，因此第 2 种 RNN 不那么强大，但是它更容易训练，因为每个时间步可以与其他时间步分离训练，允许训练期间进行更多并行化处理。

　　对于第 3 种循环神经网络，如图 5.13 所示，在最终序列结束时有单个输出。这样的网络可以用于概括输入的数据并产生用于进一步处理固定大小的表示。在结束处可能存在目标，或者通过后续模块的反向传播来获得输出 $o^{(t)}$ 上的梯度。

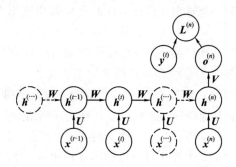

图 5.13　第 3 种 RNN 的信号流图

　　任何有限维函数似乎都可以通过多次迭代的方法予以实现，因此似乎图 5.11 所表示的第 1 种循环神经网络更具有普遍适用性。现在我们研究图 5.11 中 RNN 的前向传播公式。图中没有指定隐藏单元的激活函数，假设使用了 tanh 激活函数。此外，图中也没有明确指定何种形式的输出和损失函数。我们假定输出是离散的，如用于预测词或字符的 RNN。表示离散变量的常规方式是把输出 $o^{(t)}$ 作为每个离散变量可能值的非标准化对数概率，然后应用 softmax 函数作后续处理，获得标准化后概率的输出向量 $\hat{y}$。

　　RNN 从特定的初始状态 $h^{(0)}$ 开始进行前向传播。从 $t=1$ 到 $t=\tau$ 的每个时间步，综合我们以前所介绍的隐藏层表达式和图 5.11 所显示的网络结构，可以获得以下表达式：

$$a^{(t)} = b + Wh^{(t-1)} + Ux^{(t)} \tag{5.7}$$

$$h^{(t)} = \tanh(a^{(t)}) \tag{5.8}$$

$$o^{(t)} = c + Vh^{(t)} \tag{5.9}$$

$$\hat{y}^{(t)} = \mathrm{softmax}(o^{(t)}) \tag{5.10}$$

式中，b 和 c 为参数的偏置向量，连同权重矩阵 U、V 和 W，分别对应于输入到隐藏层、隐藏层到输出和隐藏层到隐藏层的连接。这个循环网络将一个输入序列映射到相同长度的输出序列。与 x 序列配对的 y 的总损失就是所有时间步的损失之和。例如，$L^{(t)}$ 为给定 $\{x^{(1)}, \cdots,$ $x^{(\tau)}\}$ 后得到的 $y^{(t)}$ 的负对数似然，即

$$L(\{x^{(1)}, \cdots, x^{(\tau)}\}, \{y^{(1)}, \cdots, y^{(\tau)}\}) \tag{5.11}$$

可表示为

$$\sum_t \boldsymbol{L}^{(t)} = -\sum_t \log p_{\mathrm{model}}(\boldsymbol{y}^{(t)} \mid \{\boldsymbol{x}^{(1)}, \cdots, \boldsymbol{x}^{(t)}\}) \tag{5.12}$$

在计算 $p_{\mathrm{model}}(\boldsymbol{y}^{(t)} \mid \{\boldsymbol{x}^{(1)}, \cdots, \boldsymbol{x}^{(t)}\})$ 时，需要系统读取模型的 $\boldsymbol{y}^{(t)}$ 项。当网络规模庞大时，求取这个损失函数梯度的计算量很大，并且不能通过并行化来降低，这是因为前向传播图是固有循序的，每个时间步只能同与其直接相连的一前一后进行计算。

由于节点之间互相相关，因此前向传播中的各个状态也必须保存，直到它们在反向传播中被再次使用，这样就对存储空间提出了较高的要求。上述的反向传播也就是循环神经网络的反向传播算法，称为**通过时间反向传播**（Back-Propagation Through Time，BPTT）。其原理与算法将在后面章节再具体讨论。

对于第 2 种 RNN 而言，仅在一个时间步的输出和下一个时间步的隐藏层间存在循环连接的网络确实没有那么强大，因为这个网络缺少隐藏层到隐藏层的循环，它要求输出捕捉出所有与未来有关的过去的信息，这个要求确实非常高。输出明确地训练成匹配训练集的目标，它们不太能捕获关于过去输入历史的必要信息，除非用户知道如何描述系统的全部状态，并将它作为训练目标的一部分。虽然如此，但这样的网络结构依旧有着很大的优点。消除隐藏层到隐藏层循环的优点在于：任何基于时刻 t 的预测和训练目标的损失函数中的所有时间步都不再直接相关，这种情况下可以并行训练，并且可以在各时刻 t 分别计算梯度。

由输出反馈到模型而产生循环连接的网络可用**导师驱动过程**（Teacher Forcing）进行训练。训练网络时，在时刻 $t+1$ 接收真实值 $\boldsymbol{y}^{(t)}$ 作为输入。具体连接结构如图 5.14 所示。使用的条件最大似然准则公式描述如下：

$$\begin{aligned}
\log p(\boldsymbol{y}^{(1)}, \boldsymbol{y}^{(2)} \mid \boldsymbol{x}^{(1)}, \boldsymbol{x}^{(2)}) &= \log\left[p(\boldsymbol{y}^{(1)} \mid \boldsymbol{x}^{(1)}, \boldsymbol{x}^{(2)}) \cdot p(\boldsymbol{y}^{(2)} \mid \boldsymbol{y}^{(1)}, \boldsymbol{x}^{(1)}, \boldsymbol{x}^{(2)})\right] \\
&= \log p(\boldsymbol{y}^{(1)} \mid \boldsymbol{x}^{(1)}, \boldsymbol{x}^{(2)}) + \log p(\boldsymbol{y}^{(2)} \mid \boldsymbol{y}^{(1)}, \boldsymbol{x}^{(1)}, \boldsymbol{x}^{(2)})
\end{aligned} \tag{5.13}$$

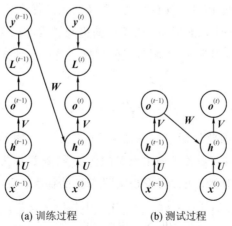

(a) 训练过程　　　　(b) 测试过程

图 5.14　导师驱动过程的原理图

由式(5.13)不难看出,这个过程其实就是在 $x^{(1)}$、$x^{(2)}$ 情况下生成正确的 $y^{(1)}$,然后在 $y^{(1)}$、$x^{(1)}$、$x^{(2)}$ 情况下生成 $y^{(2)}$,即前一时刻的输出影响后一时刻的输出。所以我们使用条件最大似然,模型被训练为最大化 $y^{(2)}$ 的条件概率。值得注意的是,条件最大似然在训练时指定的是正确的反馈,而不是单纯地将自己的输出反馈到模型。

我们使用导师驱动过程的最初目的是在缺乏隐藏层到隐藏层连接的模型中避免通过时间来进行反向传播。只要模型中一个时间步的输出与下一个时间步计算的值存在连接,导师驱动过程就仍然可以应用到这些存在隐藏层到隐藏层连接的模型。但是只要隐藏层是较早时间步的映射,那么 BPTT 算法就是必要的计算过程。因此训练某些模型时要同时使用导师驱动过程和 BPTT。

当我们使用网络输出反馈作为输入时,完全使用导师驱动过程进行训练的缺点就会出现。在这种情况下,训练期间该网络看到的输入与测试时看到的会有很大的不同。解决此问题的一种方法是同时使用导师驱动过程和自由运行的输入进行训练。例如,在展开循环的输出到输入路径上预测几个步骤的正确目标值。通过这种方式,网络可以学会考虑在训练时没有接触到的输入条件,以及将状态映射回网络几步之后生成正确输出的状态。另外一种方式是通过随意选择生成值或真实的数据值作为输入以减小训练时和测试时的差别。这种方法利用了课程学习策略,逐步使用更多生成值作为输入。

通过之前的讨论,现在应该已经掌握神经网络梯度的计算方法,并能够利用神经网络的梯度来优化深度学习模型,那么对于循环神经网络又是如何操作的呢?计算循环神经网络的梯度是容易的。由反向传播计算得到梯度,并结合任何通用的基于梯度的技术就可以训练 RNN,而不需要特殊的算法。

下面举例说明如何通过 BPTT 计算上述 RNN 公式的梯度,即式(5.7)及式(5.11)。过程参数包括 U、V、W、b 和 c,以时间步 t 为索引的中间过程序列包括 $x^{(t)}$、$h^{(t)}$、$o^{(t)}$、$L^{(t)}$。对于每一个节点 N,我们需要基于 N 后面节点的梯度,递归地计算梯度 $\nabla_N L$。我们从最终损失开始递归:

$$\frac{\partial L}{\partial L^{(t)}} = 1 \tag{5.14}$$

此时假设为多分类,因此最后一层采用 softmax 函数,输入 $o^{(t)}$ 是 softmax 函数的参数,从 softmax 函数中可以获得关于输出概率的向量 $\hat{y}$。假设损失是迄今为止给定了输入后的真实目标 $y^{(t)}$ 的负对数似然,可以推导出 L 关于 o 的梯度,应用链式法则:

$$(\nabla_{o^{(t)}} L)_i = \frac{\partial L}{\partial o_i^{(t)}} = \frac{\partial L}{\partial L^{(t)}} \frac{\partial L^{(t)}}{\partial o_i^{(t)}} = \hat{y}_i^{(t)} - l_{i, y^{(t)}} \tag{5.15}$$

我们从序列的末尾开始反向进行计算。在最后一时间步 τ,$h^{(\tau)}$ 只有 $o^{(\tau)}$ 作为后续节点,因此这个梯度的计算如下：

$$\nabla_{h^{(\tau)}} L = V^{\mathrm{T}} \nabla_{o^{(\tau)}} L \tag{5.16}$$

然后，我们可以从时刻 $t = \tau - 1$ 到 $t = 1$ 反向迭代，通过时间反向传播梯度。注意 $h^{(t)}$（$t < \tau$）同时具有 $o^{(t)}$ 和 $h^{(t+1)}$ 两个后续节点。因此，它的梯度由下式计算：

$$
\begin{aligned}
\nabla_{h^{(t)}} L &= \left(\frac{\partial h^{(t+1)}}{\partial h^{(t)}} \right)^{\mathrm{T}} (\nabla_{h^{(t+1)}} L) + \left(\frac{\partial o^{(t)}}{\partial h^{(t)}} \right)^{\mathrm{T}} (\nabla_{o^{(t)}} L) \\
&= W^{\mathrm{T}} (\nabla_{h^{(t+1)}} L) \operatorname{diag}(1 - (h^{(t+1)})^2) + V^{\mathrm{T}} (\nabla_{o^{(t)}} L)
\end{aligned} \tag{5.17}
$$

式中，$\operatorname{diag}(1 - (h^{(t+1)})^2)$ 表示包含元素 $1 - (h_i^{(t+1)})^2$ 的对角矩阵。这是关于时刻 $t+1$ 与隐藏单元 i 关联的 tanh 的雅克比行列式，也可以写为

$$[\tanh(x)]' = 1 - [\tanh(x)]^2 \tag{5.18}$$

所以当我们采用 tanh 激活函数的时候，可以得到 $1 - (h_i^{(t+1)})^2$ 的梯度为 $\operatorname{diag}(1 - (h^{(t+1)})^2)$。

一旦获得了计算图内部节点的梯度，我们就可以得到参数节点的梯度。因为参数在许多时间步共享，所以我们必须在表示这些变量的微积分操作时谨慎对待。虽然我们希望计算单一变量对整体梯度的贡献，但在实际计算的过程中会加入其他一系列参数，比如 $\nabla_W f$，计算 W 对函数 f 的贡献时还会将与 W 相关的参数考虑进去。这种推导超出了本书的范围，这里我们为了推导方便，假设 W 是一个关于 f 的参数。因此可以得到一系列参数的梯度：

$$\nabla_c L = \sum_t \left(\frac{\partial o^{(t)}}{\partial c} \right)^{\mathrm{T}} \nabla_{o^{(t)}} L = \sum_t \nabla_{o^{(t)}} L \tag{5.19}$$

$$\nabla_b L = \sum_t \left(\frac{\partial h^{(t)}}{\partial b^{(t)}} \right)^{\mathrm{T}} \nabla_{h^{(t)}} L = \sum_t \operatorname{diag}(1 - (h^{(t)})^2) \nabla_{h^{(t)}} L \tag{5.20}$$

$$\nabla_V L = \sum_t \sum_i \left(\frac{\partial L}{\partial o_i^{(t)}} \right) \nabla_V o_i^{(t)} = \sum_t (\nabla_{o^{(t)}} L)(h)^{(t)\,\mathrm{T}} \tag{5.21}$$

$$\nabla_W L = \sum_t \sum_i \left(\frac{\partial L}{\partial h_i^{(t)}} \right) \nabla_W h_i^{(t)} = \sum_t \operatorname{diag}(1 - (h^{(t)})^2)(\nabla_{h^{(t)}} L)(h^{(t-1)})^{\mathrm{T}} \tag{5.22}$$

$$\nabla_U L = \sum_t \sum_i \left(\frac{\partial L}{\partial h_i^{(t)}} \right) \nabla_U h_i^{(t)} = \sum_t \operatorname{diag}(1 - (h^{(t)})^2)(\nabla_{h^{(t)}} L)(x^{(t)})^{\mathrm{T}} \tag{5.23}$$

5.2.2　循环神经网络的输出

到目前为止，5.2.1 节的循环网络例子中损失 $L^{(t)}$ 是训练目标 $y^{(t)}$ 和输出 $o^{(t)}$ 之间的交叉熵。与前馈网络类似，从理论上讲，循环网络几乎可以使用任何损失函数，但具体的损失函数类型必须根据具体的工程任务来选择。例如，在前馈网络中，我们通常希望将 RNN 的输出解释为一个概率分布，并且通常使用与分布相关联的交叉熵来衡量偏差。

当我们使用一个预测性对数似然的训练目标（如式（5.11））时，我们将 RNN 训练为能够根据之前的输入估计下一个序列元素 $y^{(t)}$ 的条件分布。这意味着最大化对数似然为

$$\log p(\boldsymbol{y}^{(t)} \mid \boldsymbol{x}^{(1)}, \cdots, \boldsymbol{x}^{(t)}) \tag{5.24}$$

或者模型包括一个时间步的输出到下一个时间步的输出之间连接：

$$\log p(\boldsymbol{y}^{(t)} \mid \boldsymbol{x}^{(1)}, \cdots, \boldsymbol{x}^{(t)}, \boldsymbol{y}^{(1)}, \cdots, \boldsymbol{y}^{(t-1)}) \tag{5.25}$$

　　将整个序列 $\boldsymbol{y}$ 的联合分布分解为一系列单步的概率预测是捕获整个序列联合分布的一种方法。当我们不把过去的 $\boldsymbol{y}$ 值反馈给下一步作为预测的条件时，不包含任何从过去 $\boldsymbol{y}^{(i)}$ 到现在 $\boldsymbol{y}^{(t)}$ 的参数。在这种情况下，输出 $\boldsymbol{y}$ 与给定的 $\boldsymbol{x}$ 序列是条件独立的。然而如图 5.15 所示，当我们给网络反馈真实的 $\boldsymbol{y}$ 值（不是它们的预测值，而是网络真实的输出值）时，包含所有从过去 $\boldsymbol{y}^{(i)}$ 到当前 $\boldsymbol{y}^{(t)}$ 的参数。

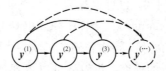

图 5.15　序列全连接图模型

　　如图 5.15 所示，通过序列全连接就会由先前的值 $\boldsymbol{y}^{(i)}$ 影响 $\boldsymbol{y}^{(t)}$（$t > i$）的条件分布。当序列中每个元素的输入和参数的数目越来越多时，这种方式的效率是非常低的。RNN 可以通过高效的计算方式获得相同的全连接，如图 5.16 所示。在 RNN 图模型中引入状态变量，尽管它是输入的确定性函数，但它有助于计算的便捷化。序列中的每个阶段使用相同的结构，并且与其他阶段共享相同的参数。

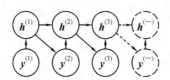

图 5.16　RNN 的高效计算方式

　　例如，考虑标量随机变量序列 $\boldsymbol{Y} = \{\boldsymbol{y}^{(1)}, \boldsymbol{y}^{(2)}, \cdots, \boldsymbol{y}^{(\tau)}\}$，没有额外的输入 $\boldsymbol{x}$。在时间步 t 时刻的输入仅仅是在时间步 $t-1$ 时刻的输出。该 RNN 结构定义了关于 $\boldsymbol{y}$ 变量的有向图模型。使用链式法则来表示这些输出的联合分布：

$$P(\boldsymbol{Y}) = P(\boldsymbol{y}^{(1)}, \boldsymbol{y}^{(2)}, \cdots, \boldsymbol{y}^{(\tau)}) = \prod_{t=1}^{\tau} P(\boldsymbol{y}^{(t)} \mid \boldsymbol{y}^{(t-1)}, \boldsymbol{y}^{(t-2)}, \cdots, \boldsymbol{y}^{(1)}) \tag{5.26}$$

　　观察式(5.26)不难发现，当 $t = 1$ 时竖杠右侧为空。根据这样一个模型，一组值 $\boldsymbol{Y} = \{\boldsymbol{y}^{(1)}, \boldsymbol{y}^{(2)}, \cdots, \boldsymbol{y}^{(\tau)}\}$ 的负对数似然为

$$L = \sum_t L^{(t)} \tag{5.27}$$

此时

$$L^{(t)} = -\log P(\boldsymbol{y}^{(t)} \mid \boldsymbol{y}^{(t-1)}, \boldsymbol{y}^{(t-2)}, \cdots, \boldsymbol{y}^{(1)}) \tag{5.28}$$

在模型的流图中可以直接看出哪些变量直接依赖于其他变量。许多图模型的目标是省略不存在强相互作用的边以实现统计和计算的效率。例如，我们通常可以作 Markov 假设，即图模型只包含从 $\{\boldsymbol{y}^{(t-k)}, \cdots, \boldsymbol{y}^{(t-1)}\}$ 到 $\boldsymbol{y}^{(t)}$ 的直接依赖关系，而不包含对于整个过去历史的直接依赖。然而在一些情况下，我们认为整个过去的输入会对序列的下一个元素有一定影响。当我们认为 $\boldsymbol{y}^{(t)}$ 的分布可能取决于某一个过去时间步的 $\boldsymbol{y}^{(i)}$ 的值，且无法通过 $\boldsymbol{y}^{(t-1)}$ 捕获 $\boldsymbol{y}^{(i)}$ 的影响时，RNN 将会变得十分有效。

假设我们使用传统方法来表示离散值的联合分布，即对每个可能的赋值分配一个单独条目的数组，该条目表示发生该赋值的概率。如果 $\boldsymbol{y}$ 可以取 k 个不同的值，则传统的表示法将有 $o(k^\tau)$ 个参数。RNN 由于使用了参数共享技术，因此它的参数数目为 $o(1)$ 并且是序列长度的函数。这也是我们可以调节 RNN 的参数数量来控制模型容量，但不用被迫与序列长度成比例的实现基础。

式(5.5)说明了 RNN 通过循环应用相同的映射函数 f 以及在每个时间步的相同参数 $\boldsymbol{\theta}$，可以较优地表示变量之间的长期联系，不但减少了计算量，而且减少了系统对输入序列长度的固定需求。图 5.16 表明，$\boldsymbol{h}^{(t)}$ 节点可以用作过去节点和未来节点之间的中间量，从而将它们解耦，降低互相依赖的关系。

所谓解耦，就是使用数学方法将两种运动或者变量分离开来。这种处理方法在一定程度上可以增强模型的抗破坏能力。不同时间步在解耦后，即使系统缺少某一个节点，但仍有其他节点进行工作。这种近乎同时处理的并行工作就实现了一定的抗破坏能力。

如图 5.16 所示，相隔较远的过去变量 $\boldsymbol{y}^{(i)}$ 可以通过其对隐藏层 $\boldsymbol{h}$ 的影响来影响输出变量 $\boldsymbol{y}^{(t)}$。节点之间相互连接结构表明可以在不同的时间步使用相同的条件概率分布，并且当观察到全部变量时，可以高效地评估所有变量的联合分布概率（这是由于使用了相同的概率分布，而不是每一个节点分配不同的概率模型）。

然而即便我们已经使用高效计算、参数化的模型结构，某些应用需求在计算上仍然具有挑战性。例如，RNN 模型难以预测序列中缺少的值（即便它有一定的抗破坏能力，也仅仅是一定程度地抵抗被破坏数据所带来的影响，并不能准确地预测这些被破坏的数据）。

虽然提出的循环网络可以减少参数的数目，但是它付出的代价是可能影响到优化参数。在循环网络中能够使用参数共享技术的前提条件是满足相同参数可被用于不同时间步的假设。换句话说，假设给定时刻 t 的变量后，时刻 $t+1$ 的变量的条件概率分布应该是平稳、不发生变化的。这意味着之前的时间步与下一个时间步之间的关系并不依赖于 t。原则上，可以使用 t 作为每个时间步的额外输入，并让模型在学习时间依赖性的同时，在不同时间步之间尽可能多地共享。即便是这样，相比我们在每个时间步 t 都使用不同的条件概率分布已经好很多，对计算资源的需求已经得到了显著的下降，但网络在面对新时间步时需要进行推断。

　　上面的一系列讨论中反复提到了时间步以及序列长度这样的名词，那么我们在读取数据的过程中真的可以简单地从每一时间步的条件分布中采样吗？显然是不行的，这会导致额外的复杂性。RNN 必须采用某种机制来确定序列的长度。这可以通过多种方式实现。

　　当输出是从词汇表获取的符号时，我们可以添加一个对应于序列末端的特殊符号。当采样过程遇到该符号时立即停止。在训练集中，我们将该符号作为序列的一个额外添加标识位，即紧跟在每个训练样本 $x^{(\tau)}$ 的最后面，如图 5.17 所示。

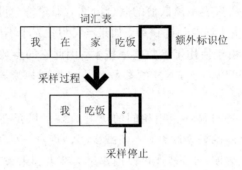

图 5.17　序列末端添加标志位确定序列长度

　　另一种选择是在模型中引入一个额外的伯努利输出，表示在每个时间步决定继续生成或停止生成。换句话说，就是在每一个输出增加一个二值的伴随输出，如图 5.18 所示。相比在词汇表中增加一个额外符号的方法，这种方法更普遍，因为它适用于任何 RNN，而不仅仅是输出符号序列的 RNN。

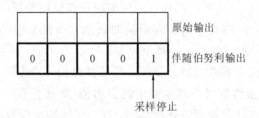

图 5.18　添加伴随伯努利输出来确定结束或继续采样

　　确定序列长度 τ 的第三种方法是将一个额外的输出添加到模型并利用这个额外的输出预测 τ 值。模型可以预测出 τ 的值，然后采样 τ 步有价值的数据。这种方法需要在每个时间步的循环更新中增加一个额外输入，使得循环更新知道它是否靠近了所产生序列的末尾。这种额外的输入可以是 τ 的值，也可以是 $\tau-t$，即剩下时间步的数量。如果没有这个额外的输入，则 RNN 可能会突然结束序列，如一个句子在最终完整前结束。此方法类似于条件概率：

$$P(x^{(1)}, x^{(2)}, \cdots, x^{(\tau)}) = P(\tau)P(x^{(1)}, x^{(2)}, \cdots, x^{(\tau)} \mid \tau) \tag{5.29}$$

5.2.3　上下文依赖型数据处理

我们之前讨论的都是由输入序列逐步迭代最后得到输出序列的情况。但是在实际工程中不仅仅单纯地对序列类数据进行简单预测或分类。例如，在许多中文语句中，在不同的上下文环境里相同的语句具有不同的文意。比如，在取得了好成绩时别人说"你可真棒啊!"，就表达了对我们的表扬之情；但是在做错事情的情况下，这句"你可真棒啊!"表达的就是对我们的讽刺。因此单纯地利用 RNN 对序列类数据进行分类或者预测是不准确的，我们希望这个深度学习模型能够很好地根据上下文的语义环境进行识别或预测。当然，这种语义情况不仅仅限于文字，也可以是一幅图像、一段录音等。

那么，我们如何对 RNN 增添语义环境呢？其实可以将增加的语义环境简单地看作产生 y 序列的 RNN 的额外输入。将额外输入提供到 RNN 的一些常见方法如下：

（1）在每一个时间步增加一个额外输入。

（2）将额外输出作为或者看作影响初始状态的量 $h^{(0)}$。

（3）综合以上两种方法。

第一种方法是最常用的方法，如图 5.19 所示。额外的输入 x 和每个隐藏单元向量 $h^{(t)}$ 之间的相互作用是通过新引入的权重矩阵 R 来完成的，这里的额外输入是指原始的 y 序列模型中所没有的信息。相同的乘积 $x^{\mathrm{T}}R$ 在每个时间步作为隐藏单元的一个额外输入。我们可以认为 x 是有效地用于每个隐藏单元的一个新偏置参数。权重与输入相互独立。

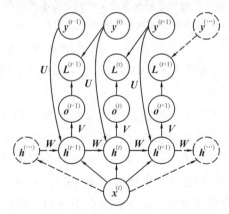

图 5.19　将固定长度的向量 x 映射到 y 序列上，即增加了一个语义环境的 RNN

当然，这种额外输入不仅仅局限于一个单独的额外输入，也可以接收向量序列 $x^{(t)}$ 作为输入。此时可以利用一个对应的条件分布：

$$P(y^{(1)}, y^{(2)}, \cdots, y^{(\tau)} \mid x^{(1)}, x^{(2)}, \cdots, x^{(\tau)}) \qquad (5.30)$$

在条件独立的情况下，式(5.30)可以分解为

$$\prod_t P(\boldsymbol{y}^{(t)} \mid \boldsymbol{x}^{(1)}, \boldsymbol{x}^{(2)}, \cdots, \boldsymbol{x}^{(\tau)}) \tag{5.31}$$

为去掉条件独立的假设，我们可以在时刻 t 的输出到时刻 $t+1$ 的隐藏单元之间添加连接进行耦合，如图 5.20 所示。该模型就可以代表关于 $\boldsymbol{y}$ 序列的任意概率分布。这种给定一个序列来表示另一个序列分布模型的方法需要添加一个限制，就是这两个序列的长度必须是相等的。这类 RNN 包含从前一个输出到当前状态的连接。这些连接允许在给定 $\boldsymbol{x}$ 的序列后，对具有相同长度的 $\boldsymbol{y}$ 序列进行建模。也就是在给定语义示例情况下，生成与额外输入相同长度的注释。

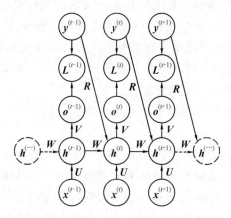

图 5.20　将可变的向量 x 映射到相同长度的 y 序列上分布的条件 RNN（即在给定语义示例情况下，生成与额外输入相同长度的注释）

上述模型似乎又显示出了一种新的序列关系。循环神经网络不仅能从过去的时间步序列 $\{\boldsymbol{x}^{(1)}, \cdots, \boldsymbol{x}^{(t-1)}\}$ 以及当前的输入 $\boldsymbol{x}^{(t)}$ 中捕获信息，还能在某些生成的 $\boldsymbol{y}$ 可用时利用这些输出的 $\boldsymbol{y}$ 去影响当前模型的状态。

在许多应用中，对要输出的 $\boldsymbol{y}^{(t)}$ 的预测可能依赖于整个输入序列。例如，在语音识别中，由于协同发音，当前声音作为音素的正确解释可能取决于未来几个音素，甚至潜在地可能取决于未来的几个词，这是因为词与附近的词之间存在语义依赖：如果当前的词有两种声学上合理的解释，则我们可能要在更远的未来（和过去）寻找信息以区分它们，这些都涉及语义环境对于序列解释的重要性。这一观点在手写识别和许多其他序列到序列学习的任务中也是如此。

为了解决这一问题，提出了双向循环神经网络（双向 RNN）。它在需要双向信息的应用中非常成功，如手写识别和语音识别等。顾名思义，双向 RNN 就是将在时间上从序列起点开始移动的 RNN 和另一个在时间上从序列末尾开始移动的 RNN 结合起来，原理如图5.21所示。图中，$\boldsymbol{h}^{(t)}$ 代表通过时间向前（沿着时间向右）移动的子 RNN 的状态，$\boldsymbol{g}^{(t)}$ 代表通过时间向后(逆着时间向左)移动的子 RNN 的状态。这种双向结构允许输出单元 $o^{(t)}$ 同时获得依赖于过去和未来时刻 t 的输入,而不必指定 t 周围固定大小的窗口。我们之前所讲述的前馈网络、卷积网络等都通过固定大小的窗口抽取特征。

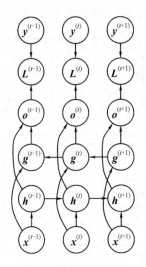

图 5.21 双向 RNN 原理图

前面已经提到,循环性状态 h 在时间上向前传播信息(沿着时间),而循环性状态 g 在时间上向后传播信息(逆着时间)。因此在每个时间步 t,输出单元 $o^{(t)}$ 都可以接收到输入 $h^{(t)}$ 中关于过去的相关信息以及输入 $g^{(t)}$ 中所包括的关于未来的相关要素。

值得注意的是,虽然我们一直使用时间步来进行说明,但是 RNN 也可以应用于非时间序列的序列数据,此时时间步索引就变成了序列数据的位置索引。例如,上述的双向 RNN 也可以应用于处理图像数据,它由四个 RNN 组成,每一个网络沿着四个方向(上、下、左、右)中的一个计算。与卷积网络相比,应用于图像的 RNN 计算成本通常更高,但允许同一特征图的特征之间存在长期横向的相互作用。

5.2.4 序列到序列的数据处理

前面讨论了 RNN 如何将输入序列映射成固定大小的向量,如何将固定大小的向量映射成一个序列,以及如何将一个输入序列映射到等长的输出序列。

但是在实际的工程应用中我们还需要将输入序列映射到长度不等的输出序列,如语音识别、机器翻译或问答等。它们训练集的输入和输出序列的长度通常不相同,即使它们的长度可能存在某些固定的关系。

我们经常将 RNN 的输入称为上下文。希望产生此上下文的抽象表示,这个抽象表示

我们用 C 来表示。上下文的抽象表示 C 可能是一个对输入序列 $X = (x^{(1)}, \cdots, x^{(n_x)})$ 抽象表示的向量或者向量序列。

　　用于将一个可变长度序列映射到另一个可变长度序列最简单的 RNN 架构通常被称为编码-解码架构或序列到序列架构，其原理如图 5.22 所示。

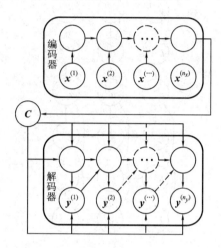

图 5.22　序列到序列的 RNN 结构

　　这个结构主要由读取输入序列的编码器 RNN 和生成输出序列的解码器 RNN 组成。编码器 RNN 的最终隐藏状态用于计算固定大小的上下文抽象表示 C，而 C 表示输入序列的语义概要并且作为解码器 RNN 的输入。

　　这个结构的实现过程如下：

　　（1）编码器（Encoder）处理输入 RNN 的序列。编码器最终输出 C，即对输入序列的抽象表示。

　　（2）解码器（Decoder）以固定长度的向量为条件产生输出序列 $Y = \{ y^{(1)}, \cdots, y^{(n_y)} \}$。

　　这种架构与本章前几节提出的架构的最大不同在于这两种序列长度 n_x 和 n_y 可以互不相同，而之前的架构必须要求 $n_x = n_y = \tau$。在序列到序列的架构中，这两个部分的 RNN 共同训练以达到最大化对数条件概率，即 $\log P(y^{(1)}, \cdots, y^{(n_y)} \mid x^{(1)}, \cdots, x^{(n_x)})$。

　　编码器 RNN 的最后一个状态 h_{n_x} 通常被当作输入序列的抽象表示 C，并作为解码器 RNN 的输入。如果上下文抽象表示 C 是一个向量，则解码器 RNN 只是前面讲过的向量到序列 RNN（即 5.2.3 节中上下文依赖型数据的处理）。就像我们之前总结的那样，处理上下文依赖型数据的 RNN 至少有两种接收输入的方法。输入可以被提供为 RNN 的初始状态，或连接到每个时间步中的隐藏单元。这两种方式也可以结合（参见 5.2.3 节）。

　　这里并不需要强制要求编码器与解码器的隐藏层具有相同的大小，满足了在实际工程问题中需要两个非等长序列互相映射的需求。虽然这种连接结构具有很强大的功能,但是此架构仍然具有一个明显不足:编码器 RNN 输出的上下文抽象表示 C 的维度可能太小而难以适当地概括一个长序列。此问题可以通过让 C 成为可变长度的序列,而不是一个固定大小的向量来解决。此外,还可以引入将序列 C 的元素和输出序列的元素相关联的注意力机制(Attention Mechanism)。这一机制的原理我们将在本书的后续章节具体介绍。

我们观察之前讲述的所有 RNN 架构不难发现,大多数 RNN 的计算可以分解成 3 个不同阶段的参数及其相关变换:

(1)从输入 x 到隐藏层状态 h。

(2)从前一隐藏层状态 $h^{(t)}$ 到下一隐藏层状态 $h^{(t+1)}$。

(3)从隐藏层状态 h 到输出 y。

因此,适当地增加模型的深度对训练有一定的积极作用。增加 RNN 架构深度的方法有许多,下面三种最为常见。

(1)隐藏层的循环状态可以被分解为具有层次的状态组,如图 5.23(a)所示。

(2)可以在输入到隐藏层、隐藏层到隐藏层以及隐藏层到输出的各部分中引入更深的计算,如之前介绍的全连接(多元线性回归),如图 5.23(b)所示。

(3)引入跳跃连接来缓解梯度引起的问题,如图 5.23(c)所示。这一方法的原理类似于 ResNet。关于 ResNet 以及相应梯度的原理,我们将在后续章节具体讲解。

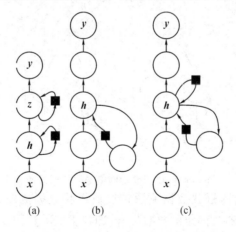

图 5.23　增加 RNN 深度的三种方法

图 5.23(a)中,较低的层起到了将原始输入转化为对更高层的状态更合适表示的作用,就像之前所讨论的二维卷积神经网络。低阶的卷积层抽取原始数据的初级特征,后续的卷积层则继续抽取更高级的表示。

增加深度可能会造成优化困难进而降低模型的学习效果,例如图 5.23(b)所示的额外深度将导致从时间步 t 到时间步 $t+1$ 的最短路径变长，当然这也相对增加了模型的优化成本。这种问题可以通过增加适当的"短接"来缓解，如图 5.23(c) 所示。

5.3　递归神经网络

5.3.1　递归神经网络的基本原理

　　递归神经网络(Recursive Neural Network)是循环网络的另一种类型，是树状结构，而不是循环神经网络的链状结构，因此这两种学习模型有着不同的数据流图。递归神经网络由 Pollack 提出，适用于输入为数据结构，如自然语言处理和计算机视觉。递归神经网络经典数据流图如图 5.24 所示。

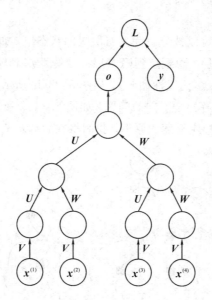

图 5.24　递归神经网络经典数据流图

　　递归网络将循环网络的链状数据流图扩展成树状数据流图。其中，可变大小的序列 $\{x^{(1)}, x^{(2)}, \cdots, x^{(t)}\}$ 可以通过固定的参数集合(即权重矩阵 U、V、W)映射到固定大小的抽象表示。图 5.24 展示了监督学习的情况，因为提供了与整个序列相关的目标输出 y。

　　递归神经网络最显著的优点就是对于具有相同长度 τ 的序列，由于采用了树状结构，因此计算量可由 $o(\tau)$ 锐减至 $o(\log\tau)$，可以缓解长期依赖的问题(参见 5.3.2 节)。递归网络的变种有很多，比如，将数据与树结构相关联，并将输入和目标与树的单独节点相关联。

5.3.2　长期依赖性

当网络的深度增加以后，模型可能会出现梯度消失或梯度爆炸的情况（参见第 1 章），这种情况我们称之为长期依赖。梯度消失相对于梯度爆炸更常见。由于循环神经网络中存在比相邻的时间步之间相互作用的参数更小的权重，因此即使我们假设循环网络的参数是稳定的，但还是存在长期依赖的现象。

循环神经网络所使用的函数组合与矩阵乘法相似。将不同时间步之间的隐藏层状态联系写为

$$h^{(t+1)} = W^{\mathrm{T}} h^{(t)} \tag{5.32}$$

这是一个非常简单的、缺少非线性激活函数和输入 x 的循环神经网络。它的迭代式为

$$h^{(t)} = (W^t)^{\mathrm{T}} h^{(0)} \tag{5.33}$$

假设 W 存在特征值分解，即

$$W = Q \Lambda Q^{\mathrm{T}} \tag{5.34}$$

其中，若 Q 为正交的，那么代入式(5.33)后得到

$$h^{(t)} = Q^{\mathrm{T}} \Lambda^t Q h^{(0)} \tag{5.35}$$

当特征值经过高次幂的运算后，幅值小于 1 的特征值将会衰减到 0，而幅值大于 1 的就会激增。任何不与最大特征向量对齐的 $h^{(0)}$ 的部分将最终被丢弃。

这个问题是针对循环网络的。在标量情况下，就像多次乘一个权重 W。该乘积 W^t 消失还是爆炸取决于 W 的幅值：当 $W > 1$ 时高次幂的运算会导致爆炸，而当 $W < 1$ 时高次幂的值最终会消失。但是如果能够在每个时间步使用不同权重 $W^{(t)}$ 的非循环网络，情况就不同了，就可以避免高次幂运算可能带来的梯度消失或爆炸的问题。

如果初始状态给定为 1，那么时刻 t 的状态可以由 $\prod_t W^{(t)}$ 给出。假设 $W^{(t)}$ 的值是随机生成的，各自独立且均值为 0，方差为 v，那么乘积的方差就为 $o(v^n)$。为了获得期望的方差 v^*，我们可以选择单个方差为 $v = \sqrt[n]{v^*}$ 的权重。因此，非常深的前馈网络通过精心设计是可以避免梯度消失和爆炸问题的。

关于 RNN 梯度消失和爆炸问题，有些学者希望通过简单停留在梯度不消失或不爆炸的参数空间来避免这个问题。不幸的是，为了储存记忆并对小扰动具有鲁棒性，RNN 必须进入参数空间中的梯度消失区域。具体来说，当模型能够避免长期依赖时，长期相互作用的梯度幅值就会变小，这会降低模型的学习效率。虽然学习仍在继续，但长期相互作用的信号很容易被短期产生的波动隐藏，因而学习相互作用的时间可能需要很长。

循环神经网络学习的就是 $h^{(t-1)}$ 到 $h^{(t)}$ 的循环权重映射参数以及从 $x^{(t)}$ 到 $h^{(t)}$ 的输入权重映射参数。研究者提出的避免上述问题的方法是：设定循环隐藏单元，使其能很好地捕

捉过去的输入历史，并且只学习输出权重。图 5.25 所示的回声状态网络（Echo State Network，ESN）就是一个很好的示例。由于在回声状态网络中隐藏单元形成了可能捕获输入历史不同方面的临时特征池，因此回声状态网络也被称为储值计算。

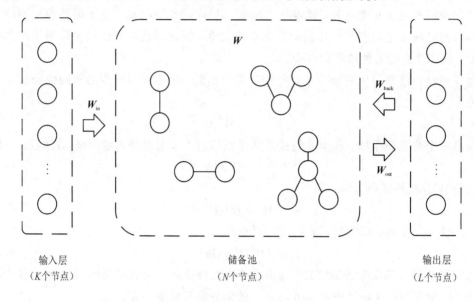

输入层   储备池   输出层
（K个节点）   （N个节点）   （L个节点）

图 5.25   回声状态网络原理图

该网络将任意长度的序列映射为一个长度固定的向量，之后施加一个预测算法以解决实际工程问题。因此重要的问题是我们如何设置输入和循环权重才能让一定长度的序列在循环神经网络中工作。答案是将循环网络视为动态系统，并设定让动态系统接近稳定边缘的输入和循环权重。

说到稳定边缘，前面已经假设 W 存在特征值分解，即 $W = Q\Lambda Q^{\mathrm{T}}$，以及 $W^t = Q\Lambda^t Q^{\mathrm{T}}$，那么当 $\Lambda = 1$ 时，为稳定边缘。

ESN 的这个过程不同于传统的 RNN。ESN 的输入到隐藏层、隐藏层到隐藏层的连接权值是随机初始化且固定不变的。因此在训练的过程中，只需要训练隐藏层到输出的连接权值。这就变成了一个线性回归问题，所以 ESN 训练起来非常快。

图 5.25 中的储备池就是常规神经网络中的隐藏层。输入到储备池的连接为 W_{in}，储备池到下一个时刻储备池的连接为 W，储备池到输出的连接为 W_{out}。另外还有一个连接 W_{back}，它是前一时刻的输出到下一时刻的储备池的连接。回声状态网络的构造如图 5.26 所示。

通过上面的说明，我们可以了解到回声状态网络的三个特性：

（1）核心是一个随机生成并保持不变的储备池。

（2）输出权值是唯一需要调整的部分。

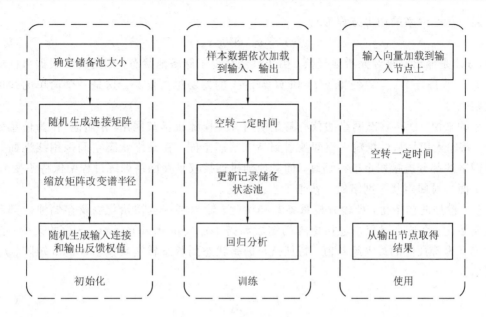

图 5.26 回声状态网络的构造

（3）简单的线性回归可以完成网络的训练。

由图 5.25 不难发现，网络主要由三层结构构成，分别是输入层、储备池和输出层。输入向量 $u(t)$ 的维度为 $t \times 1$，即一个序列类数据。输入层到储备池的连接权重为 W_{in}（$N \times K$ 阶）。值得注意的是，该权重是不需要训练的，随机初始化完成即可。

储备池接收两个方向的输入，一个来自输入层 $u(t)$，另外一个来自储备池前一个状态的输出 $x(t-1)$（$N \times N$ 阶）。状态反馈权重 W_{back}（$N \times L$ 阶）与 W_{in} 一样，均不需要训练，由随机初始状态决定。最终想要训练的矩阵是输出矩阵 W_{out}，它是一个 $L \times (K+N+L)$ 阶的矩阵。W_{back} 为大型稀疏矩阵，其中的非 0 元素表明了存储池中被激活的神经元。对于输入 $u(t)$，储备池要保持更新状态，它的状态更新方程为

$$x(t+1) = \sigma(W_{in}u(t+1) + W_{back}x(t)) \tag{5.36}$$

式中，W_{in} 和 W_{back} 都是在最初建立网络的时候随机初始化的，并且固定不变；$u(t+1)$ 是时间步 $t+1$ 时的输入，$x(t+1)$ 是对应该时间步的储备池状态；$x(t)$ 是上一个时间步 t 时的储备池状态，在 $t=0$ 时刻可以用 0 初始化；σ 是储备池内部神经元激活函数，通常使用双曲正切函数，即 tanh。

在建模的时候，与一般的神经网络一样，回声状态网络也会在连接矩阵上加上一个偏置量。所以，输入 u 是一个长度为 $1+K$ 的向量，W_{in} 是一个 $(1+K) \times N$ 的矩阵，x 是一个长度为 N 的向量。

回声状态网络的输出方程为

$$y(t) = \boldsymbol{\sigma}_{\text{out}}(\boldsymbol{W}_{\text{out}} \boldsymbol{x}(t)) \tag{5.37}$$

式中，$\boldsymbol{\sigma}_{\text{out}}$ 是输出层神经元激活函数。由于已经获得了储备池状态，因此可以根据目标输出 $\boldsymbol{y}(\text{target})$ 来确定 $\boldsymbol{W}_{\text{out}}$，以使得 $\boldsymbol{y}(t)$ 和 $\boldsymbol{y}(\text{target})$ 的差距尽可能小。这是一个简单的线性回归问题。

总的来说，回声状态网络的核心就是使用大规模随机稀疏网络(存储池)作为信息处理媒介，将输入信号从低维输入空间映射到高维状态空间，在高维状态空间采用线性回归方法对网络的部分连接权重进行训练，而其他随机连接权重在网络训练过程中保持不变。

下面再对回声状态网络做一些细节上的补充。

(1) 模型的初始化，即输入权重参数初始化、输出层权重初始化以及存储池内部反馈权重初始化。在这个过程中包括矩阵的缩放和谱半径(Spectral Radius，SR)的改变。谱半径被定义为特征值的最大绝对值。特征值指的是状态到状态转换函数 Jacobian 矩阵($\boldsymbol{J}$)的特征值：

$$\boldsymbol{J}^{(t)} = \frac{\partial \boldsymbol{s}^{(t)}}{\partial \boldsymbol{s}^{(t-1)}} \tag{5.38}$$

为了解谱半径的影响，可以考虑反向传播中 Jacobian 矩阵 $\boldsymbol{J}$ 不随 t 改变的简单情况。例如当网络是纯线性时，会发生这种情况。假设 $\boldsymbol{J}$ 的特征值 λ 对应的特征向量为 $\boldsymbol{v}$，考虑通过时间向后传播梯度向量时的情况。

如果刚开始的梯度向量为 $\boldsymbol{g}$，经过反向传播的一个步骤后，我们将得到 $\boldsymbol{J}\boldsymbol{g}$，$n$ 步之后会得到 $\boldsymbol{J}^n \boldsymbol{g}$。现在考虑向后传播带有扰动的 $\boldsymbol{g}$。如果刚开始是 $\boldsymbol{g} + \delta \boldsymbol{v}$，一步之后可以得到 $\boldsymbol{J}(\boldsymbol{g} + \delta \boldsymbol{v})$，$n$ 步之后将得到 $\boldsymbol{J}^n(\boldsymbol{g} + \delta \boldsymbol{v})$。由此可以看出，由 $\boldsymbol{g}$ 开始的反向传播与由 $\boldsymbol{g} + \delta \boldsymbol{v}$ 开始的反向传播，在 n 步之后互相偏离了 $\delta \boldsymbol{J}^n \boldsymbol{v}$。

如果 $\boldsymbol{v}$ 选择为 $\boldsymbol{J}$ 的特征值 λ 对应的一个单位特征向量，那么在每一步乘 Jacobian 矩阵 $\boldsymbol{J}$ 就只是简单地缩放。反向传播的两次执行分离的距离为 $\delta |\lambda|^n$。当 $\boldsymbol{v}$ 对应于最大特征值 $|\lambda|$、初始扰动为 δ 时，这个扰动达到可能的最宽分离。而最宽分离是我们希望得到的结果，因为它能将与目标的偏离更明显地体现出来。

此时，当 $|\lambda| > 1$ 时，偏差 $\delta |\lambda|^n$ 会按指数增长，反之则会按指数衰减。当然，这个例子假定 Jacobian 矩阵在每个时间步是相同的，即相当于没有非线性循环网络。而当非线性存在时，非线性的导数将在许多时间步后接近零，并有助于防止因过大的谱半径而导致的爆炸。事实上，最新研究中推荐回声状态网络的谱半径应该远大于 1。

我们多次提及，通过多次矩阵乘法的反向传播同样适用于没有非线性的正向传播的网络，其状态为 $\boldsymbol{h}^{(t+1)} = (\boldsymbol{h}^t)^{\text{T}} \boldsymbol{W}$。如果线性映射 $\boldsymbol{W}^{\text{T}}$ 在 L_2 范数的测度下总是缩小 $\boldsymbol{h}$，那么我们说这个映射是收缩(Contractive)的。当谱半径小于 1 时，从 $\boldsymbol{h}^{(t)}$ 到 $\boldsymbol{h}^{(t+1)}$ 的映射为收缩，因此小变化在每个时间步后变得更小。当我们使用有限精度来存储状态向量时，必然会使得网络忘掉过去的信息。

　　（2）训练过程。在训练过程中会出现空转过程。这个空转过程实际上就是初始化储备池的状态。为什么要进行这个操作呢？这是因为储备池的内部连接是随机的，最开始的输入序列得到储备池状态的噪声会比较大，所以会先使用一些数据来初始化储备池的状态，从而降低噪声的影响。在训练的过程中我们的目的就是最小化目标函数，即

$$\min \| \boldsymbol{W}_{\mathrm{out}} \boldsymbol{x} - \boldsymbol{y}(\mathrm{target}) \|_2^2 \tag{5.39}$$

它的更新方法前面已经做过说明。

　　在回声状态网络中还有 4 个超参数，即储备池内部连接权谱半径 SR、储备池规模 N、储备池输入单元尺度 IS、储备池稀疏程度 SD。

　　关于谱半径 SR，在上面已经做出了相应的说明。

　　储备池规模 N 是指储备池中神经元的个数。储备池的规模选择与样本个数有关，对网络性能影响很大。储备池规模越大，ESN 对给定动态系统的描述越准确，但是会带来过拟合问题。

　　储备池输入单元尺度 IS 是储备池的输入信号在连接到储备池内部神经元之前相乘的一个尺度因子，表示对输入信号的缩放。一般情况下，需要处理的对象其非线性越强，IS 越大。

　　储备池稀疏程度 SD 表示储备池中神经元之间的连接情况（储备池中并不是所有神经元之间都存在连接）。SD 表示储备池中相互连接的神经元总数占总神经元数 N 的百分比。其值越大，则非线性逼近能力越强，计算公式为

$$\mathrm{SD}(稀疏度) = \frac{n}{N} \tag{5.40}$$

其中，n 为相互连接的神经元数，N 为总的神经元数。

5.4　长短期记忆 LSTM 网络

5.4.1　长短期记忆网络的基本原理

　　实际应用中最有效的序列模型称为门控 RNN（Gated RNN），包括基于长短期记忆（Long Short-Term Memory，LSTM）的网络和基于门控循环单元（Gated Recurrent Unit）的网络。

　　门控 RNN 在每个时间步都可能改变连接权重。我们希望神经网络学会自行决定何时清除旧的状态，这就是门控 RNN 的工作。换句话说，我们希望门控 RNN 能够清除不太重要的历史信息，以解决长期依赖的问题，减少不必要的计算存储资源的浪费。

　　引入自循环结构以产生梯度长时间持续流动的路径是长短期记忆 LSTM 模型的核心机制。其中一个关键就是使自循环的权重依照上下文而定，而不是固定的；另一个关键就

是隐藏单元可以控制这个自循环的权重，累积的时间尺度可以动态地改变。

在这种情况下，因为时间常数是模型本身的输出，所以即使是具有固定参数的 LSTM，累积的时间尺度也可以因输入序列而改变。LSTM 已经在许多应用中取得了重大成功，如无约束手写识别、语音识别、手写生成、机器翻译、为图像生成标题等。

传统的循环神经网络难以学习相隔较远的历史数据，这也是推动 LSTM 的主要原因之一。原始 RNN 的隐藏层只有一个状态，即 h，它只对短期的输入非常敏感。那么假如我们再增加一个状态，即 s，让它来保存长期的状态，就能解决模型长期依赖的问题了，如图 5.27 所示。

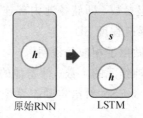

图 5.27　LSTM 在每一个时间步增加保存长期状态的参数

我们把图 5.27 所示的单个时间步的 LSTM 按时间展开，可以得到如图 5.28 所示的原理图。

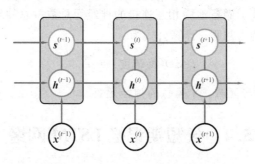

图 5.28　LSTM 按时间步展开

通过原理图不难看出，LSTM 在每个时间步上有三个输入：当前时刻网络的输入值、上一时刻 LSTM 的输出值、上一时刻的单元状态。LSTM 的输出有两个：当前时刻 LSTM 输出值和当前时刻的单元状态。

LSTM 的关键就是怎样控制长期状态 s，其思路是使用三个控制开关。如图 5.29 所示，第一个开关 f 是遗忘门（Forget Gate），用于控制是否继续保存长期状态 s；第二个开关 g 是输入门（Input Gate），用于控制是否把即时输入值输送到长期状态 s；第三个开关 q 是输出门（Output Gate），用于控制是否把长期状态 s 作为当前 LSTM 的输出。

图 5.29 中，所有的部件组成了一个 LSTM 的"细胞"。细胞彼此循环连接，代替了一般循环网络中普通的隐藏单元。如果输入门 g 允许，则它的值可以累加到状态。状态单元具

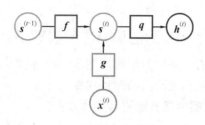

图 5.29　三个"开关"的作用原理

有线性自循环功能，其权重由遗忘门 f 控制，而细胞的输出可以被输出门 q 关闭。所有门控单元都具有非线性，而输入单元具有任意的压缩非线性。状态单元也可以作为门控单元的额外输入。具体的细胞框图由图 5.30 给出。

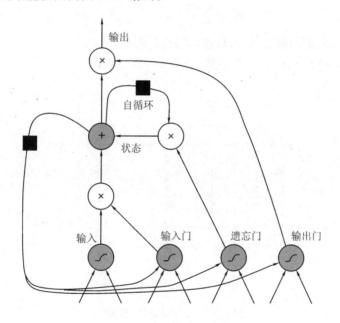

图 5.30　LSTM 细胞框图

这里再介绍一下门的概念。门实际上就是一层全连接层。门的使用就是用门的输出向量按元素乘以需要控制的某个向量。当门输出为 0 时，任何值与之相乘都会得到 0，这就相当于该值不能通过，意味着门关闭；当门输出为 1 时，任何值与之相乘都不会改变，这就相当于门打开。当然，门不是完全地被打开或关闭，它实际上控制的是门的打开量（通过乘以 0 到 1 之间的值来实现）。打开量为 0 意味着完全关闭，打开量为 1 意味着完全敞开，而打开量为 0 到 1 之间的实数意味着门被打开的幅度大小。

因此，遗忘门的权重可以由 Sigmoid 函数设置为 0 到 1 之间的值，表示为 $f_i^{(t)}$（时间步

为 t，细胞为 i ）：

$$f_i^{(t)} = \sigma \big(b_i^f + \sum_j U_{i,j}^f x_j^{(t)} + \sum_j W_{i,j}^f h_j^{(h-1)} \big) \tag{5.41}$$

其中，$x^{(t)}$ 是当前输入向量；$h^{(t)}$ 是当前隐藏层向量，$h^{(t)}$ 包含所有 LSTM 细胞的输出；b^f、U^f、W^f 分别是偏置、输入权重和遗忘门的循环权重。

我们可以得到 LSTM 细胞内部状态更新表达式：

$$s_i^{(t)} = f_i^{(t)} s_i^{(t-1)} + g_i^{(t)} \sigma \big(b_i + \sum_j U_{i,j} x_j^{(t)} + \sum_j W_{i,j} h_j^{(t-1)} \big) \tag{5.42}$$

其中，b、U、W 分别是 LSTM 细胞中的偏置、输入权重和循环权重。

LSTM 的输出由输出门控制：

$$h_i^{(t)} = \tanh(s_i^{(t)}) q_i^{(t)} \tag{5.43}$$

$$q_i^{(t)} = \sigma \big(b_i^o + \sum_j U_{i,j}^o x_j^{(t)} + \sum_j W_{i,j}^o h_j^{(t-1)} \big) \tag{5.44}$$

其中，b^o、U^o、W^o 分别是偏置、输入权重和输出门的循环权重。

这样我们就得到了如图 5.31 所示的 LSTM 计算原理图。

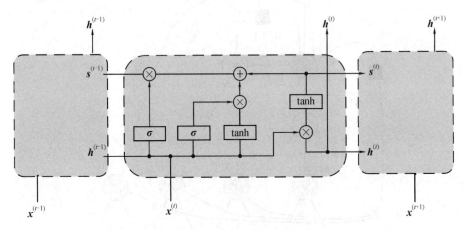

图 5.31　LSTM 计算原理图

LSTM 网络比简单的循环架构更易于学习长期依赖，既有用于测试长期依赖学习能力的人工数据集，又能够在具有挑战性的序列处理任务上获得最先进的表现。

门控 RNN 允许网络动态地控制时间尺度和不同单元的遗忘行为，其单元也被称为门控循环单元或 GRU。它与 LSTM 的主要区别是：单个门控单元同时控制遗忘因子和更新状态单元，更新公式为

$$h_i^{(t)} = u_i^{(t-1)} h_i^{(t-1)} + (1 - u_i^{(t-1)}) \sigma \big(b_i + \sum_j U_{i,j} x_j^{(t)} + \sum_j W_{i,j} r_j^{(t-1)} h_j^{(t-1)} \big) \tag{5.45}$$

其中，u 代表更新门，r 表示复位门。u 和 r 分别定义为

$$u_i^{(t)} = \sigma\left(b_i^u + \sum_j U_{i,j}^u x_j^{(t)} + \sum_j W_{i,j}^u h_j^{(t)}\right) \tag{5.46}$$

$$r_i^{(t)} = \sigma\left(b_i^{(t)} + \sum_j U_{i,j}^r x_j^{(t)} + \sum_j W_{i,j}^r h_j^{(t)}\right) \tag{5.47}$$

更新门和复位门能独立地忽略一部分状态向量。更新门可以线性地控制任意维度，从而选择将它复制或完全由新的目标状态值替换；复位门控制当前状态中的哪些部分用于计算下一个目标状态，在过去状态和未来状态之间引入了附加的非线性效应。

围绕这一思路还可以设计出更多的变种。例如，复位门或遗忘门的输出可以在多个隐藏单元间共享，或者全局门和一个局部门可用于结合全局控制与局部控制。这样通过改变 RNN 的连接构造我们就能缓解模型的长期依赖问题。

本节介绍了 LSTM 的基本原理及其简单的变种结构，下一节将尝试利用 Keras 实现一个简单的 LSTM 模型。

5.4.2　长短期记忆网络工程实例

该实例的数据源是空气质量数据集，是位于北京的美国大使馆在 2010 年至 2014 年共 5 年间每小时采集的天气及空气污染指数（https：//archive. ics. uci. edu/ml/datasets/Beijing＋PM2.5＋Data）。数据集包括日期、PM2.5 浓度、露点、温度、风向、风速、累积小时雪量和累积小时雨量，如图 5.32 所示。

No	year	month	day	hour	pm2.5	DEWP	TEMP	PRES	cbwd	Iws	Is	Ir
1	2010	1	1	0	NA	-21	-11	1021	NW	1.79	0	0
2	2010	1	1	1	NA	-21	-12	1020	NW	4.92	0	0
3	2010	1	1	2	NA	-21	-11	1019	NW	6.71	0	0
4	2010	1	1	3	NA	-21	-14	1019	NW	9.84	0	0
5	2010	1	1	4	NA	-20	-12	1018	NW	12.97	0	0
6	2010	1	1	5	NA	-19	-10	1017	NW	16.1	0	0
7	2010	1	1	6	NA	-19	-9	1017	NW	19.23	0	0
8	2010	1	1	7	NA	-19	-9	1017	NW	21.02	0	0
9	2010	1	1	8	NA	-19	-9	1017	NW	24.15	0	0
10	2010	1	1	9	NA	-20	-8	1017	NW	27.28	0	0
11	2010	1	1	10	NA	-19	-7	1017	NW	31.3	0	0
12	2010	1	1	11	NA	-18	-5	1017	NW	34.43	0	0
13	2010	1	1	12	NA	-19	-5	1015	NW	37.56	0	0
14	2010	1	1	13	NA	-18	-3	1015	NW	40.69	0	0
15	2010	1	1	14	NA	-18	-2	1014	NW	43.82	0	0
16	2010	1	1	15	NA	-18	-1	1014	cv	0.89	0	0

图 5.32　空气质量数据集

我们可以利用此数据集搭建预测模型，利用前一个或几个小时的天气条件和污染数据预测下一个（当前）时刻的污染程度。

在观察数据集后会发现最开始的很长时间（例如前面的 24 小时）里 PM2.5 值都是 NA，因此为了方便训练，我们删除这部分数据，对于其他时刻少量的缺省值利用 Pandas 中的 fillna 填充；同时需要整合日期数据，使其作为 Pandas 中的索引。由于样本的序号对我们并没有什么帮助，因此也删除样本的序号列，即"No"这一列。这些工作可以由 Pandas 自行完成（一个数学处理包）。

```
#导入相应的包
from pandas import read_csv
from datetime import datetime


#加载数据
def parse(x):
return datetime.strptime(x,'%Y %m %d %H')
dataset = read_csv('D:\\DLsample\\raw.csv', parse_dates = [['year','month','day',
'hour']], index_col=0, date_parser=parse)


#丢弃数据序号列
dataset.drop('No', axis=1, inplace=True)


#指定列名
dataset.columns = ['pollution','dew','temp','press','wnd_dir','wnd_spd','snow','rain']
dataset.index.name = 'date'


#将所有空值填充为0
dataset['pollution'].fillna(0, inplace=True)


#丢弃前24小时数据,这是由于数据集中前24小时的数据没有记录PM2.5的数值
dataset = dataset[24:]


#整合前5列。由图5.32可以看出前5列为日期数据(年月日时)
print(dataset.head(5))


#保存新序列
dataset.to_csv('D:\\DLsample\\newpollution.csv')
```

处理后的数据存储在"newpollution.csv"文件中,部分数据如图5.33所示。

		pollution	dew	temp	press	wnd_dir	wnd_spd	snow	rain
2010/1/2	0:00:00	129	-16	-4	1020	SE	1.79	0	0

图 5.33　经过预处理的空气质量数据集

现在的数据格式已经更加适合处理,可以简单地对每列进行绘图。绘图可采用如下

方法：

\# 导入相应的包

from pandas import read_csv

from matplotlib import pyplot

\# 加载数据

dataset = read_csv('D:\\DLsample\\newpollution. csv', header=0, index_col=0)

values = dataset. values

\# 指定需要绘制的列

groups = [0, 1, 2, 3, 5, 6, 7]

i = 1

\# 绘制每一列

pyplot. figure()

for group in groups：

　　pyplot. subplot(len(groups), 1, i)

　　pyplot. plot(values[：, group])

　　pyplot. title(dataset. columns[group], y=0.5, loc='right ')

　　i+= 1

pyplot. show()

这样我们就可以得到根据时间绘制的不同类型数据的图像，部分图像如图 5.34 所示。

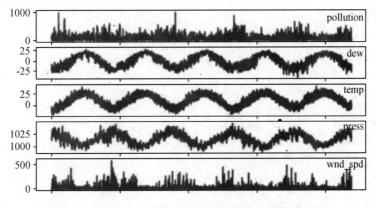

图 5.34　根据时间绘制的不同类型数据的图像（部分）

　　现在我们对数据集做进一步处理。本示例希望将过去时刻的天气特征作为输入来预测当前空气的污染值。同时，在训练数据中我们发现还有风向的记录，因此还需要将风向信息进行编码。

```python
#进行监督学习，即有标签学习
def series_to_supervised(data, n_in=1, n_out=1, dropnan=True)：
    n_vars = 1 if type(data)is list else data.shape[1]
    df = DataFrame(data)
    cols, names = list(), list()


#定义输入序列
    for i in range(n_in, 0, -1)：
    cols.append(df.shift(i))
    names += [('var%d(t-%d)' %(j+1, i))for j in range(n_vars)]


#定义预测序列
    for i in range(0, n_out)：
    cols.append(df.shift(-i))
    if i == 0：
        names += [('var%d(t)' %(j+1))for j in range(n_vars)]
    else：
        names += [('var%d(t+%d)' %(j+1, i))for j in range(n_vars)]


#数据整合
    agg = concat(cols, axis=1)
    agg.columns = names


#丢弃空值
    if dropnan：
        agg.dropna(inplace=True)
    return agg


#加载数据
dataset = read_csv('D:\\DLsample\\newpollution.csv', header=0, index_col=0)
```

```
values = dataset.values

# 编码风向数据
encoder = LabelEncoder()
values[:, 4] = encoder.fit_transform(values[:, 4])

# 确定数据类型为 float32
values = values.astype('float32')

# 特征序列归一化
scaler = MinMaxScaler(feature_range=(0, 1))
scaled = scaler.fit_transform(values)
reframed = series_to_supervised(scaled, 1, 1)

# 丢弃我们不想预测的列, 如当前时间步的其他天气特征, 我们仅仅希望预测当前时间步
# 的空气污染情况
reframed.drop(reframed.columns[[9, 10, 11, 12, 13, 14, 15]], axis=1, inplace=True)
print(reframed.head())
```

经过进一步预处理后的数据格式如图 5.35 所示。

pollution(t-	dew(t-1)	temp(t-1)	press(t-1)	wnd_dir(t-	wnd_spd(t	snow(t-1)	rain(t-1)	pollution(t)
0.129779	0.352941	0.245902	0.527273	0.666667	0.666667	0	0	0.148893

图 5.35　训练数据的数据格式

下面我们将会利用一年的数据来训练模型, 利用四年的数据来评估模型, 同时使数据适合 Keras 所规定的 LSTM 的输入要求, 即 3D 张量(通过 reshape)。

```
# 分割训练集以及测试集, 使用一年的数据进行训练, 因此是 365×24
values = reframed.values
n_train_hours = 365 * 24
train = values[:n_train_hours, :]
test = values[n_train_hours:, :]

# 划分输入以及目标输出
train_X, train_y = train[:, :-1], train[:, -1]
```

```
test_X, test_y = test[:, : -1], test[:, -1]
```

\# 使数据适合 Keras 所规定的 LSTM 的输入，即 3D 张量
```
train_X = train_X.reshape((train_X.shape[0], 1, train_X.shape[1]))
test_X = test_X.reshape((test_X.shape[0], 1, test_X.shape[1]))
print(train_X.shape, train_y.shape, test_X.shape, test_y.shape)
```

进一步构造 LSTM 模型并训练评估：

\# 堆叠模型
```
model = Sequential()
```

\# 堆叠 LSTM 层，细胞个数为 50，首层定义输入维数
```
model.add(LSTM(50, input_shape=(train_X.shape[1], train_X.shape[2])))
model.add(Dense(1))
```

\# 编译模型，确定损失函数，定义优化方法，使用 Adam 法，本书后面会具体讨论不同的
\# 梯度优化方法
```
model.compile(loss='mae', optimizer='adam')
```

\# 训练模型
```
history = model.fit(train_X, train_y, epochs=50, batch_size=72, validation_data=(test_X, test_y), verbose=2, shuffle=False)
```

\# 画出图像
```
pyplot.plot(history.history['loss'], label='train')
pyplot.plot(history.history['val_loss'], label='test')
pyplot.legend()
pyplot.show()
```

这样就得到了训练过程图，如图 5.36 所示。

接下来我们对模型效果进行评估。值得注意的是，需要将预测结果和部分测试集数据组合，然后进行比例反转，同时将测试集上的预期值进行比例转换。这是因为我们将原始数据进行了预处理（连同输出值 y），此时的误差损失计算是在处理之后的数据（归一化后

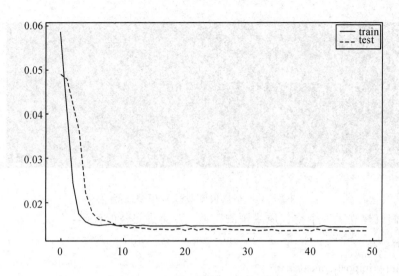

图 5.36 空气预测 LSTM 训练过程

的数据)上进行的。为了计算在原始比例上的误差,需要将数据进行转化,然后结合均方根误差(RMSE)计算损失。

```
# 评估模型
yhat = model.predict(test_X)
test_X = test_X.reshape((test_X.shape[0], test_X.shape[2]))


# 比例转换
inv_yhat = concatenate((yhat, test_X[:, 1:]), axis=1)
inv_yhat = scaler.inverse_transform(inv_yhat)
inv_yhat = inv_yhat[:, 0]
test_y = test_y.reshape((len(test_y), 1))
inv_y = concatenate((test_y, test_X[:, 1:]), axis=1)
inv_y = scaler.inverse_transform(inv_y)
inv_y = inv_y[:, 0]


# 计算 RMSE
rmse = sqrt(mean_squared_error(inv_y, inv_yhat))
print('Test RMSE: %.3f' % rmse)
```

最终可以得到模型的 RMSE,如图 5.37 所示。

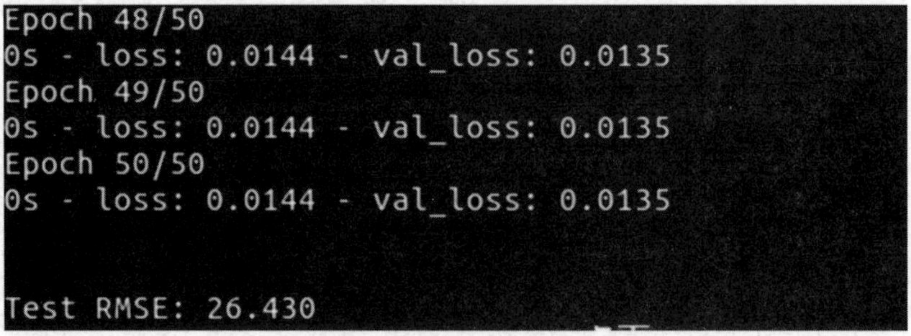

```
Epoch 48/50
0s - loss: 0.0144 - val_loss: 0.0135
Epoch 49/50
0s - loss: 0.0144 - val_loss: 0.0135
Epoch 50/50
0s - loss: 0.0144 - val_loss: 0.0135


Test RMSE: 26.430
```

图 5.37　空气预测 LSTM 模型性能

这样我们就建立了一个空气质量预测模型。下面是完整的代码：

#导入所需包

```
from numpy import concatenate
from matplotlib import pyplot
from pandas import read_csv
from pandas import DataFrame
from pandas import concat
from sklearn. preprocessing import MinMaxScaler
from sklearn. preprocessing import LabelEncoder
from sklearn. metrics import mean_squared_error
from keras. models import Sequential
from keras. layers import Dense
from keras. layers import LSTM


#转换为有监督学习
def series_to_supervised(data, n_in=1, n_out=1, dropnan=True):
    n_vars = 1 if type(data)is list else data. shape[1]
    df = DataFrame(data)
    cols, names = list(), list()
    for i in range(n_in, 0, -1):
        cols. append(df. shift(i))
        names += [('var%d(t-%d)' %(j+1, i))for j in range(n_vars)]
    for i in range(0, n_out):
        cols. append(df. shift(-i))
```

```
    if i == 0：
        names += [('var%d(t)'%(j+1))for j in range(n_vars)]
    else：
        names += [('var%d(t+%d)'%(j+1, i))for j in range(n_vars)]
agg = concat(cols, axis=1)
agg. columns = names
if dropnan：
    agg. dropna(inplace=True)
    return agg
```

```
# 读取数据
dataset = read_csv('D：\\DLsample\\newpollution. csv', header=0, index_col=0)
values = dataset. values
```

```
# 整合数据
encoder = LabelEncoder()
values[：, 4] = encoder. fit_transform(values[：, 4])
values = values. astype('float32')
```

```
# 归一化数据
scaler = MinMaxScaler(feature_range=(0, 1))
scaled = scaler. fit_transform(values)
reframed = series_to_supervised(scaled, 1, 1)
```

```
# 丢弃无用数据
reframed. drop(reframed. columns[[9, 10, 11, 12, 13, 14, 15]], axis=1, inplace=True)
print(reframed. head())
```

```
# 数据集分割
values = reframed. values
n_train_hours = 365 * 24
train = values[：n_train_hours, ：]
test = values[n_train_hours：, ：]
train_X, train_y = train[：, ：-1], train[：, -1]
test_X, test_y = test[：, ：-1], test[：, -1]
```

```
train_X = train_X. reshape((train_X. shape[0], 1, train_X. shape[1]))
test_X = test_X. reshape((test_X. shape[0], 1, test_X. shape[1]))
print(train_X. shape, train_y. shape, test_X. shape, test_y. shape)

# 构建网络
model = Sequential()
model. add(LSTM(50, input_shape=(train_X. shape[1], train_X. shape[2])))
model. add(Dense(1))
model. compile(loss='mae', optimizer='adam')
history = model. fit(train_X, train_y, epochs=50, batch_size=72, validation_data=(test_
X, test_y), verbose=2, shuffle=False)

# 绘制训练过程图像
pyplot. plot(history. history['loss'], label='train')
pyplot. plot(history. history['val_loss'], label='test')
pyplot. legend()
pyplot. show()

# 模型评估
yhat = model. predict(test_X)
test_X = test_X. reshape((test_X. shape[0], test_X. shape[2]))

# 比例反转
inv_yhat = concatenate((yhat, test_X[:, 1:]), axis=1)
inv_yhat = scaler. inverse_transform(inv_yhat)
inv_yhat = inv_yhat[:, 0]
# invert scaling for actual
test_y = test_y. reshape((len(test_y), 1))
inv_y = concatenate((test_y, test_X[:, 1:]), axis=1)
inv_y = scaler. inverse_transform(inv_y)
inv_y = inv_y[:, 0]

# 计算 RMSE
rmse = sqrt(mean_squared_error(inv_y, inv_yhat))
print('Test RMSE: %. 3f' % rmse)
```

思 考 题

5.1　画出一维卷积神经网络中一维卷积原理示意图。

5.2　在一维卷积神经网络中，若输入维度为 M，过滤器维度为 N，求一维卷积一张特征图的输出维度。

5.3　若现有 N 个特征图，每一个特征图的大小为 $M \times M$，请计算压平法和全局平均池化法的输出维度。

5.4　请简述标记一个样本同时患有多种疾病的方法。

5.5　程序设计题。读取 D 盘 debug 文件夹中的植物数据集"plant. csv"。在 plant. csv 中每一条数据拥有 8 个特征和 1 个标签。该植物数据集记录了患有 A、B、C 三种疾病的植物的特征，并且存在一个样本同时患有多种疾病的情况。因此还需要简述标记不同类别样本的方法。

要求：

(1) 使用一维卷积神经网络；

(2) 使用最大池化与全局平均池化；

(3) 使用补零技术；

(4) 使用随机梯度下降算法，学习率为 0.01，动量系数为 0.9；

(5) 使用交叉熵代价函数；

(6) 使用 mini-batch 技术；

(7) 画出训练过程的损失图像；

(8) 使用不少于 20% 的独立样本验证模型。

5.6　写出动态系统的基本表达式，并画出基本信号流图。

5.7　简述循环架构允许我们将函数 $g(t)$ 分解为多次映射函数 f 重复应用的优点。

5.8　简述常见的三种循环神经网络。

5.9　写出导师驱动过程的条件最大似然准则的基本表达式。

5.10　简述导师驱动过程的作用及优缺点。

5.11　简述通过时间反向传播（BPTT）的基本原理。

5.12　试推导在 BPTT 算法中，损失 L 关于输出 o 的梯度。

5.13　简述 RNN 如何通过高效的计算方式获得相同的全连接，并画出原理图。

5.14　简述可以通过调节 RNN 的参数数量来控制模型容量，但不使用参数数量与序列长度相等的实现基础。

5.15　简述为何在 RNN 中不同时间步解耦后能够在一定程度上增加模型的抗破坏能力，以及不同时间步是如何解耦的。

5.16　简述 RNN 确定序列长度的方法。

5.17　简述对 RNN 增添语义环境的方法。

5.18　简述将额外输入提供到 RNN 的常见方法。

5.19　画出能够在给定语义示例情况下，生成与额外输入相同长度的注释的 RNN 的原理图。

5.20　简述当我们要输出 $y^{(t)}$ 的预测可能依赖于整个输入序列时应选择何种 RNN 结构，并画出其原理图。

5.21　简述序列到序列的 RNN 结构的实现过程。

5.22　简述增加 RNN 网络深度的方法。

5.23　简述递归神经网络与传统循环神经网络的结构差异，并画出递归神经网络的简单数据流图。

5.24　简述回声状态网络的基本特征。

5.25　简述循环神经网络出现长期依赖的主要原因，并给出简单的解决方案。

5.26　简述为什么 LSTM 可以缓解长期依赖的问题。

5.27　画出 LSTM 按时间步展开的原理图。

5.28　简述 LSTM 是如何控制长期状态的。

5.29　程序片段设计题。设计一个 LSTM 网络。只需写出 model ＝ Sequential( ) 部分。

要求：

(1) 使用 LSTM 层，且不少于两层，其中一层应为模型首层；

(2) 使用随机梯度下降算法，学习率为 0.01，动量系数为 0.9；

(3) 使用二次代价函数；

(4) 使用 mini-batch 技术；

(5) 画出训练过程的损失图像；

(6) 使用不少于 20% 的独立样本验证模型。

参 考 文 献

[1]　NIELSEN M. Neural Networks and Deep Learning[M]. Determination Press，2016. http：//neuralnetworksanddeeplearning.com.

[2]　GOODFELLOW I，BENGIO Y，COURVILLE A. Deep Learning[M]. Cambridge：The MIT Press，2016.

[3]　https：//www.tensorflow.org.

[4]　https：//keras.io.

[5]　LIU Z，ZHANG Q. Design of an electronic label for logistics temperature monitoring with low power

consumption[J]. Optoelectron. Lett., 2019, 15(1): 16 – 20.

[6] LIU Y L, ZHANG Q, GENG Z, et al. Detecting Diseases by Human-Physiological-Parameter-Based Deep Learning[J]. IEEE Access, 2019, 7: 22002 – 22010.

[7] ZHANG Q, LIU Y, LIU G, et al. An automatic diagnostic system based on deep learning, to diagnose hyperlipidemia[J]. Diabetes, Metabolic Syndrome and Obesity: Targets and Therapy, 2019, 12: 637 – 645.

[8] LANG K J. A Time-Delay Neural Network Architecture for Speech Recognition[J]. Technical Report, 1988. https://www.researchgate.net/publication/243766097_A_Time-Delay_Neural_Network_Architecture_for_Speech_Recognition.

[9] WAIBEL A, HANAZAWA T, HINTON G E, et al. Phoneme recognition using time-delay neural networks[J]. IEEE Transactions on Acoustics, Speech, and Signal Processing, 1989, 37: 328 – 339.

[10] LANG K J, WAIBEL A H, HINTON G E. A time-delay neural network architecture for isolated word recognition[J]. Neural networks, 1990, 3(1): 23 – 43.

[11] LANG K J. A Time-Delay Neural Network Architecture for Speech Recognition[J]. Technical Report, 1988. DOI: 10.1007/978 – 3 – 642 – 24797 – 2.

[12] SIEGELMANN H, SONTAG E. Turing computability with neural nets[J]. Applied Mathematics Letters, 1991, 4(6): 77 – 80.

[13] SIEGELMANN H. Computation beyond the Turing limit[J]. Science, 1995, 268(5210): 545 – 548.

[14] SIEGELMANN H T, SONTAG E D. On the computational power of neural nets[J]. Journal of Computer and Systems Sciences, 1995, 50(1): 132 – 150.

[15] HYOTYNIEMI H. Turing Machines are Recurrent Neural Networks[J]. 1996. DOI: 10.1.1.49.5161.

[16] BENGIO S, VINYALS O, JAITLY N, et al. Scheduled Sampling for Sequence Prediction with Recurrent Neural Networks[J], 2015. arXiv: 1506.03099.

[17] SCHMIDHUBER J. Self-delimiting neural networks[J], 2012. arXiv: 1210.0118.

[18] GOODFELLOW I J, BULATOV Y, IBARZ J, et al. Multi-digit Number Recognition from Street View Imagery using Deep Convolutional Neural Networks[J], 2013. arXiv: 1312.6082.

[19] SCHUSTER M, PALIWAL K. Bidirectional recurrent neural networks[J]. IEEE Transactions on Signal Processing, 1997, 45(11): 2673 – 2681.

[20] GRAVES A. Supervised Sequence Labelling with Recurrent Neural Networks[J]. Studies in Computational Intelligence, 2008, 385. DOI: 10.1007/978 – 3 – 642 – 24797 – 2.

[21] GRAVES A, FERNÁNDEZ S, LIWICKI M, et al. Unconstrained On-line Handwriting Recognition with Recurrent Neural Networks[C]. Conference on Neural Information Processing Systems. DBLP, 2007.

[22] GRAVES A. Offline Arabic Handwriting Recognition with Multidimensional Recurrent Neural Networks[R]. Guide to OCR for Arabic Scripts. London: Springer, 2012.

https://doi.org/10. 1007/978 - 1 - 4471 - 4072 - 6_12.

[23] GRAVES A, SCHMIDHUBER J. Framewise phoneme classification with bidirectional LSTM and other neural network architectures[J]. Neural Networks, 2005, 18(5): 602 - 610.

[24] GRAVES A, MOHAMED A, HINTON G. Speech recognition with deep recurrent neural networks [C]. In ICASSP'2013, 2013, 6645 - 6649.

[25] BALDI P, BRUNAK S, FRASCONI P, et al. Exploiting the past and the future in protein secondary structure prediction[J]. Bioinformatics, 1999, 15(11): 937 - 946.

[26] VISIN F, KASTNER K, CHO K, et al. ReNet: A recurrent neural network based alternative to convolutional networks[J], 2015. arXiv: 1505. 00393.

[27] KALCHBRENNER N, DANIHELKA I, GRAVES A. Grid long short-term memory[J], 2015. arXiv: 1507. 01526.

[28] CHO K, VAN MERRIËNBOER B, GÜLÇEHRE Ç, et al. Learning phrase representations using RNN encoder-decoder for statistical machine translation[C]. In Proceedings of the 2014 Conference on Empirical Methods in Natural Language Processing (EMNLP), 2014: 1724 - 1734.

[29] SUTSKEVER I, VINYALS O, LE Q V. Sequence to sequence learning with neural networks[C]. In NIPS'2014, 2014. arXiv: 1409. 3215.

[30] BAHDANAU D, CHO K, BENGIO Y. Neural machine translation by jointly learning to align and translate[C]. In ICLR'2015, 2015. arXiv: 1409. 0473.

[31] GRAVES A, MOHAMED A, HINTON G. Speech recognition with deep recurrent neural networks [C]. In ICASSP'2013, 2013: 6645 - 6649.

[32] PASCANU R, GULCEHRE C, CHO K, et al. How to Construct Deep Recurrent Neural Networks [J], 2013. arXiv: 1312. 6026.

[33] SCHMIDHUBER J. Learning complex, extended sequences using the principle of history compression[J]. Neural Computation, 1992, 4(2): 234 - 242.

[34] HIHI S E, HC-J M Q, BENGIO Y. Hierarchical Recurrent Neural Networks for Long-Term De-pendencies[J]. Advances in neural information processing systems, 1995, 8: 493 - 499.

[35] JAEGER H. Discovering multiscale dynamical features with hierarchical echo state networks[R]. Jacobs University, 2007.

[36] POLLACK J B. Recursive distributed representations[J]. Artificial Intelligence, 1990, 46(1): 77 - 105.

[37] BOTTOU L. From machine learning to machine reasoning[R]. Technical report, 2011. arXiv. 1102. 1808.

[38] FRASCONI P, MARTA V D S, GORI M, et al. On the Efficient Classification of Data Structures by Neural Networks[C]. Fifteenth International Joint Conference on Artifical Intelligence. Morgan Kaufmann Publishers Inc., 1997.

[39] FRASCONI P, GORI M, SPERDUTI A. A general framework for adaptive processing of data structures[J]. IEEE Transactions on Neural Networks, 1998, 9(5): 768 - 786.

[40]　SOCHER R, HUANG E H, PENNINGTON J, et al. Dynamic Pooling and Unfolding Recursive Autoencoders for Paraphrase Detection[J]. Advances in neural information processing systems, 2011, 24: 801 - 809.

[41]　SOCHER R, PENNINGTON J, HUANG E H, et al. Semi-supervised recursive autoencoders for predicting sentiment distributions[C]. Conference on Empirical Methods in Natural Language Processing, 2011.

[42]　SOCHER R, PERELYGIN A, WU J Y, et al. Recursive Deep Models for Semantic Compositionality Over a Sentiment Treebank, 2004: 1631 - 1642.

[43]　SOCHER R, MANNING C, NG A Y. Parsing natural scenes and natural language with recursive neural networks[C]. In Proceedings of the Twenty-Eighth International Conference on Machine Learning (ICML'2011), 2011.

[44]　HOCHREITER S. Untersuchungen zu dynamischen neuronalen Netzen[D]. Munchen: Technische University, 1991.

[45]　DOYA K. Bifurcations of recurrent neural networks in gradient descent learning[J]. IEEE Transactions on Neural Networks, 1993, 1: 75 - 80.

[46]　BENGIO Y, SIMARD P, FRASCONI P. Learning long-term dependencies with gradient descent is difficult[J]. IEEE Transactions on Neural Networks, 1994, 5(2): 157 - 166.

[47]　PASCANU R, MIKOLOV T, BENGIO Y. On the difficulty of training recurrent neural networks [J], 2013. arXiv: 1211. 5063.

[48]　SUSSILLO D. Random walks: Training very deep nonlinear feed-forward networks with smart initialization[J], 2014. arXiv: 1412. 6558.

[49]　BENGIO Y, FRASCONI P, SIMARD P. The problem of learning long-term dependencies in recurrent networks. In IEEE International Conference on Neural Networks, 1993: 1183 - 1195.

[50]　JAEGER H. Adaptive nonlinear system identification with echo state networks[J]. Nips, 2002: 609 - 616.

[51]　MAASS W, NATSCHLAEGER T, MARKRAM H. Real-time computing without stable states: A new framework for neural computation based on perturbations[J]. Neural Computation, 2002, 14 (11): 2531 - 2560.

[52]　JAEGER H, HAAS H. Harnessing nonlinearity: Predicting chaotic systems and saving energy in wireless communication[J]. Science, 2004, 304(5667): 78 - 80.

[53]　JAEGER, H. Echo state network[J]. Scholarpedia, 2007, 2(9): 2330.

[54]　LUKOŠEVIČIUS M, JAEGER H. Reservoir computing approaches to recurrent neural network training[J]. Computer Science Review, 2009, 3(3): 127 - 149.

[55]　YILDIZ I B, JAEGER H, KIEBEL S J. Re-visiting the echo state property[J]. Neural networks, 2012, 35: 1 - 9.

[56]　JAEGER H. Long short-term memory in echo state networks: Details of a simulation study[R]. Jacobs University Bremen, 2012.

https: //opus. jacobs-university. de/frontdoor/index/index/docId/638.

[57] SUTSKEVER I. Training Recurrent Neural Networks[D]. Toronto: University of Toronto, 2012.

[58] SUTSKEVER I, MARTENS J, DAHL G, et al. On the importance of initialization and momentum in deep learning [C]. International Conference on International Conference on Machine Learning, 2013.

[59] LIN T, HORNE B G, TINO P, et al. Learning long-term dependencies in NARX recurrent neural networks[J]. IEEE Transactions on Neural Networks, 1996, 7(6): 1329 - 1338.

[60] LANG K J, HINTON G E. The development of the time-delay neural network architecture for speech recognition[R]. Technical Report CMU-CS - 88 - 152, Carnegie-Mellon University, 1988.

[61] BENGIO Y. Artificial Neural Networks and their Application to Sequence Recognition[D]. Montreal: McGill University, 1991.

[62] HOCHREITER S, SCHMIDHUBER J. Long short-term memory[J]. Neural Computation, 1997, 9 (8): 1735 - 1780.

[63] GERS F A, SCHMIDHUBER J, CUMMINS F. Learning to Forget: Continual Prediction with LSTM[J]. Neural Computation, 2000, 12(10): 2451 - 2471.

[64] GRAVES A, LIWICKI M, FERNÁNDEZ S, et al. A Novel Connectionist System for Unconstrained Handwriting Recognition[J]. IEEE Transactions on Pattern Analysis and Machine Intelligence, 2009, 31(5): 855 - 868.

[65] GRAVES A, MOHAMED A R, HINTON G. Speech Recognition with Deep Recurrent Neural Networks[C]. 2013 IEEE International Conference on Acoustics, Speech and Signal Processing. IEEE, 2013.

[66] GRAVES A, JAITLY N. Towards end-to-end speech recognition with recurrent neural networks [C]. In ICML'2014, 2014.

[67] GRAVES A. Generating sequences with recurrent neural networks[R]. Technical report, 2013. arXiv: 1308. 0850.

[68] KIROS R, SALAKHUTDINOV R, ZEMEL R. Unifying visual-semantic embeddings with multimodal neural language models[J], 2014. arXiv: 1411. 2539.

第 6 章　深度学习模型优化

我们在前面各章介绍了处理不同类型数据的深度学习模型（例如能够处理图像数据的卷积神经网络，能够处理序列数据的一维卷积网络以及长短期记忆网络），同时在 Keras 中实现了这些模型。我们讨论了一些提升模型性能的方法，但是没有讨论在实际工程中如何去优化模型。本章将系统介绍几种常见的深度学习模型的优化方法，同时讨论影响深度学习模型优化的因素。

6.1　参数初始化

深度学习模型的训练算法通常是迭代的，需要一步一步地更新，因此要设置一些初始点。初始点的选择很大程度地决定了算法是否收敛，以及收敛速度是否达到期望。有一些初始点使模型表现得十分不稳定，致使训练完全失败。

从图 6.1 中可以看到，该函数存在不可导的 $(0,0)$ 点。下面我们回顾一下利用梯度下降算法更新参数的表达式：

$$w' = w - \eta \frac{\partial \boldsymbol{C}}{\partial w} \tag{6.1}$$

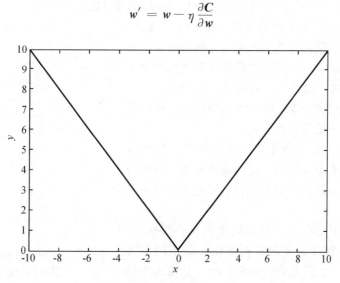

图 6.1　某些函数存在不可导点

$$b' = b - \eta \frac{\partial C}{\partial b} \tag{6.2}$$

可以看出，参数的学习是依靠梯度的，当梯度不存在时难以更新参数，即无法训练。换句话说，如果参数初始化点恰好处于不可导点，那么模型就不能达到学习的目的。然而当学习收敛时，初始点若选择合适就会加快收敛，如图 6.2 中横坐标在 $(-2, 2)$ 之间曲线的梯度就非常大。

图 6.2 中横坐标在 $(-10, -2)$ 和 $(2, 10)$ 之间时，函数处于梯度饱和区。当初始点处于梯度饱和区的时候，参数更新速度将十分缓慢。因此参数的初始化也影响着模型的学习效率。

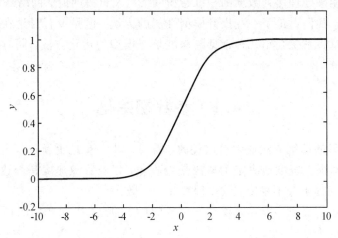

图 6.2　初始点的梯度影响学习效率

此外，初始点也可以影响泛化。对于这一观点，我们可以从局部最优的角度去理解。当初始化点靠近一个局部最优点时，它有更大的概率收敛至相距最近的局部最优点。这一点可以通过图 6.3 来理解。

通过上面的讨论，我们可以体会到参数的初始化对模型的学习有至关重要的作用。

目前存在的一些初始化策略是简单的、启发式的，并没有一个关于参数初始化的成熟理论。有些初始点从优化的观点看或许是有利的，但是从泛化的观点看是不利的。

虽然如此，但是有一个初始化原则是很明确的，那就是初始化参数时需要在有相同输入的不同单元间"破坏相似性"。也就是说，如果有同一个输入连接

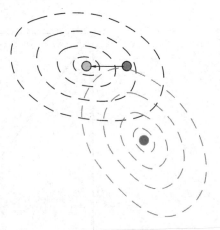

图 6.3　初始点的梯度与模型收敛至
最近局部最优点有关

到具有相同激活函数的两个不同的隐藏单元，则这些隐藏单元必须具有不同的初始参数。

如果它们具有相同的初始参数，则后面在计算模型的确定性损失和更新参数时都将一直以相同的方式处理这两个单元。通常情况下，我们将每个单元的偏置设置为常数，仅随机初始化权重。

较大的初始权重具有较强的破坏相似性的作用，有助于避免冗余单元（即之前所提到的输入变为无效）。较大的初始权重也有助于避免在每层线性成分的前向或反向传播中丢失信号（矩阵中更大的值在矩阵乘法中有更大的输出）。但值得注意的是，如果初始权重太大，那么会在前向传播或反向传播中产生爆炸的值。同时，过大的初始权重也有可能使模型的某些神经元直接处于饱和状态，使参数难以更新（参考图 6.2）。

在循环网络中，很大的权重也可能导致混沌（Chaos）。混沌是指对输入中很小的扰动非常敏感，导致模型由一个确定性的前向传播过程表现为一个随机过程。在一定程度上，梯度爆炸问题可以通过梯度截断来缓解。梯度截断即在执行梯度下降之前设置梯度的阈值。

关于如何初始化网络，优化和正则化体现出了非常不同的观点。从优化角度来看，我们建议权重应该足够大，以使模型能够方便地传播信息；但是从正则化角度来看，却希望初始权重能够小一点。

例如，对于随机梯度下降算法，更新权重较小的参数时将趋于停止在更靠近初始参数的区域，而不管是由于模型被"卡"在低梯度的区域还是由于触发了基于过拟合的提前终止算法。优化算法总是倾向于最终参数接近于初始参数（参见图 6.3）。回顾之前讲述的提前终止算法，在某些模型上提前终止的梯度下降等价于权重衰减，如 L_2 规范化。

有些启发式方法可用于选择权重的初始大小，如使用标准初始化（Normalized Initialization）。初始化 m 个输入和 n 个输出的全连接层权重的启发式方法满足：

$$W_{i,j} \sim U\left(-\sqrt{\frac{6}{m+n}}, \sqrt{\frac{6}{m+n}}\right) \tag{6.3}$$

另一种方法是初始化为随机正交矩阵，这时需要仔细挑选每一层的非线性缩放或增益（Gain）因子 g。这种初始化方案也是受不含非线性矩阵相乘序列的深度网络的启发。在该模型下，这个初始化方案保证了达到收敛所需的训练迭代总次数独立于深度。换句话说，在这种初始化方案下，深度学习模型的深度不再对训练所需的迭代总次数产生影响。该方法的一个重要观点是，在前馈网络中，激活和梯度会在每一步前向传播或反向传播中增加或减小，由于前馈网络在每一层使用了不同的权重矩阵，因此遵循随机游走行为。如果该随机游走调整到保持范数，那么前馈网络能够很大程度地避免相同权重矩阵用于每层的梯度消失与爆炸问题。

上面提到了一些初始权重的较优准则，但有时这些初始权重准则并未带来最佳效果，这可能有如下三种原因：

（1）使用了错误的标准。

（2）在初始化时强加的某些性质可能在学习开始后由于模型进行了很深的运算而难以

保持。

（3）初始化方案即使有可能成功提高模型的训练速度，但意外地增大了泛化误差。

在实践中，我们通常需要将权重范围视为一个超参数，使其能够大致接近最优值，但并不一定完全等于理论预测。这种数值范围准则的一个问题是：需要设置所有的初始权重具有相同的标准差，那么当单层的规模十分庞大时每个单一权重会变得极其小。这是因为为了达到具有相同的标准差，我们要将每一个元素除以 $1/\sqrt{m}$。

有一种被称为稀疏初始化（Sparse Initialization）的替代方案，它令每个单元初始化有 k 个非零权重。这个想法是将该单元输入的数量独立于单元所在层总的输入数目 m，保证了不使权重的大小随着标准化（除以 $1/\sqrt{m}$）而变得极小。简单来说，非零权重的个数是固定的，与每一层的具体规模无关。所以稀疏初始化有助于实现单元之间初始化时的多样性，避免了由于层规模过大而造成的权重变小的现象。但是，由于获得较大取值的权重相当于被加了较强的先验，因此需要长时间的梯度下降才能够修正较大的目标函数偏离值。

如果计算机的计算能力比较强大，则可以将每层权重的初始数值范围设为超参数。这时可以使用超参数寻优算法（如随机搜索）来挑选这些数值范围，我们将在 6.2 节具体介绍。

其实是否选择使用密集或稀疏初始化本身也可以设为一个超参数。当然，我们也可以手动搜索最优的参数初始范围。有一个经验就是观测小批量数据上的激活或梯度的幅度或标准差。试想如果权重太小，那么当小批量数据在前向传播于网络时，激活值会被缩小。所以，通过反复尝试在网络第一层中的激活值并提高其权重的方法，最终有可能得到一个初始激活且全部合理的网络。当然，这种学习方式会很慢，因此通常还需要借助梯度值或标准差的变化，这个过程原则上是通过程序自动执行的。它是基于初始模型在单批少量数据上的行为反馈，而不是在验证集上训练模型的反馈，所以该方法的计算量通常低于基于验证集误差的超参数优化算法。

到目前为止，我们讨论了权重的初始化。当然，还存在着其他简单的参数初始化方法。值得注意的是，在初始化参数的时候要注意权重初始化与偏置初始化的协调。在大多数情况下可以将偏置设为 0，但在实际操作中存在一些可能设置偏置为非零的情况。

（1）有的时候会专门为输出单元初始化偏置以获取正确的输出边缘统计。假设初始权重非常小，该单元的输出仅由偏置来决定。如果此时我们使用多分类函数，那么可以得到 $\mathrm{softmax}(\boldsymbol{b}) = \boldsymbol{c}$。可以通过求解这个方程来设置偏置向量 $\boldsymbol{b}$。

（2）选择偏置以避免初始化引起太大饱和。例如，我们可能会将 ReLU 的隐藏单元偏置初始化为 0.1，而非 0，以避免 ReLU 在初始化时饱和，这是因为 ReLU 函数在 0 处不可导。

（3）一个单元控制其他单元的时候，假设有一个单元输出 $\boldsymbol{u}$，另一个单元 $\boldsymbol{h} \in [0, 1]$，

将 h 视作门函数来决定 $u \times h$ 是否为 0。在这种情形下，一般会将 h 初始化为 $h \approx 1$，否则 u 可能没有机会学习，直接被丢弃。例如，对于前面所说的基于门控制的深度学习模型，我们提议设置 LSTM 模型遗忘门的偏置为 1。

本节讨论了权重初始化对模型性能的影响，并介绍了几种常用的权重与偏置的初始化方法，如标准化权重初始值、稀疏初始化等。但是深度学习模型的参数不只是权重与偏置，它还拥有许多超参数，如学习率、动量系数等。6.2 节将介绍这些超参数的寻优算法。

6.2　超参数寻优算法

大部分深度学习算法都包含许多超参数，从不同方面或多或少地影响着算法的性能。例如，有些超参数会影响算法运行的时间和存储成本，有些超参数会影响模型的质量，有些会影响推断正确结果的能力。这些超参数包括前面提到的学习率（影响学习速度）、模型深度（影响模型的泛化能力）等。

选择超参数的基本方法有两种：手动选择和自动选择。手动选择超参数需要了解这些超参数要完成什么工作，以及机器学习模型如何通过这些参数才能取得良好的泛化。自动选择超参数算法可以从很大程度上减少人为工作量，但是往往需要更高的计算成本。

6.2.1　手动超参数寻优

手动设置超参数时，我们必须了解超参数与训练误差、泛化误差和计算资源（内存和运行时间）之间的关系。这需要我们有坚实的理论基础，比如前面章节中所介绍的模型深度对模型泛化能力的影响、迭代次数与系统泛化能力的关系等。

手动搜索超参数通常是当我们受限于运行时间和内存大小的时候采取的最小化泛化误差的方式。在此我们不去探讨如何确定各种超参数对运行时间和内存的影响，因为这高度依赖于平台硬件或网络模型的框架。手动搜索超参数的主要目标是调整模型的有效容量以匹配任务的复杂性。

我们在前面章节中已经介绍过，有效容量主要受限于模型的表示容量、最小化训练模型代价函数的能力，以及代价函数和训练过程正则化模型的程度这三个因素。如果训练算法不能找到某个合适的函数来最小化训练代价，或是反而增加了约束项（如权重衰减）的值，那么即使模型的表达能力较强也不是成功的。

当泛化误差是以某个超参数为变量的函数时，通常会表现为一条 U 形曲线，如图 6.4 所示。在某个极端情况下，超参数对应着低容量，并且泛化误差由于训练误差较大而很高，如当模型的深度过低的时候对应欠拟合的情况。另一个极端情况就是超参数对应着高容量，并且泛化误差由于训练误差和测试误差之间的差距较大而很高，如模型的深度过深，虽然模型能够很好地学习输入数据，但是会发生过拟合。最优的模型容量应该位于这个 U 形曲线中间的某个位置，能够达到最低可能的泛化误差。

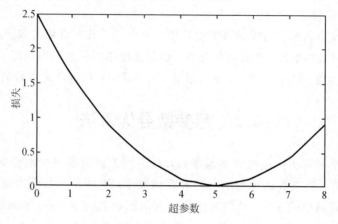

图 6.4　超参数与模型性能的关系

　　并非每个超参数与损失之间的关系都对应完整的 U 形曲线。很多超参数（如中间层单元的数目）与性能之间的对应是离散的，这种情况下只能离散地探索一些点的性能。有些超参数是二值化的，通常这些超参数用来指定是否使用学习算法中的一些可选部分，如前面介绍的门控制是否参与计算的深度学习模型（这些超参数只能探索曲线上的两点，即"是"＝1，"否"＝0）。还有一些超参数可能会有最小值或最大值，可以限制其探索曲线的其他范围（例如，权重衰减系数的最小值是 0，此时约束项不起作用）。

　　当我们调节超参数的时候需要同时监测训练误差和测试误差，以判断模型是否过拟合或欠拟合，然后适当地调整模型的容量。如果训练集错误率大于目标错误率，那么只能增加容量以改进模型。如果已经使用了正则化，并且确信优化算法正确，那么此时我们有必要添加更多的网络层或隐藏单元，这种方法增加了模型的计算代价。

　　而如果测试集的错误率较大，则需要考虑两个因素，即训练误差和测试误差之间的差距，以及训练误差本身。寻找最佳的测试误差需要权衡这些数值。当训练误差较小而模型容量较大时，测试误差主要取决于训练误差和测试误差之间的差距，通常此时神经网络的学习效果较好，而泛化能力较差。此时的目标是缩小这一差距，使训练误差的增长速率慢于两者差距减小的速率。我们可以改变正则化超参数，使约束项的约束能力增强，以减少有效的模型容量，如添加 Dropout 或权重衰减策略。一般情况下，正则化后得到的大规模模型效果会比较好，比如使用 Dropout 的大型神经网络。因此若是由于训练误差本身所造成的网络整体性能不佳，我们就要增加模型的学习能力，即增加模型的有效容量。

大部分超参数可以通过增加或减少模型容量来进行设置，如表 6.1 所示。这些结论都依赖经验以及坚实的理论知识。

表 6.1　手动调节超参数的方式

超参数名称	增加容量的方式	原　因	备　注
隐藏单元数量	增加	增加隐藏单元数量会增强模型的表示能力，从而增强模型的有效容量	模型的计算成本显著提升
学习率	调至最优	较小的学习率将会使模型参数的更新效率降低，而较大的学习率又容易让模型直接跨过较优点	
隐式零填充	增加	在卷积之前隐式添加零能保持尺寸表示不发生变化	增加计算成本
权重衰减系数	降低	降低的权重衰减系数会降低约束项对模型的约束能力，这样可以增加模型的有效容量	
Dropout 比率	降低	较少的单元被随机丢弃可以增加模型的有效容量，如同上面所说的增加隐藏单元的数量能够增加模型的有效容量	可能会导致泛化能力降低

手动调整超参数时不要忘记最终目标（即提升测试集性能）。加入正则化方法只是我们实现这个目标的一种方式。当然也可以通过收集更多的训练数据来减少模型的泛化误差。实践中能够确保训练有效的"暴力"方法就是不断提高模型容量和训练集的大小，直到解决问题。但是这种做法增加了训练的计算代价，所以只有在拥有足够计算机资源时才是可行的，同时要注意数据资源的质量。

6.2.2　超参数寻优算法

上面讨论了许多手动调节超参数的方法，但是理想的学习算法应该是只输入一个数据集就可以自动地输出学习函数，我们希望尽量减少采用甚至不采用手动调整超参数的方式。

一些流行的学习算法，如逻辑回归和支持向量机等，它们之所以受欢迎，部分原因就是这类算法只需要调整一到两个超参数，同时能表现出不错的性能。但是随着网络模型复杂度和数据量的增加，虽然在有些情况下调整的超参数数量较少时神经网络也可以表现出不错的性能，但通常需要调整几十个甚至更多超参数时效果才会得到显著提升。

如前所述，当我们做过相同类型的应用或具有相似网络结构建模经验的话，就可以适当地自行确定初始值和调整超参数。但现在越来越需要的是通过自动算法找到合适的超参数，因为大多数情况下已经无法手动寻找大型网络较优的初始值了。下面介绍两种自动**超参数优化**（Hyperparameter Optimization）算法，分别是**网格搜索**（Grid Search）算法和**随机搜索**（Random Search）算法。

1. 网格搜索算法

当有三个或更少的超参数存在时，常见的超参数搜索方法就是网格搜索。对于每个超参数，都选择一个较小的有限值集去探索，最后挑选使验证集误差达到最小的超参数。那么应该如何选择搜索集合的范围呢？在超参数数值有序的情况下，每个列表中的最小和最大元素可以先提取出来，以确保在所选范围内寻找最优解。通常网格搜索会在**对数尺度**（Logarithmic Scale）下挑选合适值。例如，一个学习率的取值集合可以是 $\{10^{-1}, 10^{-2}, 10^{-3}, 10^{-4}\}$，隐藏单元数目的取值集合可以为 $\{50, 100, 200, 500\}$。

通常需要进行不同范围的网格搜索才会达到好的效果。假设网格在集合 $\{1, 2, 3\}$ 上搜索超参数，如果此时找到的最佳值是 3，说明有可能低估了最优值所在的范围。此时应该改变搜索格点，如继续在集合 $\{3, 4, 5\}$ 中再次搜索。如果在最初的搜索中我们获得的最佳值是 1，那么不妨通过细化搜索范围加以改进，如继续在集合 $\{-1, 0, 1\}$ 上进行网格搜索。

但是在使用网格搜索的过程中发现的一个明显问题是：计算代价会随着超参数数量的增加呈指数级增长。如果有 m 个超参数，每个最多有 n 种取值情况，那么训练和估计所需的试验数将是 $o(m^n)$。虽然可以并行地进行实验，但是通常不会得到满意的性能。

2. 随机搜索算法

与网格搜索算法相比，随机搜索算法能更快地收敛到超参数的较优取值。具体算法如下：

（1）为每个超参数定义一个边缘分布，如 Bernoulli 分布或者对数尺度上的均匀分布对应着正实值超参数。例如：

$$\text{log\_learning\_rate} \sim u(-1, -4) \tag{6.4}$$

$$\text{learning\_rate} = 10^{\text{log\_learning\_rate}} \tag{6.5}$$

其中，$u(-1, -4)$ 表示在区间 $(-1, -4)$ 上均匀采样的样本。

（2）搜索算法从联合的超参数空间中采样并运行每一个样本，逐个比较目标函数值，将坏的点抛弃，保留好的点，最后便得到近似的最优解。

与网格搜索不同，在使用随机搜索的时候不需要离散化超参数的值。也就是说，允许在一个更大的（更加具体的）集合上进行搜索，而不产生额外的计算代价。相比于网格搜索，就每个模型运行的试验数而言，随机搜索能够更快地减小验证集误差。与网格搜索一样，我们通常也会重复运行不同的随机搜索，基于前一次运行的结果改进下一次搜索。

随机搜索能比网格搜索更快地找到较优超参数的原因是它没有浪费的实验次数。它不像网格搜索那样需要不停地根据上次结果调整本次搜索的区域。简单来说，随机搜索的思想和网格搜索还是比较相似的,只是不再测试上界和下界之间的所有值,而只是在搜索范围中随机选取样本点。其理论依据是:如果随机样本点集足够大,那么也可以找到全局的最大或最小值,或它们的近似值。

6.3　基于梯度的自适应学习算法

通过对深度学习算法的讨论,我们可以很清楚地看出几乎所有的学习过程都离不开梯度。模型中几乎所有的权重与偏置参数的学习过程都需要梯度的参与。前面介绍的梯度下降算法虽然是一种能让模型自动学习的方法,但不可避免地引出了一个新的超参数,即学习率。学习率是一个非常重要的超参数,因为它对模型的性能有显著的影响。太小的学习率会使模型的学习缓慢,而太大的学习率有可能导致跨过希望得到的较优点,如图 6.5 所示,无法达到损失值的最小点。

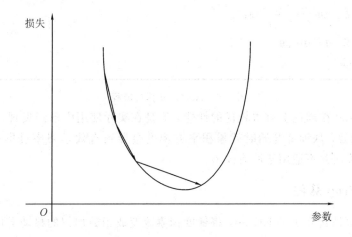

图 6.5　学习率过大会使模型跨过希望得到的较优点

损失值通常是高度敏感于参数空间中某些方向的,也就是梯度下降的方向,它不能漫无目的地迭代。虽然前面所说的带动量的梯度下降学习算法可以在一定程度上缓解这些问题,但这样做的代价是引入了另一个超参数,即动量参数,这又增加了工作量。

那么有没有更适合的解决方法呢?其实如果我们相信损失值的这种方向敏感度在某种程度上是轴对称的,那么为每个参数设置不同的学习率,在整个网络训练过程中自动地去调整这些学习率就可以了。

6.3.1　AdaGrad 算法

AdaGrad 算法流程如图 6.6 所示。图中,学习率 η 独立地应用于模型所有的参数。在损失函数上，拥有最大偏导数的参数相应地拥有一个较大的学习率；使损失函数能够快速地下降，而具有小偏导值的参数就获得一个小学习率。值得注意的是，为了数值计算的稳定，算法中增加了一个平滑值 δ。该参数避免了计算过程中分母可能为 0 的情况发生。

预设：学习率 η，初始参数 $\boldsymbol{\theta}$，常数 δ，一般大约设为 10^{-7}

过程：

初始化梯度累积变量 $r=0$

While 未满足训练停止要求 do

从训练集中随机采样包含 m 个样本 $\{\boldsymbol{x}^{(1)}, \boldsymbol{x}^{(2)}, \cdots, \boldsymbol{x}^{(m)}\}$ 的小批量样本，其中 $\boldsymbol{x}^{(i)}$ 对应的目标输出为 $\boldsymbol{y}^{(i)}$；

计算小批量数据的梯度：$\boldsymbol{g}=\dfrac{1}{m}\,\mathbf{V}_\theta \sum_i L(f(\boldsymbol{x}^{(i)};\boldsymbol{\theta}), \boldsymbol{y}^{(i)})$；

累积平方梯度：$\boldsymbol{r}=\boldsymbol{r}+\boldsymbol{g}\odot\boldsymbol{g}$

计算更新：$\Delta\boldsymbol{\theta}=-\dfrac{\eta}{\delta+\sqrt{\boldsymbol{r}}}\odot\boldsymbol{g}$；

更新参数：$\boldsymbol{\theta}'=\boldsymbol{\theta}+\Delta\boldsymbol{\theta}$。

End while

图 6.6　AdaGrad 算法流程

虽然 AdaGrad 在理论上有着较优的性能，但是在实际使用中已经发现，对于训练深度神经网络模型而言，从训练开始时就累积平方梯度会导致有效学习率过早和过量地减小，而且 AdaGrad 算法并不适用于所有模型。

6.3.2　RMSProp 算法

RMSProp 算法优化了 AdaGrad，将梯度积累改变成指数加权的移动平均。AdaGrad 旨在应用于凸问题时快速收敛（关于凸优化的知识，超出了本书的范围，读者可以参考凸优化的相关书籍）。AdaGrad 根据平方梯度的整个历史收缩学习率，使得学习率在达到较优结果前变得太小。而 RMSProp 使用指数衰减平均以丢弃遥远过去的历史值，从而避免了过大衰减的问题，使其能够找到较优值，并且快速收敛。

RMSProp 的标准算法流程如图 6.7 所示，结合了 Nesterov 动量的算法形式如图 6.8 所示。相比于 AdaGrad，RMSProp 引入了一个新的超参数 ρ，用来控制指数衰减的程度。结合了 Nesterov 动量的 RMSProp 算法对梯度计算了指数衰减平均。这种做法有利于进一步消除摆动幅度大的方向，用来修正摆动幅度，使得各个维度的摆动幅度都较小，进而使得网络函数收敛更快。

预设：学习率 η，初始参数 $\boldsymbol{\theta}$，衰减率 ρ，常数 δ，一般大约设为 10^{-6}

过程：

　　初始化梯度累积变量 $\boldsymbol{r}=0$

　　While 未满足训练停止要求 do

　　　　从训练集中随机采样包含 m 个样本 $\{\boldsymbol{x}^{(1)}, \boldsymbol{x}^{(2)}, \cdots, \boldsymbol{x}^{(m)}\}$ 的小批量样本，其中 $\boldsymbol{x}^{(i)}$ 对应的目标输出为 $\boldsymbol{y}^{(i)}$；

　　　　计算小批量数据的梯度：$\boldsymbol{g} = \dfrac{1}{m} \nabla_\theta \sum_i L(f(\boldsymbol{x}^{(i)}; \boldsymbol{\theta}), \boldsymbol{y}^{(i)})$；

　　　　累积平方梯度：$\boldsymbol{r} = \rho \boldsymbol{r} + (1-\rho) \boldsymbol{g} \odot \boldsymbol{g}$

　　　　计算更新：$\Delta\boldsymbol{\theta} = -\dfrac{\eta}{\delta + \sqrt{\boldsymbol{r}+\delta}} \odot \boldsymbol{g}$；

　　　　更新参数：$\boldsymbol{\theta}' = \boldsymbol{\theta} + \Delta\boldsymbol{\theta}$。

　　End while

图 6.7　RMSProp 的标准算法流程

预设：学习率 η，初始参数 $\boldsymbol{\theta}$，衰减率 ρ，动量系数 α，初始速度 $\boldsymbol{v}$

过程：

　　初始化梯度累积变量 $\boldsymbol{r}=0$

　　While 未满足训练停止要求 do

　　　　从训练集中随机采样包含 m 个样本 $\{\boldsymbol{x}^{(1)}, \boldsymbol{x}^{(2)}, \cdots, \boldsymbol{x}^{(m)}\}$ 的小批量样本，其中 $\boldsymbol{x}^{(i)}$ 对应的目标输出为 $\boldsymbol{y}^{(i)}$；

　　　　计算临时更新：$\tilde{\boldsymbol{\theta}} = \boldsymbol{\theta} + \alpha\boldsymbol{v}$；

　　　　计算小批量数据的梯度：$\boldsymbol{g} = \dfrac{1}{m} \nabla_\theta \sum_i L(f(\boldsymbol{x}^{(i)}; \boldsymbol{\theta}), \boldsymbol{y}^{(i)})$；

　　　　累积平方梯度：$\boldsymbol{r} = \rho \boldsymbol{r} + (1-\rho) \boldsymbol{g} \odot \boldsymbol{g}$

　　　　计算速度更新：$\boldsymbol{v} = \alpha\boldsymbol{v} - \dfrac{\eta}{\sqrt{\boldsymbol{r}}} \odot \boldsymbol{g}$；

　　　　更新参数：$\boldsymbol{\theta}' = \boldsymbol{\theta} + \boldsymbol{v}$。

　　End while

图 6.8　结合了 Nesterov 动量的算法形式

6.3.3　Adam 算法

　　Adam 是另一种学习率自适应优化算法。"Adam" 这个名字来自于 "Adaptive Moments"。Adam 优化算法是随机梯度下降算法的扩展，广泛用于深度学习，尤其是计算机视觉和自然语言处理等任务。

　　Adam 算法和传统的随机梯度下降不同。随机梯度下降利用单一的学习率更新所有的权重，学习率在训练过程中并不会改变。而 Adam 通过计算梯度的一阶矩估计和二阶矩估计为不同的参数设计独立的自适应学习率。

最简单的矩估计法是用一阶样本原点矩来估计总体的期望,而用二阶样本中心矩来估计总体的方差。但是 Adam 算法中二阶样本矩估计对于整体样本来讲是有偏的。因此如图 6.9 所示,Adam 算法对偏置进行了修正,修正从原点初始化的一阶矩估计(动量项)和二阶矩估计(非中心的)。所以 Adam 可以快速地抵消初始化偏差,比 RMSProp 更快地收敛到较优值。虽然 RMSProp 也采用了(非中心的)二阶矩估计,但缺失了修正因子。

预设:步长 ε,初始参数 $\boldsymbol{\theta}$,矩估计的指数衰减速率 ρ_1、ρ_2(都在区间$[0,1)$内,一般建议分别
　　　为 0.9 和0.999),用于稳定计算数值的小常数 δ(建议默认为 10^{-8})

过程:

　初始化一阶矩变量 $\boldsymbol{s}=\boldsymbol{0}$,二阶矩变量 $\boldsymbol{r}=\boldsymbol{0}$

　初始化时间步 $t=0$

　While 未满足训练停止要求 do

　　从训练集中随机采样包含 m 个样本$\{\boldsymbol{x}^{(1)},\boldsymbol{x}^{(2)},\cdots,\boldsymbol{x}^{(m)}\}$的小批量样本,其中 $\boldsymbol{x}^{(i)}$ 对应的
　　目标输出为 $\boldsymbol{y}^{(i)}$;

　　$t=t+1$;

　　更新有偏一阶矩估计:$\boldsymbol{s}=\rho_1\boldsymbol{s}+(1-\rho_1)\boldsymbol{g}$;

　　更新有偏二阶矩估计:$\boldsymbol{r}=\rho_2\boldsymbol{r}+(1-\rho_2)\boldsymbol{g}\odot\boldsymbol{g}$;

　　修正一阶矩偏差:$\hat{\boldsymbol{s}}=\dfrac{\boldsymbol{s}}{1-\rho_1^t}$;

　　修正二阶矩偏差:$\hat{\boldsymbol{r}}=\dfrac{\boldsymbol{r}}{1-\rho_2^t}$;

　　计算更新:$\Delta\boldsymbol{\theta}=-\varepsilon\dfrac{\hat{\boldsymbol{s}}}{\sqrt{\hat{\boldsymbol{r}}}+\delta}$;

　　更新参数:$\boldsymbol{\theta}'=\boldsymbol{\theta}+\Delta\boldsymbol{\theta}$。

　End while

图 6.9　Adam 算法流程

Adam 算法具有如下优点:

(1)为每一个参数保留了一个学习率来提升在稀疏梯度(即自然语言和计算机视觉问题)上的性能。

(2)基于权重梯度最近量级的均值为每一个参数适应性地保留学习率(避免了 AdaGrad 的过度收缩),在非稳态问题上有较优秀的性能。

总的来说,Adam 综合了 AdaGrad 与 RMSProp 的优点,并在实际的工程应用中表现出了不错的性能。

在本节中,我们讨论了一系列算法,通过自适应每个模型参数的学习率来解决深度模

型优化的难题。此时，我们自然会想到的一个问题就是：究竟该选择哪种算法更为合适呢？不过遗憾的是，目前在这一点上没有达成共识，没有任何一个算法能够在任何实际工程中通用并且性能优异。虽然结果表明具有自适应学习率的算法表现得相当鲁棒，但没有哪个算法能完全脱颖而出。

目前最流行并且使用较多的优化算法包括 SGD、动量 SGD、RMSProp、动量 RMSProp 和 Adam。但是具体选择哪一个算法主要还是取决于使用者对算法的熟悉程度以及具体的工程要求，因为只有这样才能更好地驾驭它。

6.4　生成对抗神经网络及实例

在许多情况下，神经网络在独立同分布的测试集上进行评估的结果已经超越了人类的表现。那么这些模型是否真正获得甚至超过人类的能力了呢？为了探索网络对底层任务的理解程度，我们可以从模型产生错误分类的例子中进行分析。

实验中我们发现，当识别精度达到人类水平的神经网络上有意地在样本中增加人类难以被干扰(或人类难以发现变化)的数据时，网络的误差率可以接近 100%。简单来说，就是有意地在原始数据中稍微增加些扰动，从人类角度来看并不会对分类结果产生影响，但是对于深度学习来说是一个致命的问题。这种稍微增加了扰动的样本，我们称之为对抗样本(Adversarial Example)。

如图 6.10 所示，人类实际上很难通过眼睛识别出原始图像和对抗样本图像之间的区别。但是对抗样本是给原始图像增加了微小扰动的图像后得到的，因此在训练网络时，原始图像和对抗样本的数值是明显不同的。

识别为大熊猫　　　　　　　　　　　　　　　　识别为长臂猿

 + =

原始图像　　　　　　　　　微小扰动　　　　　　　　　对抗样本

图 6.10　对抗样本生成与分类结果

抽象地讲，模型在对抗样本图像上某点的输出与原始图像同一点的输出可能具有很大的差异。但是在许多情况下，人类通过肉眼难以察觉到差异，而网络却会作出非常不同的预测。

从正则化的背景去理解对抗样本很有意思，因为我们可以通过对抗训练(Adversarial Training)减少原有独立同分布测试集的错误率。利用抗扰动的训练集样本训练网络，相当于利用对抗样本给模型加入正则约束项。

有研究表明，出现对抗样本现象的原因之一是神经网络的过度线性。由于神经网络主要是基于线性块构建的，因此在一些实验中，它们实现的整体函数被证明是高度线性的。虽然线性函数很容易被优化，但是如果一个线性函数具有许多输入，那么它的值可以非常迅速地被改变，就如同在原始图像中哪怕加入很小的扰动也会造成对抗样本的识别错误。

假设给每个输入都加入扰动 ε，那么权重为 w 的线性函数被这个扰动变化了 $\varepsilon\|w\|_1$。此时如果 w 是高维权重，那么扰动变化将是一个巨大的数字。

对抗训练是通过鼓励网络在训练数据的局部区域保持恒定来限制这一高度敏感的局部线性行为的。通俗地讲，就是让模型在某一输入的邻域内都维持输出类型的恒定。这可以被看作一种明确地向监督神经网络引入局部恒定先验的方法。

对抗训练能够体现积极正则化与大型训练样本相结合的力量。纯粹的线性模型（如逻辑回归）由于缺乏非线性因素而无法抵抗对抗样本。对抗训练能够将函数从线性转化为局部近似恒定，从而可以灵活地捕获到训练数据中的线性趋势，同时抵抗了局部扰动。

那么如何实现对抗训练呢？可以使用**生成对抗网络**（Generative Adversarial Networks，GAN）。产生生成对抗网络分为如下两步：

（1）产生生成模型。

（2）产生鉴别模型（也叫判别模型）。

生成对抗网络的原理如图 6.11 所示，生成模型从无到有地不断生成数据，而鉴别模型不断地鉴别输入进来的究竟是生成模型产生的数据还是原始数据，两者不断产生对抗。生成模型努力生成不让鉴别模型可以识别出来的数据，而鉴别模型则尽力地鉴别数据的来源，二者不断成长，从而得到最好的生成模型和鉴别模型。生成对抗网络 GAN 是从学习数据的分布出发，最终得到两个一样的数据分布模型。

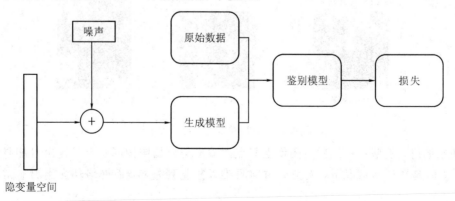

图 6.11　生成对抗网络的原理

我们希望鉴别模型能判断出输入样本是否来自于真实的原始数据。如果来自于真实数

据，则模型输出为 1，否则输出为 0。可以将鉴别模型定义为

$$E_{x\sim p_{\text{data}}(x)}\log(D(x)) \tag{6.6}$$

这里将原始数据的数学分布定义为 $p_{\text{data}}(x)$，而 $D(x)$ 为输入 x 判断为真实样本的概率。

式 (6.6) 表明，当 $x\sim p_{\text{data}}(x)$ 时，可以得到 $D(x)=1$，那么此时 $E_{x\sim p_{\text{data}}(x)}$ 取最大值，鉴别模型可以轻松地判别出是原始数据。

下面再讨论鉴别模型对非原始数据的判断。当鉴别模型输入的是生成模型产生的数据时，我们希望鉴别模型能输出 0，此时的鉴别模型定义为

$$E_{x\sim p_z(z)}\log(1-D(G(z))) \tag{6.7}$$

这里将噪声的数学分布定义为 $p_z(z)$，生成模型的输出定义为 $G(z)$。

当 $x\sim p_z(z)$ 时，可以得到 $D(G(z))=0$，那么 $E_{x\sim p_z(z)}$ 取最大值，鉴别模型可以鉴别出生成模型产生的数据。

综合上面所述得到 GAN 模型的目标函数：

$$V(G,D)=\log(D(x))+\log(1-D(G(z))) \tag{6.8}$$

把两个最大化的式子加起来使之整体最大化，成为我们的优化目标。当鉴别模型达到最优鉴别模型时，$V(G,D)$ 为最大的，即

$$D_G^*=\underset{D}{\arg\max}\,V(G,D) \tag{6.9}$$

当鉴别模型取得最优的时候，生成模型的目的还是想骗过鉴别模型，即

$$G_D^*=\underset{G}{\arg\min}(\underset{D}{\arg\max}\,V(G,D)) \tag{6.10}$$

此时我们就将一个复杂的对抗问题转化成了最大-最小值问题，即

$$\underset{G}{\min}\,\underset{D}{\max}\,V(G,D)=E_{x\sim p_{\text{data}}(x)}\log(D(x))+E_{x\sim p_z(z)}\log(1-D(G(z))) \tag{6.11}$$

现在证明其存在最优解。我们先证明最优鉴别模型：

$$V(G,D)=E_{x\sim p_{\text{data}}(x)}\log(D(x))+E_{x\sim p_z(z)}\log(1-D(G(z))) \tag{6.12}$$

将其展为积分形式：

$$V(G,D)=\int_x p_{\text{data}}(x)\log(D(x))+p_g(x)\log(1-D(x))\mathrm{d}x \tag{6.13}$$

这里 p_g 为生成器所有数据的数学分布。那么如何求其最大值呢？

不妨令：

$$a=p_{\text{data}}(x) \tag{6.14}$$
$$y=D(x) \tag{6.15}$$
$$b=p_g(x) \tag{6.16}$$

则式 (6.13) 可重写为

$$f(y)=a\log y+b\log(1-y) \tag{6.17}$$

当 $a+b\neq 0$ 时，可取最大值为

$$\max=\frac{a}{a+b} \tag{6.18}$$

此时得到最优的鉴别模型：

$$D(\boldsymbol{x}) = \frac{p_{\text{data}}(\boldsymbol{x})}{p_{\text{data}}(\boldsymbol{x}) + p_{\text{g}}(\boldsymbol{x})} \tag{6.19}$$

生成模型的最终目的应该是生成十分逼真的数据，其数学分布应该和实际数据的分布相同，此时鉴别模型的输出为

$$D_G^* = \frac{p_{\text{data}}}{p_{\text{data}} + p_{\text{g}}} = \frac{1}{2} \tag{6.20}$$

换句话说，式(6.20)包含的信息就是两者的数据分布相同，即

$$p_{\text{g}} = p_{\text{data}} \tag{6.21}$$

总的来说，当 D_G 的输出为 0.5 时，说明鉴别模型已经分不清真实数据和生成数据了，此时可以认为得到了最优的生成模型。

下面证明生成模型的存在，也就是证明当且仅当 $p_{\text{g}} = p_{\text{data}}$ 时，$C(G)$ 的最小值等于 $V(G, D)$ 的最大值成立。

充分性：

$$C(G) = \int_x p_{\text{data}}(\boldsymbol{x}) \log\left(\frac{1}{2}\right) + p_{\text{g}}(\boldsymbol{x}) \log\left(\frac{1}{2}\right) \mathrm{d}\boldsymbol{x} = -\log 4 \tag{6.22}$$

必要性：

$$C(G) = \int_x p_{\text{data}}(\boldsymbol{x}) \log\left(\frac{p_{\text{data}}(\boldsymbol{x})}{p_{\text{data}}(\boldsymbol{x}) + p_{\text{g}}(\boldsymbol{x})}\right) + p_{\text{g}}(\boldsymbol{x}) \log\left(1 - \frac{p_{\text{data}}(\boldsymbol{x})}{p_{\text{data}}(\boldsymbol{x}) + p_{\text{g}}(\boldsymbol{x})}\right) \mathrm{d}\boldsymbol{x} \tag{6.23}$$

$$C(G) = \int_x (\log 2 - \log 2) p_{\text{data}}(\boldsymbol{x}) + p_{\text{data}}(\boldsymbol{x}) \log\left(\frac{p_{\text{data}}(\boldsymbol{x})}{p_{\text{data}}(\boldsymbol{x}) + p_{\text{g}}(\boldsymbol{x})}\right)$$
$$+ (\log 2 - \log 2) p_{\text{g}}(\boldsymbol{x}) + p_{\text{g}}(\boldsymbol{x}) \log\left(1 - \frac{p_{\text{data}}(\boldsymbol{x})}{p_{\text{data}}(\boldsymbol{x}) + p_{\text{g}}(\boldsymbol{x})}\right) \mathrm{d}\boldsymbol{x} \tag{6.24}$$

$$C(G) = -\log 2 \int_x p_{\text{g}}(\boldsymbol{x}) + p_{\text{data}}(\boldsymbol{x}) \mathrm{d}\boldsymbol{x} + \int_x p_{\text{data}}(\boldsymbol{x}) \left(\log 2 + \log\left(\frac{p_{\text{data}}(\boldsymbol{x})}{p_{\text{data}}(\boldsymbol{x}) + p_{\text{g}}(\boldsymbol{x})}\right)\right)$$
$$+ p_{\text{g}}(\boldsymbol{x}) \left(\log 2 + \log\left(1 - \frac{p_{\text{data}}(\boldsymbol{x})}{p_{\text{data}}(\boldsymbol{x}) + p_{\text{g}}(\boldsymbol{x})}\right)\right) \mathrm{d}\boldsymbol{x} \tag{6.25}$$

$$C(G) = -\log 4 + \int_x p_{\text{g}}(\boldsymbol{x}) \log\left(\frac{p_{\text{data}}(\boldsymbol{x})}{(p_{\text{data}}(\boldsymbol{x}) + p_{\text{g}}(\boldsymbol{x}))/2}\right)$$
$$+ p_{\text{g}}(\boldsymbol{x}) \left(\frac{p_{\text{g}}(\boldsymbol{x})}{(p_{\text{data}}(\boldsymbol{x}) + p_{\text{g}}(\boldsymbol{x}))/2}\right) \mathrm{d}\boldsymbol{x} \tag{6.26}$$

式(6.26)最终可以转化为 KL 散度：

$$C(G) = -\log 4 + \text{KL}\left(p_{\text{data}} \middle| \frac{p_{\text{data}} + p_{\text{g}}}{2}\right) + \text{KL}\left(p_{\text{g}} \middle| \frac{p_{\text{data}} + p_{\text{g}}}{2}\right) \tag{6.27}$$

KL 散度永远大于等于 0，可以知道目标函数的最优值为－log4。

这样我们就证明了生成对抗网络的理论可行性。

下面通过 TensorFlow 来实现 GAN，我们还是使用手写数字数据集进行训练。

```python
# 导入 TensorFlow
import tensorflow as tf

# 导入手写数字数据集
from tensorflow. examples. tutorials. mnist import input_data

# 导入 numpy
import numpy as np

# plt 是绘图工具，在训练过程中用于输出可视化结果
import matplotlib. pyplot as plt

# gridspec 是图片排列工具，在训练过程中用于输出可视化结果
import matplotlib. gridspec as gridspec

# 导入 os
import os

# 保存模型的 save 函数
def save(saver, sess, logdir, step):

# 模型名前缀
model_name = 'model'

# 保存路径
    checkpoint_path = os. path. join(logdir, model_name)

# 保存模型
    saver. save(sess, checkpoint_path, global_step=step)
    print('The checkpoint has been created.')

# 初始化参数时使用的 xavier_init 函数
def xavier_init(size):
    in_dim = size[0]
```

```
# 初始化标准差
xavier_stddev = 1. / tf.sqrt(in_dim / 2.)

# 返回初始化的结果
    return tf.random_normal(shape=size, stddev=xavier_stddev)

# X 表示真的样本(即真实的手写数字)
X = tf.placeholder(tf.float32, shape=[None, 784])

# 表示采用 xavier 方式初始化的判别器的 D_W1 参数,是一个 784 行 128 列的矩阵
D_W1 = tf.Variable(xavier_init([784, 128]))

# 表示采用全零方式初始化的判别器的 D_b1 参数,是一个长度为 128 的向量
D_b1 = tf.Variable(tf.zeros(shape=[128]))

# 表示采用 xavier 方式初始化的判别器的 D_W2 参数,是一个 128 行 1 列的矩阵
D_W2 = tf.Variable(xavier_init([128, 1]))

# 表示采用全零方式初始化的判别器的 D_b2 参数,是一个长度为 1 的向量
D_b2 = tf.Variable(tf.zeros(shape=[1]))

# theta_D 表示判别器的可训练参数集合
theta_D = [D_W1, D_W2, D_b1, D_b2]

# Z 表示生成器的输入(在这里是噪声),是一个 N 列 100 行的矩阵
Z = tf.placeholder(tf.float32, shape=[None, 100])

# 表示采用 xavier 方式初始化的生成器的 G_W1 参数,是一个 100 行 128 列的矩阵
G_W1 = tf.Variable(xavier_init([100, 128]))

# 表示采用全零方式初始化的生成器的 G_b1 参数,是一个长度为 128 的向量
G_b1 = tf.Variable(tf.zeros(shape=[128]))

# 表示采用 xavier 方式初始化的生成器的 G_W2 参数,是一个 128 行 784 列的矩阵
```

```
G_W2 = tf. Variable(xavier_init([128，784]))
```

表示采用全零方式初始化的生成器的 G_b2 参数，是一个长度为 784 的向量
```
G_b2 = tf. Variable(tf. zeros(shape＝[784]))
```

theta_G 表示生成器的可训练参数集合
```
theta_G = [G_W1，G_W2，G_b1，G_b2]
```

生成维度为[m，n]的随机噪声作为生成器 G 的输入
```
def sample_Z(m，n)：
    return np. random. uniform(－1.，1.，size＝[m，n])
```

生成器，z 的维度为[N，100]
```
def generator(z)：
```

输入的随机噪声乘以 G_W1 矩阵加上偏置 G_b1，G_h1 维度为[N，128]
```
G_h1 = tf. nn. relu(tf. matmul(z，G_W1)＋ G_b1)
```

G_h1 乘以 G_W2 矩阵加上偏置 G_b2，G_log_prob 维度为[N，784]
```
    G_log_prob = tf. matmul(G_h1，G_W2)＋ G_b2
```

G_log_prob 经过一个 Sigmoid 函数，G_prob 维度为[N，784]
```
G_prob = tf. nn. sigmoid(G_log_prob)
```

返回 G_prob
```
    return G_prob
```

判别器，x 的维度为[N，784]
```
def discriminator(x)：
```

输入乘以 D_W1 矩阵加上偏置 D_b1，D_h1 维度为[N，128]
```
D_h1 = tf. nn. relu(tf. matmul(x，D_W1)＋ D_b1)
```

D_h1 乘以 D_W2 矩阵加上偏置 D_b2，D_logit 维度为[N，1]

```
    D_logit = tf. matmul(D_h1, D_W2)+ D_b2

# D_logit 经过一个 Sigmoid 函数，D_prob 维度为[N，1]
    D_prob = tf. nn. sigmoid(D_logit)

# 返回 D_prob，D_logit
    return D_prob，D_logit

# 保存图片时使用的 plot 函数
def plot(samples)：

# 初始化一个 4 行 4 列包含 16 张子图像的图片
    fig = plt. figure(figsize=(4，4))

# 调整子图的位置
    gs = gridspec. GridSpec(4，4)

# 设置子图间的间距
    gs. update(wspace=0. 05，hspace=0. 05)

# 依次将 16 张子图填充进需要保存的图像
    for i, sample in enumerate(samples)：
        ax = plt. subplot(gs[i])
        plt. axis('off')
        ax. set_xticklabels([])
        ax. set_yticklabels([])
        ax. set_aspect('equal')
        plt. imshow(sample. reshape(28，28), cmap='Greys_r')

    return fig

# 取得生成器的生成结果
G_sample = generator(Z)

# 取得判别器判别的真实手写数字的结果
D_real, D_logit_real = discriminator(X)
```

```
#取得判别器判别的生成的手写数字的结果
D_fake，D_logit_fake ＝ discriminator(G_sample)
D_loss_real ＝

#对判别器对真实样本的判别结果计算误差(将结果与 1 比较)
tf. reduce_mean(tf. nn. sigmoid_cross_entropy_with_logits(logits＝D_logit_real，labels＝tf.
ones_like(D_logit_real)))

#对判别器对虚假样本(即生成器生成的手写数字)的判别结果计算误差(将结果与 0 比较)
D_loss_fake ＝
tf. reduce_mean(tf. nn. sigmoid_cross_entropy_with_logits(logits＝D_logit_fake，labels＝tf.
zeros_like(D_logit_fake)))

#判别器的误差
D_loss ＝ D_loss_real ＋ D_loss_fake

#生成器的误差(将判别器返回的对虚假样本的判别结果与 1 比较)
G_loss ＝
tf. reduce_mean(tf. nn. sigmoid_cross_entropy_with_logits(logits＝D_logit_fake，labels＝tf.
ones_like(D_logit_fake)))

#记录判别器判别真实样本的误差
    dreal_loss_sum ＝ tf. summary. scalar("dreal_loss"，D_loss_real)

#记录判别器判别虚假样本的误差
    dfake_loss_sum ＝ tf. summary. scalar("dfake_loss"，D_loss_fake)

#记录判别器的误差
    d_loss_sum ＝ tf. summary. scalar("d_loss"，D_loss)

#记录生成器的误差
    g_loss_sum ＝ tf. summary. scalar("g_loss"，G_loss)

#日志记录器
```

```
summary_writer＝tf.summary.FileWriter('snapshots/', graph＝tf.get_default_graph())

# 判别器的训练器
D_solver＝tf.train.AdamOptimizer().minimize(D_loss, var_list＝theta_D)

# 生成器的训练器
G_solver＝tf.train.AdamOptimizer().minimize(G_loss, var_list＝theta_G)

# 训练的 batch_size
mb_size ＝ 128

# 生成器输入的随机噪声的列的维度
Z_dim ＝ 100

# mnist 是手写数字数据集
mnist ＝ input_data.read_data_sets('../../MNIST_data', one_hot＝True)

# 会话层
sess ＝ tf.Session()

# 初始化所有可训练参数
sess.run(tf.global_variables_initializer())

# 初始化训练过程中的可视化结果的输出文件夹
if not os.path.exists('out/'):
    os.makedirs('out/')

# 初始化训练过程中的模型保存文件夹
if not os.path.exists('snapshots/'):
    os.makedirs('snapshots/')

# 模型的保存器
saver ＝ tf.train.Saver(var_list＝tf.global_variables(), max_to_keep＝50)
```

```
# 训练过程中保存的可视化结果的索引
 i = 0

# 训练 100 万次
 for it in range(1000000)：

# 每训练 1000 次就保存一下结果
    if it % 1000 == 0：
    samples = sess.run(G_sample, feed_dict={Z：sample_Z(16，Z_dim)})

# 通过 plot 函数生成可视化结果
    fig = plot(samples)

# 保存可视化结果
    plt.savefig('out/{}.png'.format(str(i).zfill(3))，bbox_inches='tight')
 i += 1
    plt.close(fig)

# 得到训练一个 batch 所需的真实手写数字（作为判别器的输入）
    X_mb，_ = mnist.train.next_batch(mb_size)

# 下面得到训练一次的结果，通过 sess 来 run 出来
 _, D_loss_curr, dreal_loss_sum_value, dfake_loss_sum_value, d_loss_sum_value = scss.
 run([D_solver, D_loss, dreal_loss_sum, dfake_loss_sum, d_loss_sum], feed_dict={X：
 X_mb, Z：sample_Z(mb_size, Z_dim)})
 _, G_loss_curr, g_loss_sum_value = sess.run([G_solver, G_loss, g_loss_sum], feed_dict
 ={Z：sample_Z(mb_size, Z_dim)})

# 每过 100 次记录一下日志，可以通过 TensorBoard 查看
  if it%100 ==0：
    summary_writer.add_summary(dreal_loss_sum_value, it)
    summary_writer.add_summary(dfake_loss_sum_value, it)
    summary_writer.add_summary(d_loss_sum_value, it)
    summary_writer.add_summary(g_loss_sum_value, it)
```

```
# 每训练1000次输出一下结果
if it % 1000 == 0：
    save(saver, sess, 'snapshots/', it)
    print('Iter：{}'. format(it))
    print('D loss：{：.4}'. format(D_loss_curr))
    print('G_loss：{：.4}'. format(G_loss_curr))
    print()
```

最后得到了模型的损失图像，如图 6.12 所示。

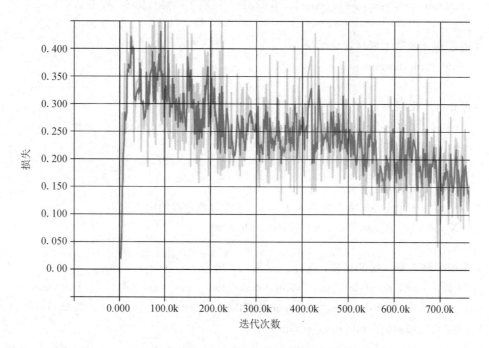

图 6.12　GAN 训练图像

6.5　迁移学习及实例

迁移学习(Transfer Learning)是指利用一个情景中已经学到的内容去改善另一个情景中的泛化情况。

我们可以利用自己的学习经历去理解迁移学习。在我们学习了许多数学公式和物理公式之后，就可以用它们来解决一些其他领域的问题。这个过程就是将已有的经验应用到其他场景中的典型实例，也就是一个知识迁移的过程。这个过程也适用于神经网络。

　　神经网络需要用数据来训练，它的学习过程就是一个参数更新的过程。从数据获得信息，进而把它们转换成相应的权重，最终这些权重能够被提取出来并且可以迁移到其他神经网络中，这相当于使用了这些学来的"经验"。

　　如果按照前面提到的某种算法去按部就班地训练一个模型不是完全可以很好地工作吗，我们为什么还要使用迁移学习呢？

　　要回答这个问题，就要提及深度神经网络。它目前最大的困难就是网络的训练成本较高。这里的成本不仅仅指在硬件设备中的花销，它是一个广义的概念，还包含计算成本、数据成本等。迁移学习可以解决这个问题。当我们在尝试处理现实生活中诸如图像识别、声音辨识等实际问题的时候，每添加一层隐藏层都将花费额外巨大的计算资源。如果我们直接"迁移"进来前人已经为我们准备好的"公式"，就不需要再次重新推导这些"公式"，从而可以节省大量的训练时间。

　　同时我们也体会到，数据是十分珍贵的资源。当缺少原始数据的时候，即便重新训练一个完全空白的模型，也难以得到拥有较高泛化能力的成熟网络，此时就更加凸显了迁移学习的意义。我们可以在已经使用庞大数据训练过的模型上通过微调去处理我们自己的较小数据集。例如，在图像识别中，许多视觉类别将会共享一些低级概念，比如边缘、视觉形状、几何变化、光照变化的影响等。

　　我们想要迁移的"经验"来自于哪里呢？它肯定来自于已经训练好的模型。如图 6.13 所示，已经训练好的神经网络模型中从输入层开始一直到前向传播的最后一层统称为**瓶颈层**（Bottleneck Layer）。瓶颈层可以理解为对输入数据的特征提取过程。

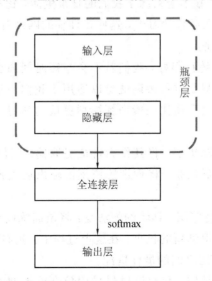

图 6.13　瓶颈层示意图

　　我们把已经训练好的网络模型称为预训练模型（Pre-trained Model）。简单来说，预训练模型是前人为了解决类似问题所创造出来的模型。当我们解决实际工程问题的时候，不需要从零开始训练一个完全空白的新模型，而可以从具有相似问题但已经训练过的模型入手。

　　例如，我们开发无人驾驶汽车时，可以将从 Google 的 ImageNet 数据集上训练得到的 Inception Model（一个预训练模型）作为起点来识别图像，而不需要花数年时间从零开始构建一个性能优良的图像识别算法。虽然一个预训练模型可能无法完全直接匹配我们需要解决的实际问题，但是可以为我们节省大量成本。

　　在大数据集上经过训练的预训练模型"迁移"过来之后，我们就可以直接使用它的结构和权重来尝试解决自己的问题。这就是"迁移学习"，可将预训练的模型"迁移"到我们正在处理的特定问题中。

　　在选择预训练模型的时候，我们需要非常仔细地斟酌预训练模型实现的工程项目与我们希望实现的工程项目之间的区别。如果我们想要解决的问题与预训练模型训练情景有很大的不同，那么迁移后所得到的预测结果将会非常不准确。举例来说，如果把一个原本用于语音识别的模型用作图像识别，那识别结果肯定是不理想的。但幸运的是，Keras 库中有许多这类预训练的结构。

　　例如，ImageNet 数据集已经被广泛用作训练集，因为它的规模足够大（包括 120 万张图片），有助于训练普适模型。ImageNet 的训练目标是将所有的图片正确地划分到 1000 个分类条目下。这 1000 个分类基本上来源于我们的日常生活，比如一些动物的种类、各种家庭用品、日常通勤工具等。在迁移学习中，这些预训练的网络对于 ImageNet 数据集外的图片也表现出了很好的泛化性能。

　　既然预训练模型已经训练得很好，我们就不会在短时间内去修改过多的权重。在迁移学习中用到它的时候，往往只是进行微调就足以适用于我们小量的数据识别任务了。在修改模型的过程中，我们通常会采用比一般训练模型更低的学习率。对预训练模型微调的方法有如下三种：

　　（1）去除预训练模型的输出层，将其作为特征提取器。我们可以将预训练模型当作特征提取装置来使用。具体的做法是：将预训练模型的输出层去掉，将剩下的部分当作一个固定的特征提取器。

　　（2）冻结指定层，训练特定层。具体的做法是：将预训练模型开始的一些层的权重保持不变，重新训练后面的层并得到新的权重。在这个过程中，我们可以多次进行尝试，从而依据结果找到冻结层和再训练层之间的最佳搭配。

　　（3）仅使用预训练模型结构。我们可以仅采用预训练模型的结构，而不使用原先的权重。此时，我们需要将所有的权重重新初始化，然后利用自己的数据集进行训练。

那么我们究竟需要使用哪种方式呢？这要根据遇到的不同情况而定。

情景一：小数据集，相似数据。

在这种情况下，因为数据与预训练模型的训练数据相似度很高，因此我们不需要重新训练模型，只需要将自己模型的输出层改成符合问题情境的结构即可。此时，我们使用预处理模型作为特征提取器。具体示例如图 6.14 所示，实现方法如下：

（1）删除神经网络的最后层级。

（2）添加一个新的完全连接层，与新数据集中的类别数量相匹配。

（3）冻结预先训练过的网络中的所有权重，随机设置新的完全连接层的权重。

（4）训练该网络以更新新连接层的权重。

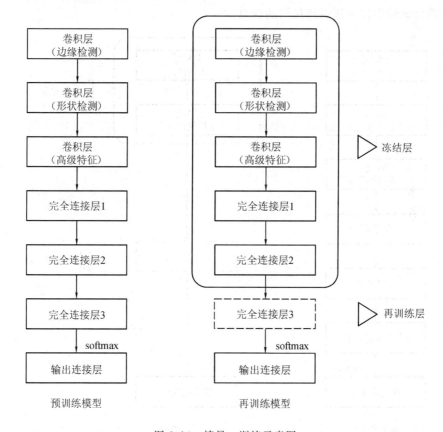

图 6.14　情景一训练示意图

由于我们拥有的数据较少，因此为了防止过拟合，可以保留原来网络层的权重不变。由于数据集是相似的，因此预训练模型所使用的数据与我们现在使用的数据更高级别特征也相似，这就是我们保留包含高级别特征检测层的原因。

情景二：小数据集，不同的数据。

在这种情况下，我们可以冻结预训练模型中前 k 个层中的权重，然后删除后面的若干层，当然最后一层需要根据相应的输出格式来进行修改。由于数据的相似度不高，因此重新训练的过程就变得非常关键。但是为了弥补我们拥有的新数据集中数据量的不足，需要冻结预训练模型的前 k 层。原理如图 6.15 所示，实现方法如下：

（1）保留预训练模型的最开始层，将后面的大部分预先训练过的层删除。

（2）向剩下的预先训练过的层级添加新的完全连接层，并与新数据集的类别数量相匹配。

（3）冻结预先训练过的权重，随机设置新的完全连接层的权重。

（4）训练该网络以更新新连接层的权重。

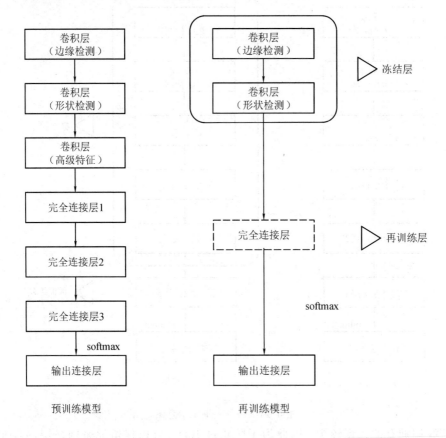

图 6.15　情景二示意图

由于新数据集比较小，因此我们仍需要保留原来层的参数以防止过拟合。另外，由于数据集不同，因此它们具有的更高级特征是不同的，所以无需保留更高级的层。

情景三：数据集大，数据相似度高。

这种情况是最理想的，采用预训练模型会使新数据的训练变得非常高效。最好的方式是保持预训练模型原有的结构和初始权重不变，随后在新数据集的基础上重新训练。原理如图 6.16 所示，实现方法如下：

（1）删除最后的完全连接层并替换成与新数据集的类别数相匹配的层级。

（2）随机初始化新的完全连接层的权重。

（3）使用预先训练过的权重初始化剩下的权重。

（4）重新训练整个神经网络。

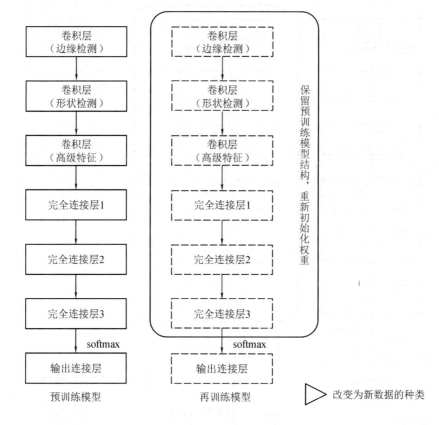

图 6.16　情景三示意图

在这种情境下，由于我们有着较大数据集，过拟合问题不严重，因此可以重新训练权重。同时，因为新数据集与预训练类似，更高级特征也类似，所以整个网络的结构均可使用。

情景四：数据集大，数据相似度不高。

在这种情况下，因为我们有一个很大的数据集，所以神经网络的训练过程将会比较有效。然而，由于实际数据与预训练模型的训练数据之间存在很大差异，因此采用预训练模型中的权重不会是一种高效的方式。所以，最好的方法还是将预处理模型中的权重都初始化后在新数据集的基础上重新开始训练。原理如图 6.17 所示，实现方法如下：

（1）删除最后的完全连接层并替换成与新数据集的类别数量相匹配的层级。

（2）随机初始化权重，重新训练网络。

（3）采用情景三"数据集大，数据相似度高"的策略，既可以随机初始化权重，也可以直接采用预训练模型的权重作为初值以加快训练速度。

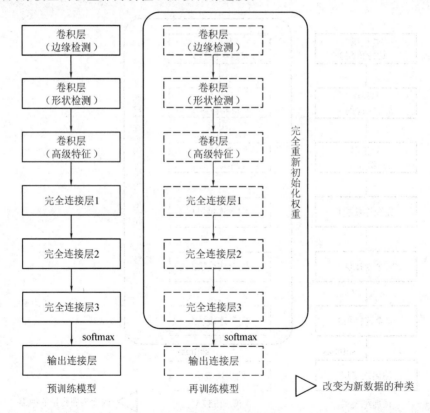

图 6.17　情景四示意图

下面我们尝试实现一个迁移学习模型。这里提供 TensorFlow 和 Keras 的实现过程供对比。示例是通过迁移 Inception V3 模型来实现的。Inception V3 的训练集样本分类放置，如图 6.18 所示。Inception V3 的训练集样本单种类下的样本如图 6.19 所示。

921138131_9e1　　　　　　　921984328_a60
393eb2b_m　　　　　　　　　076f070_m

1461381091_aa　　　　　　　1469726748_f35
aa663bbe_n　　　　　　　　　9f4a8c5

名称
- daisy
- dandelion
- roses
- sunflowers
- tulips
- LICENSE

图 6.18　Inception V3 的训练集样本分类放置　　　　　图 6.19　Inception V3 的训练集样本
　　　　　　　　　　　　　　　　　　　　　　　　　　　　单种类下的样本(Rose)

```python
# 导入所需包
import glob
import os
import numpy as np
import random
import tensorflow as tf
from tensorflow.python.platform import gfile
import cv2

# Inception V3 模型瓶颈层的节点个数
BOTTLENECT_TENSOR_SIZE = 2048

# 瓶颈层中结果的张量名称，在训练时可以通过 tensor.name 获取
BOTTLENECT_TENSOR_NAME = 'pool_3/_reshape：0'

# 图像输入张量对应的名称
JPEG_DATA_TENSOR_NAME = 'DecodeJpeg/contents：0'

# 模型所在的路径
MODEL_DIR = './'
```

```python
# 谷歌训练好的 Inception V3 模型
MODEL_FILE_NAME= './inception_dec_2015/tensorflow_inception_graph.pb'

# 保存图像经过 Inception V3 模型计算后得到的特征向量
CACHE_DIR = 'temp/'

# 输入图片对应的路径
INPUT_DATA = 'flower_photos'
VALIDATAION_PERCENTAGE = 10
TEST_PERCENTAGE = 10
LEANRNING_RAGE = 0.01
STEPS = 40000
BATCH = 200

# 从数据集中读取图片，并分为训练集、测试集、验证集
def create_image_list(test_percentage, val_percentage):
    result = {}

    # 获取当前目录下的所有子目录
    sub_dirs = [x[0] for x in os.walk(INPUT_DATA)]
    is_root_dir = True
    for sub_dir in sub_dirs:
        if is_root_dir:
            is_root_dir = False
            continue
        extensions = ['jpg', 'jpeg', 'JPG', 'JPEG']
        file_list = []
        dir_name = os.path.basename(sub_dir)
        for extension in extensions:
            file_glob = os.path.join(INPUT_DATA, dir_name, '*.' + extension)
            file_list.extend(glob.glob(file_glob))
        if not file_list:
            continue

        # 通过目录名称获取类别的名称
        label_name = dir_name.lower()
```

```
        test_image = []
        val_image = []
        train_image = []
        for file_name in file_list：
            base_name = os. path. basename(file_name)
            chance = np. random. randint(100)
            if chance < val_percentage：
                val_image. append(base_name)
            elif chance <(test_percentage + val_percentage)：
                test_image. append(base_name)
            else：
                train_image. append(base_name)

# 将当前的类别放入字典中
        result[label_name] = {
            'dir': dir_name,
            'training': train_image,
            'testing': test_image,
            'valing': val_image,
        }
    return result


# image_lists：所有图片的信息
# image_dir：根目录，存放图片数据的根目录
# label_name：类别的名称
# index ：需要获取的图片的编号
# category：指定需要获取的图片属于哪个激活（测试集、训练集、验证集）
def get_image_path(image_lists, image_dir, label_name, index, category)：
    label_lists= image_lists[label_name]
    category_list = label_lists[category]
    mod_index = index % len(category_list)
    base_name = category_list[mod_index]
    sub_dir = label_lists['dir']
    full_path = os. path. join(image_dir, sub_dir, base_name)
    return full_path
```

```
def get_bottleneck_path(image_lists, label_name, index, category):
    return get_image_path (image_lists, CACHE_DIR, label_name, index,
                    category)+ '. txt'


def run_bottlenect_on_image(sess, image_data, image_data_tensro, bottlenect_tensor):
    bottlenect_values= sess. run(bottlenect_tensor, {image_data_tensro: image_data})
    bottlenect_values = np. squeeze(bottlenect_values)
    return bottlenect_values
    def get_or_create_bottleneck(sess, image_lists, label_name, index, category,
                    jpeg_data_tensor, bottleneck_tensor):
        label_lists = image_lists[label_name]
        sub_dir = label_lists['dir']
        sub_dir_path = os. path. join(CACHE_DIR, sub_dir)
        if not os. path. exists(sub_dir_path):
            os. makedirs(sub_dir_path)
        bottleneck_path= get_bottleneck_path(image_lists, label_name, index, category)
        if not os. path. exists(bottleneck_path):
            image_path= get_image_path(image_lists, INPUT_DATA, label_name,
                        index, category)
            image_data = gfile. FastGFile(image_path, 'rb'). read()
            bottlenect_values = run_bottlenect_on_image(sess, image_data, jpeg_data_tensor,
                        bottleneck_tensor)
            bottleneck_string = ', '. join(str(x)for x in bottlenect_values)
            with open(bottleneck_path, 'w')as f:
                f. write(bottleneck_string)
        else:
            with open(bottleneck_path, 'r')as f:
                bottleneck_string = f. read()
            bottlenect_values = [float(x)for x in bottleneck_string. split(', ')]
        return bottlenect_values


def get_random_cached_bottlenecks(sess, n_classes, image_lists, how_many,
                category, jpeg_data_tensor, bottleneck_tensor):
    bottlenecks = []
    ground_truths = []
```

```
    for _in range(how_many):
        label_index = random.randrange(n_classes)
        label_name = list(image_lists.keys())[label_index]
        image_index = random.randrange(65536)
        bottleneck = get_or_create_bottleneck(sess, image_lists, label_name,
                    image_index, category, jpeg_data_tensor, bottleneck_tensor)
        ground_truth = np.zeros(n_classes, np.float32)
        ground_truth[label_index] = 1.0
        bottlenecks.append(bottleneck)
        ground_truths.append(ground_truth)

    return bottlenecks, ground_truths
def get_test_bottlenecks(sess, image_lists, n_classes, jpeg_data_tensor,
            bottleneck_tensor):
    bottlenecks = []
    ground_truths = []
    # print(image_lists.keys())
    label_name_list = image_lists.keys()
    for label_index, label_name in enumerate(label_name_list):
        category = 'testing'
        for index, unused_base_name in enumerate(image_lists[label_name]
        [category]):
            bottleneck= get_or_create_bottleneck(sess, image_lists, label_name, index,
                        category, jpeg_data_tensor, bottleneck_tensor)
        ground_truth = np.zeros(n_classes, np.float32)
        ground_truth[label_index] = 1.0
        bottlenecks.append(bottleneck)
        ground_truths.append(ground_truth)
    return bottlenecks, ground_truths
def main(_):
    image_lists= create_image_list(TEST_PERCENTAGE,
                VALIDATAION_PERCENTAGE)
    n_classes = len(image_lists.keys())

    with gfile.FastGFile(os.path.join(MODEL_DIR, MODEL_FILE_NAME),
```

```
            'rb')as f:
    graph_def = tf.GraphDef()
    graph_def.ParseFromString(f.read())
bottlenect_tensro, jpep_data_tensor= tf.import_graph_def(graph_def,
            return_elements=
```

[BOTTLENECT_TENSOR_NAME, JPEG_DATA_TENSOR_NAME])

定义新的神经网络输入，这个输入就是图片经过 Inception V3 模型前向传播到达瓶颈
层时的节点取值
```
    bottleneck_input= tf.placeholder(tf.float32,[None, BOTTLENECT_TENSOR_SIZE])
```

定义新的标准答案输入
```
    ground_truth_input= tf.placeholder(tf.float32, shape=[None, n_classes],
            name='GroundTruthInput')
    with tf.name_scope('final_train_ops'):
        w= tf.Variable(tf.truncated_normal(shape=[BOTTLENECT_TENSOR_SIZE,
            n_classes], stddev=0.1))
        b = tf.Variable(tf.zeros([n_classes]))
        logits = tf.matmul(bottleneck_input，w)+ b
        final_tensor = tf.nn.softmax(logits)
    cross_entroy = tf.nn.softmax_cross_entropy_with_logits(logits=logits,
            labels=ground_truth_input)
    cross_entroy_mean = tf.reduce_mean(cross_entroy)
    train_step= tf.train.GradientDescentOptimizer(LEANRNING_RAGE).minimize(cross
_entroy_mean)

        with tf.name_scope('evaluation'):
            correct_prediction= tf.equal(tf.argmax(final_tensor, 1),
                        tf.argmax(ground_truth_input, 1))
            evaluation_step= tf.reduce_mean(tf.cast(correct_prediction，tf.float32))

        gpu_options = tf.GPUOptions(per_process_gpu_memory_fraction=0.8)
        with tf.Session()as sess:
            tf.global_variables_initializer().run()
```

```python
for i in range(STEPS):
    # print(i)
    train_bottlenecks, train_ground_truth= get_random_cached_bottlenecks(sess,
            n_classes, image_lists, BATCH, 'training', jpep_data_tensor,
            bottlenect_tensro)

    sess.run(train_step, feed_dict={bottleneck_input: train_bottlenecks,
        \ground_truth_input: train_ground_truth})

        if i % 100 ==0 or i + 1 ==STEPS:
            val_bottlenecks, val_ground_truth= get_random_cached_bottlenecks(sess,
                    n_classes, image_lists, BATCH, 'valing', jpep_data_tensor,
                    bottlenect_tensro)

    val_accuracy= sess.run(evaluation_step, feed_dict={bottleneck_input:
            val_bottlenecks, ground_truth_input: val_ground_truth})

    print('Step is %d, val accuracy on random sampled is %d examples %.1f%%' %
    (i, BATCH, val_accuracy * 100))
    test_bottlenecks, test_ground_truth= get_test_bottlenecks(sess, image_lists,
            n_classes, jpep_data_tensor, bottlenect_tensro)

    test_accuracy= sess.run(evaluation_step, feed_dict={bottleneck_input:
            test_bottlenecks, ground_truth_input: test_ground_truth})

    print('Final test accuracy = %.1f%%'%(test_accuracy * 100))
if_name_ == '_main_':
    tf.app.run()
```

　　以上部分为利用 TensorFlow 实现迁移学习的过程，虽然代码略显繁琐，但是理解之后会发现它十分灵活，能够方便地编写出想要实现的特定功能层。

　　下面我们使用 Keras 来实现迁移学习。

```python
# 导入所需包
import os
import sys
```

```
import glob
from keras.applications.inception_v3 import InceptionV3, preprocess_input
from keras.models import Model
from keras.layers import Dense, GlobalAveragePooling2D
from keras.preprocessing.image import ImageDataGenerator
from keras.optimizers import SGD
```

获取文件的个数

```
def get_nb_files(directory):
    if not os.path.exists(directory):
        return 0
    cnt = 0
    for r, dirs, files in os.walk(directory):
        for dr in dirs:
            cnt += len(glob.glob(os.path.join(r, dr + "/*")))
    return cnt
```

Inception V3 指定的图片尺寸

```
IM_WIDTH, IM_HEIGHT = 299, 299
```

完全连接层的节点个数

```
FC_SIZE = 1024
```

冻结层的数量

```
NB_IV3_LAYERS_TO_FREEZE = 172
```

训练集数据

```
train_dir = 'C:/data/flower_photos/train_split'
```

验证集数据

```
val_dir = 'C:/data/flower_photos/val_split'
nb_epoch = 3
batch_size = 16
```

训练样本个数

```
    nb_train_samples = get_nb_files(train_dir)
```

分类数
```
    nb_classes = len(glob.glob(train_dir + "/ * "))
```

验证集样本个数
```
    nb_val_samples = get_nb_files(val_dir)
```

图片生成器

训练集的图片生成器，通过设置参数进行数据扩增
```
    def image_preprocess():

    train_datagen = ImageDataGenerator(
        preprocessing_function=preprocess_input,
        rotation_range=30,
        width_shift_range=0.2,
        height_shift_range=0.2,
        shear_range=0.2,
        zoom_range=0.2,
        horizontal_flip=True
    )
```

验证集的图片生成器，不进行数据扩增，只进行数据预处理
```
    val_datagen = ImageDataGenerator(
        preprocessing_function=preprocess_input,
    )
```

训练数据与测试数据
```
    train_generator = train_datagen.flow_from_directory(
        train_dir,
        target_size=(IM_WIDTH, IM_HEIGHT),
        batch_size=batch_size, class_mode='categorical')
        validation_generator = val_datagen.flow_from_directory(
            val_dir,
```

```
                target_size=(IM_WIDTH，IM_HEIGHT)，
                batch_size=batch_size，class_mode='categorical')
            return train_generator，validation_generator
```

添加顶层分类器

```
    def add_new_last_layer(base_model，nb_classes)：
        x = base_model. output
        x = GlobalAveragePooling2D()(x)
        x = Dense(FC_SIZE，activation='relu')(x)
        predictions = Dense(nb_classes，activation='softmax')(x)
        model = Model(input=base_model. input，output=predictions)
        return model
```

冻结 base_model 所有层，这样就可以正确获得 bottleneck 特征

```
    def setup_to_transfer_learn(model，base_model)：
        for layer in base_model. layers：
            layer. trainable = False
        model. compile (optimizer='rmsprop'，loss='categorical_crossentropy'，
                    metrics=['accuracy'])
```

冻结部分层，对顶层分类器进行 Fine-tune

```
    def setup_to_finetune(model)：
        for layer in model. layers[：NB_IV3_LAYERS_TO_FREEZE]：
            layer. trainable = False
        for layer in model. layers[NB_IV3_LAYERS_TO_FREEZE：]：
            layer. trainable = True
        model. compile (optimizer=SGD(lr=0. 0001，momentum=0. 9)，
                    loss='categorical_crossentropy'，metrics=['accuracy'])
    if__name__== "__main__"：
```

图像预处理

```
    train_generator，validation_generator=image_preprocess()
```

加载基础模型

使用带有预训练权重的 Inception V3 模型，但不包括顶层分类器

```
base_model = InceptionV3(weights='imagenet', include_top=False)
```

预先要下载无顶端分类器模型

添加顶层分类器，从基本 no_top 模型上添加新层
```
    model = add_new_last_layer(base_model, nb_classes)
```

训练顶层分类器
```
    setup_to_transfer_learn(model, base_model)
history_tl = model.fit_generator(
    train_generator,
    epochs=nb_epoch,
    steps_per_epoch=nb_train_samples // batch_size,
    validation_data=validation_generator,
    validation_steps=nb_val_samples // batch_size,
    class_weight='auto')
```

Fine-tune 以一个预训练好的网络为基础，在新的数据集上重新训练一小部分权重。
Fine-tune 应该在很低的学习率下进行，通常使用 SGD 优化
```
    setup_to_finetune(model)
history_ft = model.fit_generator(
    train_generator,
    steps_per_epoch=nb_train_samples // batch_size,
    epochs=nb_epoch,
    validation_data=validation_generator,
    validation_steps=nb_val_samples // batch_size,
    class_weight='auto')
```

6.6　强化学习

在实际生活中或许都遇到过这样的情景：小时候，我们做错事情会受到父母的批评，于是知道下次不能再犯同样的错误；当我们受到表扬的时候，就会告诉自己下次要更努力，取得更大的进步。以此类推，机器是否也能够具有这种通过外界反馈来调节自身行为的能力呢？回答是肯定的。使机器根据外界环境的反馈来进一步完善自身的算法被称为**强化学习**（Reinforcement Learning）。

强化学习的重点是如何确定决策，而决策的确定需要通过外界环境的效果反馈来进行，因此强化学习模型是一个闭环结构，原理如图 6.20 所示。

例如，机器人要实现自动识别路况的功能。当机器人遇到危险路况时应该记录下来以避免再次进入危险区域。这个过程可以概括为：执行体（Agent）根据策略（Policy）执行动作（Active）。执行体在动作完成后将会处于一个新的状态（State）并与新环境进行交互，此时新的环境将会对执行体有一个反馈（Reward）来告诉执行体此动作的适宜程度。

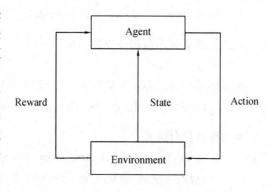

图 6.20　强化学习原理简图

例如，当进入危险环境时会反馈一个很大的负值表示对此行为加以"惩罚"；而当进入希望的目标区域时，则反馈一个适当的正值表示"奖励"。强化学习的目标就是通过不断的强化这种惩罚和奖励以改进策略并达到最佳状态。强化学习的过程就是通过不断的调整策略来获得最优的反馈值，原理如图 6.21 所示。

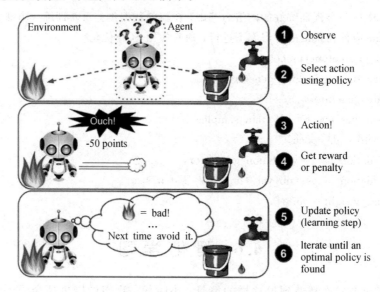

图 6.21　强化学习工作原理简图

这个过程就是一个智能体采取行动从而改变自己的状态以获得奖励和避免惩罚，并与环境发生交互的循环过程。强化学习的算法有许多，本节介绍两个较为常见的算法，即 Q-Learning 和 Sarsa。

1. 数学符号

在正式介绍强化学习原理之前，下面首先介绍在数学推导过程中会遇到的一些数学符号及其实际意义。

1）Reward（ r ）

Reward 通常都记作 r，表示确定每一步动作的返回奖赏值。所有强化学习都要基于 Reward，它是一个标量。这里 r 所表示的 Reward 是即时的回报，也就是每一步行动的回报值，并没有考虑长期回报的累积。

2）累积折现回报函数（ R ）

正如前面所言，强化学习可以总结为通过最大化 Reward 来得到一个最优策略。但是如果只是追求瞬时 Reward 就会导致每次都只从当前动作空间选择 Reward 最大的那个动作，这样就变成了贪心策略（Greedy Policy）。我们想要的是整体回报的最大化，用累积折现回报函数 R_t 来描述这一变量，即

$$R_t = r_{t+1} + \gamma r_{t+2} + \gamma^2 r_{t+3} + \gamma^3 r_{t+4} + \cdots = \sum_{k=0}^{n} \gamma^k r_{t+k+1} \tag{6.28}$$

式中，γ 是衰减系数，其取值为 $[0, 1]$，目的就是减少未来的 Reward 对当前动作的影响。如果设置衰减系数 $\gamma = 0$，则会丢失长期回报，此时只能依靠即时的回报来更新策略。如果希望平衡现在和将来的回报，则可以设置 $\gamma = 0.9$。当然，如果是确定的环境，则可以设置 $\gamma = 1$。对于 Agent 来说，一个好的策略是使所选择的行动能够最大化累积回报，即通过选取合适的策略使 R_t 最大。

3）Action（ A ）

Action 指的是执行体执行的动作，它规定的动作空间定义。Agent 根据自己每次所处的状态以及上一状态的 Reward 值来确定当前要执行什么动作。所执行的动作要最大化 Reward 的期望，直到最终算法收敛，这时所得的策略就是一系列 Action 的连续数据。

4）State（ S ）

State 指当前 Agent 所处的状态，一般表示 Agent 所处的位置或者当前所处的环境。

5）Policy（ π ）

Policy 指 Agent 的行动策略，从数学角度来讲，就是从 State 到 Action 的映射，分为确定策略与随机策略。确定策略就是某一状态下的确定动作 $a = \pi(S)$。随机策略则以概率来描述，即某一状态下执行这一动作的概率，即

$$\pi(a \mid s) = P[A_t = a \mid S_t = s] \tag{6.29}$$

2. 数学概念

为了更好地理解强化学习的原理，下面再介绍几个基本的数学概念。

1）状态评价函数（State Value Function）

状态评价函数 $V_\pi(s)$ 定义为 t 时刻状态 S 能获得的长期回报的期望，这里是指在未指

定固定行为的情况下获得的长期回报，是评价执行体每个状态的指标。它描述的是以当前状态为出发点对所有可能的动作得到的回报作加权和，表达式如下：

$$V_\pi(s) = E_\pi[\boldsymbol{R}_t \mid \boldsymbol{S}_t = s] \tag{6.30}$$

2）动作评价函数（Action Value Reward）

动作评价函数 $G_\pi(\boldsymbol{S}, \boldsymbol{A})$ 是在 State 下（根据策略 π）选择 Action 能获得的长期回报（指定 Action），是每个 State 下每个 Action 的指标。它描述在给定 State 和 Active 下所有可能的长期 Reward 的加权和（权重是各种可能发生的概率），表达式如下：

$$G_\pi(s, a) = E_\pi[\boldsymbol{R}_t \mid \boldsymbol{S}_t = s, \boldsymbol{A}_t = a]$$

3）马尔可夫决策过程（Markov Decision Processes，MDP）

MDP 简单来说就是一个智能体（Agent）采取行动（Action）从而改变自己的状态（State）以获得奖励（Reward）并与环境（Environment）发生交互的循环过程。MDP 的策略完全取决于当前状态，这也是马尔可夫性质的体现。在 MDP 中给定任意一个状态 $s \in \boldsymbol{S}$ 和一个动作 $a \in \boldsymbol{A}$，就会以某个概率转移到下一个状态 $s' \in \boldsymbol{S}$，可以简单地表示为

$$\boldsymbol{M} = (\boldsymbol{S}, \boldsymbol{A}, \boldsymbol{P}, \boldsymbol{R}) \tag{6.31}$$

其中，$\boldsymbol{S}$ 表示有限的状态集空间，$\boldsymbol{A}$ 表示动作集空间，$\boldsymbol{P}$ 表示状态转移概率矩阵，$\boldsymbol{R}$ 表示期望回报值。

状态转移概率 $P_{ss'}^a$ 是状态过渡概率。如果我们从状态 s 开始，采取动作 a，那么就会以 $P_{ss'}^a$ 的概率得到状态 s'，表达式如下：

$$P_{ss'}^a = P(\boldsymbol{S}_{t+1} = s' \mid \boldsymbol{S}_t = s, \boldsymbol{A}_t = a) \tag{6.32}$$

期望回报 $R_{ss'}^a$ 是我们从状态 s 开始，采取行动 a，然后转移到状态 s' 得到下一个回报的期望值（即时回报），表达式如下：

$$R_{ss'}^a = E(\boldsymbol{r}_{t+1} \mid \boldsymbol{S}_t = s, \boldsymbol{A}_t = a, \boldsymbol{S}_{t+1} = s') \tag{6.33}$$

4）贝尔曼方程（Bellman Function）

贝尔曼方程也称动态规划方程（Dynamic Programming Equation），由理查·贝尔曼（Richard Bellman）发现，由于其运用了变分法思想，因此又称为现代变分法。

现在我们推导强化学习的数学理论，先从状态评价函数开始：

$$\begin{aligned} V_\pi(s) &= E_\pi[\boldsymbol{R}_t \mid \boldsymbol{S}_t = s] \\ &= E_\pi(\boldsymbol{r}_{t+1} + \gamma \boldsymbol{r}_{t+2} + \gamma^2 \boldsymbol{r}_{t+3} + \gamma^3 \boldsymbol{r}_{t+4} + \cdots \mid \boldsymbol{S}_t = s) \\ &= E_\pi(\boldsymbol{r}_{t+1} + \gamma(\boldsymbol{r}_{t+2} + \gamma \boldsymbol{r}_{t+3} + \gamma^2 \boldsymbol{r}_{t+4} + \cdots) \mid \boldsymbol{S}_t = s) \\ &= E_\pi(\boldsymbol{r}_{t+1} \mid \boldsymbol{S}_t = s) + E_\pi(\gamma(\boldsymbol{r}_{t+2} + \gamma \boldsymbol{r}_{t+3} + \gamma^2 \boldsymbol{r}_{t+4} + \cdots) \mid \boldsymbol{S}_t = s) \\ &= E_\pi(\boldsymbol{r}_{t+1} \mid \boldsymbol{S}_t = s) + E_\pi\left(\left(\gamma \sum_{k=0}^{\infty} \gamma^k \boldsymbol{r}_{t+k+2}\right) \mid \boldsymbol{S}_t = s\right) \end{aligned} \tag{6.34}$$

其中:

$$E_\pi(\boldsymbol{r}_{t+1} \mid \boldsymbol{S}_t = \boldsymbol{s}) = \sum_a \pi(\boldsymbol{s}, \boldsymbol{a}) \sum_{s'} P^a_{ss'} R^a_{ss'} \tag{6.35}$$

$$E_\pi\Big(\Big(\gamma \sum_{k=0}^\infty \gamma^k r_{t+k+2}\Big) \mid \boldsymbol{S}_t = \boldsymbol{s}\Big) = \sum_a \pi(\boldsymbol{s}, \boldsymbol{a}) \sum_{s'} \gamma P^a_{ss'} E_\pi\Big(\sum_{k=0}^\infty \gamma^k r_{t+k+2} \mid \boldsymbol{S}_{t+1} = \boldsymbol{s}'\Big) \tag{6.36}$$

根据式(6.35)与式(6.36)可以推得贝尔曼方程:

$$V_\pi(\boldsymbol{s}) = \sum_a \pi(\boldsymbol{s}, a) \sum_{s'} P^a_{ss'}\Big[R^a_{ss'} + \gamma E_\pi\Big(\sum_{k=0}^\infty \gamma^k r_{t+k+2} \mid \boldsymbol{S}_{t+1} = \boldsymbol{s}'\Big)\Big] \tag{6.37}$$

将末尾等式进行替换,即可得到迭代式:

$$V_\pi(\boldsymbol{s}) = \sum_a \pi(\boldsymbol{s}, a) \sum_{s'} P^a_{ss'}\big[R^a_{ss'} + \gamma V_\pi(\boldsymbol{s}')\big] \tag{6.38}$$

贝尔曼方程的动作评价函数也可以用类似的方法推导:

$$Q^\pi(\boldsymbol{s}, \boldsymbol{a}) = E_\pi\big[\boldsymbol{r}_{t+1} + \gamma \boldsymbol{r}_{t+2} + \gamma^2 \boldsymbol{r}_{t+3} + \cdots \mid \boldsymbol{S}_t = \boldsymbol{s}, \boldsymbol{A}_t = \boldsymbol{a}\big]$$

$$Q^\pi(\boldsymbol{s}, \boldsymbol{a}) = E_\pi\Big[\boldsymbol{r}_{t+1} + \gamma \sum_{k=0}^\infty \gamma^k r_{t+k+2} \mid \boldsymbol{S}_t = \boldsymbol{s}, \boldsymbol{A}_t = \boldsymbol{a}\Big] \tag{6.39}$$

$$Q^\pi(\boldsymbol{s}, \boldsymbol{a}) = \sum_{s'} P^a_{ss'}\Big[R^a_{ss'} + \gamma \sum_{a'} E_\pi\Big(\sum_{k=0}^\infty \gamma^k r_{t+k+2} \mid \boldsymbol{S}_{t+1} = \boldsymbol{s}', \boldsymbol{A}_{t+1} = \boldsymbol{a}'\Big)\Big] \tag{6.40}$$

$$Q^\pi(\boldsymbol{s}, \boldsymbol{a}) = \sum_{s'} P^a_{ss'}\Big[R^a_{ss'} + \gamma \sum_{a'} Q^\pi(\boldsymbol{s}', \boldsymbol{a}')\Big] \tag{6.41}$$

3. 算法

现在将贝尔曼方程应用到实际的算法中。在这里,我们介绍前面提到的强化学习的两个算法,即 Q-Learning 与 Sarsa 算法。

1) Q-Learning

Q-Learning 的算法流程如图 6.22 所示。

- 随机初始化 $Q(\boldsymbol{s}, \boldsymbol{a})$
- 循环
  - 初始化 $\boldsymbol{S}$
  - 在当前的 $\boldsymbol{S}$ 处选择使得 Q 最大的 $\boldsymbol{A}$(根据 Epsilon Greedy 法则)
  - 循环
    - ◆ 根据当前的 $\boldsymbol{S}$ 和 $\boldsymbol{A}$,观察 $\boldsymbol{R}$ 和 $\boldsymbol{S}_{t+1}$,在 $\boldsymbol{S}_{t+1}$ 处选择使得 Q 最大的 $\boldsymbol{A}_{t+1}$(根据 Epsilon Greedy 法则)
    - ◆ 更新 $Q(\boldsymbol{s}, \boldsymbol{a})$
    - ◆ 将 $\boldsymbol{S}_{t+1}$ 作为新的 $\boldsymbol{S}$ 进行下一次迭代
  - 直至 $\boldsymbol{S}$ 用尽

图 6.22 Q-Learning 算法流程

Q-Learning 算法的更新公式为

$$Q(S, A) = Q(S, A) + \alpha \left\{ \sum_{s'} P_{ss'}^a \left[R_{ss'}^a + \gamma \sum_{a'} Q(S', A') \right] - Q(S, A) \right\} \quad (6.42)$$

下面我们以一个实例来体会 Q-Learning 算法的工作流程。该例描述了一个利用无监督学习来识别未知环境的 Agent。

假设现在有这样一个环境，该环境里有五个房间（编号分别为 0 至 4），房间之间通过门相连，所有房间的外部被标记为 5，如图 6.23 所示。

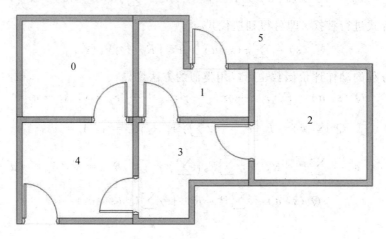

图 6.23　环境结构示意图

这样的房间图也可以通过节点图来表示，如图 6.24 所示。对每一个房间的出入行程，利用节点间的有向线段表示。

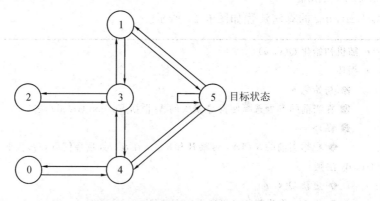

图 6.24　房间及路线使用节点表示

在这个示例中，对应 Q-Learning 算法，我们要初始化 S，即将 Agent 置于这个建筑中的任意一个房间，然后从该房间开始使其走到建筑外，也就是图中编号为 5 的地方，这就是我们的目标状态。

那么如何利用强化学习方法走到 5 呢？现在为每一扇门（即对应的有向边）赋予一个回报值（Reward），直接连接到目标位置的边的 Reward 值为 100，其余边的 Reward 为 0。由于门的进出是双向的，因此要注意 Reward 的赋值不但与"门"相关，还与"方向"相关，如图 6.25 所示。

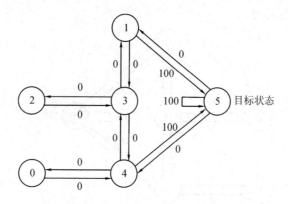

图 6.25 房间及路线赋予 Reward

要注意的是，编号为 5 的节点也有一个指向自身的箭头，其 Reward 值为 100，其他直接指向目标位置的边的 Reward 值也为 100。Q-Learning 的目标是达到 Reward 值最大的 State。因此，当 Agent 到达目标位置后将会停留在该处，例如已经到达了目标位置 5，之后就不会再重新返回其他房间了。这种目标也称为"吸收目标"。

这里我们假设 Agent 是一个可以通过学习获得经验的机器人，它可以从一个房间随意移动至另一个房间。在不知道周围环境的前提下，它并不知道如何直接走到建筑的外边去。

现在我们对 Agent 从任意房间移动到位置 5 进行建模，假设 Agent 最初位于 2 号房间。也就是说，编号 2 为起点，编号 5 为终点，如图 6.26 所示。

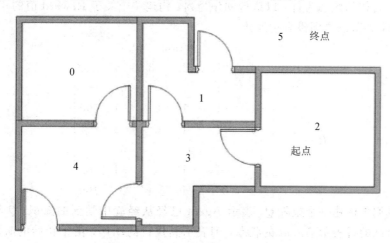

图 6.26 规定目标状态与起始状态

在 Q-Learning 算法中包含两个十分重要的量，即执行体所处的状态（State）和它即将采取的行为（Action）。我们将每一个房间（包括目标位置5）对应为一个"状态"，将 Agent 从一个房间移动至另一个房间对应为一个"行为"。在图 6.27 中，一个"状态"对应一个节点，一种"行为"对应一个有向边。

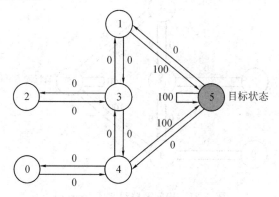

图 6.27　状态之间的转换

我们设定 Agent 的起始状态为 2。从状态 2，它可以转移至状态 3，但不可以转移至状态 1。这是因为状态 2 到状态 3 之间有边相连，状态 2 至状态 1 之间却没有（图 6.26 中房间 2 与房间 1 之间没有门相通）。类似地，我们还有：

（1）由状态 0，只能转移至状态 4。

（2）由状态 1，可以转移至状态 3 和 5。

（3）由状态 3，转移至状态 1、2 和 4。

（4）由状态 4，转移至状态 0、3 和 5。

我们以执行体的状态为行，以执行动作为列，构建一个关于 Reward 值的矩阵 $\boldsymbol{R}$，其中 -1 表示空值，即节点之间没有边连接。

$$
\boldsymbol{R} = \begin{array}{c} \\ \text{State} \\ 0 \\ 1 \\ 2 \\ 3 \\ 4 \\ 5 \end{array}
\begin{array}{c} \text{Action} \\ \begin{array}{cccccc} 0 & 1 & 2 & 3 & 4 & 5 \end{array} \\
\begin{bmatrix}
-1 & -1 & -1 & -1 & 0 & -1 \\
-1 & -1 & -1 & 0 & -1 & 100 \\
-1 & -1 & -1 & 0 & -1 & -1 \\
-1 & 0 & 0 & -1 & 0 & -1 \\
0 & -1 & -1 & 0 & -1 & 100 \\
-1 & 0 & -1 & -1 & 0 & 100
\end{bmatrix}
\end{array}
\tag{6.43}
$$

同理，我们再构建一个矩阵 $\boldsymbol{Q}$，表示 Agent 已经从经验中学到的知识。$\boldsymbol{Q}$ 与 $\boldsymbol{R}$ 是同阶的，依旧是矩阵的行表示 Agent 的状态，列表示其执行的动作。由于初始的时候 Agent 对环境一无所知，因此矩阵 $\boldsymbol{Q}$ 被初始化为零矩阵。

　　为了便于解释，在这个示例中我们假设状态的数目已知，如式(6.43)所示。当遇到状态数目未知的情况时，可以让 Q 从一个元素出发，每当发现一个新的状态就可以在 Q 中添加相应的行列值。

　　为了讲解方便，我们将推导的 Q-Learning 算法的迭代式简写为

$$Q(s, a) = R(s, a) + \gamma \cdot \max_{\tilde{a}} \left[Q(\tilde{s}, \tilde{a}) \right] \tag{6.44}$$

其中，s、a 表示当前 Agent 所处的状态以及执行的行为；$\tilde{s}$、$\tilde{a}$ 表示 s 的下一个状态及行为；学习参数 $\gamma \in [0, 1)$，γ 趋向于 1 表示 Agent 需要考虑未来的回报，而 γ 趋近于 0 表示 Agent 主要考虑当前回报。

　　在无监督的情况下，Agent 将通过经验进行学习，它不断地从一个状态转移至另一个状态进行探索，直到到达目标状态。我们将 Agent 的每一次探索称为一个迭代，即 episode。在每一个 episode 中，Agent 从任意初始状态到达目标状态后，一个 episode 结束，接着进入另一个 episode。

　　在训练过程中，Agent 探索外界环境，并接收外界环境的 Reward，直到达到目标状态。训练的目的是强化 Agent 的"大脑"，即我们之前所提到的矩阵 Q。训练得越充分，Q 就会被优化得越好。当矩阵 Q 完成训练强化后，Agent 就可以很容易找到达到目标状态最快的路径。

　　为了进一步理解 Q-Learning 算法是如何工作的，接下来我们详细地迭代几个 episode。首先初始化学习参数 $\gamma = 0.8$，随机初始状态为房间 1，并将 Q 初始化为一个零矩阵：

$$Q = \begin{array}{c} \\ 0 \\ 1 \\ 2 \\ 3 \\ 4 \\ 5 \end{array} \begin{array}{cccccc} 0 & 1 & 2 & 3 & 4 & 5 \\ \left[\begin{array}{cccccc} 0 & 0 & 0 & 0 & 0 & 0 \\ 0 & 0 & 0 & 0 & 0 & 0 \\ 0 & 0 & 0 & 0 & 0 & 0 \\ 0 & 0 & 0 & 0 & 0 & 0 \\ 0 & 0 & 0 & 0 & 0 & 0 \\ 0 & 0 & 0 & 0 & 0 & 0 \end{array}\right] \end{array}$$

　　观察矩阵 R 的第二行(State=1)，它包含两个非负值。这意味着当前状态 1 的下一步移动只有两种可能，即转移至状态 3(奖励 0 分)或状态 5(奖励 100 分)。随机地，我们选取转移至状态 5，即

$$R = \begin{array}{c} \\ \text{State} \\ 0 \\ 1 \\ 2 \\ 3 \\ 4 \\ 5 \end{array} \begin{array}{cccccc} & & \text{Action} & & & \\ 0 & 1 & 2 & 3 & 4 & 5 \\ \left[\begin{array}{cccccc} -1 & -1 & -1 & -1 & 0 & -1 \\ -1 & -1 & -1 & 0 & -1 & 100 \\ -1 & -1 & -1 & 0 & -1 & -1 \\ -1 & 0 & 0 & -1 & 0 & -1 \\ 0 & -1 & -1 & 0 & -1 & 100 \\ -1 & 0 & -1 & -1 & 0 & 100 \end{array}\right] \end{array}$$

这时，Agent 将会移动到状态 5 的位置。下一步我们观察矩阵 $\boldsymbol{R}$ 的第 6 行(State = 5)，状态 5 对应的行为有以下三种：转至状态 1(奖励 0 分)、状态 4(奖励 0 分)或者状态 5(奖励 100 分)。

现在状态 5 变为了当前状态，由于状态 5 就是目标状态，因此只经过了一次移动，episode 便完成了任务。根据式(6.44)，可以计算出：

$$\boldsymbol{Q}(1,5) = \boldsymbol{R}(1,5) + 0.8 \times \max[\boldsymbol{Q}(5,1),\boldsymbol{Q}(5,4),\boldsymbol{Q}(5,5)] = 100$$

现在 Agent 的"大脑"矩阵 $\boldsymbol{Q}$ 更新为

$$\boldsymbol{Q} = \begin{array}{c} \\ 0 \\ 1 \\ 2 \\ 3 \\ 4 \\ 5 \end{array} \begin{array}{cccccc} 0 & 1 & 2 & 3 & 4 & 5 \\ \left[\begin{array}{cccccc} 0 & 0 & 0 & 0 & 0 & 0 \\ 0 & 0 & 0 & 0 & 0 & 100 \\ 0 & 0 & 0 & 0 & 0 & 0 \\ 0 & 0 & 0 & 0 & 0 & 0 \\ 0 & 0 & 0 & 0 & 0 & 0 \\ 0 & 0 & 0 & 0 & 0 & 0 \end{array}\right] \end{array}$$

第一次迭代结束。接下来，进行下一次迭代。首先依旧是随机选取一个初始状态，此时我们选择状态 3 为初始状态。

观察矩阵 $\boldsymbol{R}$ 的第 4 行(State = 3)，它对应着三个可能的行为，即转移至状态 1、2 或 4，奖励分都是 0 分。假设随机转移至状态 1。根据式(6.44)，我们可以计算出：

$$\boldsymbol{Q}(3,1) = R(3,1) + 0.8 \times \max[\boldsymbol{Q}(1,3),\boldsymbol{Q}(1,5)]$$
$$= 0 + 0.8 \times \max[0,100] = 80$$

这时 Agent 的"大脑"矩阵 $\boldsymbol{Q}$ 将会更新为

$$\boldsymbol{Q} = \begin{array}{c} \\ 0 \\ 1 \\ 2 \\ 3 \\ 4 \\ 5 \end{array} \begin{array}{cccccc} 0 & 1 & 2 & 3 & 4 & 5 \\ \left[\begin{array}{cccccc} 0 & 0 & 0 & 0 & 0 & 0 \\ 0 & 0 & 0 & 0 & 0 & 100 \\ 0 & 0 & 0 & 0 & 0 & 0 \\ 0 & 80 & 0 & 0 & 0 & 0 \\ 0 & 0 & 0 & 0 & 0 & 0 \\ 0 & 0 & 0 & 0 & 0 & 0 \end{array}\right] \end{array}$$

现在状态 1 成为了当前位置，由于状态 1 不是目标状态，因此需要继续探索。状态 1 对应两个可能的行为是转至状态 3 或者 5，此时不妨假定 Agent 非常幸运地直接选择了状态 5。

在状态 5，有三个可能的执行动作，即转移至状态 1、4 或 5。根据式(6.44)，可以计算得

$$Q(1,5) = \boldsymbol{R}(1,5) + 0.8 \times \max[\boldsymbol{Q}(5,1),\boldsymbol{Q}(5,4),\boldsymbol{Q}(5,5)]$$
$$= 100 + 0.8 \times \max[0,0,0] = 100$$

经过此次迭代后矩阵 $\boldsymbol{Q}$ 没有发生变化。

因为状态 5 为目标状态，所以此次迭代便完成。如果我们继续执行多次迭代，则最终

矩阵 Q 可以收敛为

$$
Q = \begin{array}{c} \\ 0 \\ 1 \\ 2 \\ 3 \\ 4 \\ 5 \end{array}
\begin{array}{cccccc}
0 & 1 & 2 & 3 & 4 & 5 \\
\left[\begin{array}{cccccc}
0 & 0 & 0 & 0 & 400 & 0 \\
0 & 0 & 0 & 320 & 0 & 500 \\
0 & 0 & 0 & 320 & 0 & 0 \\
0 & 400 & 256 & 0 & 400 & 0 \\
320 & 0 & 0 & 320 & 0 & 500 \\
0 & 400 & 0 & 0 & 400 & 500
\end{array}\right]
\end{array}
$$

对上述矩阵进行规范化，可得

$$
Q = \begin{array}{c} \\ 0 \\ 1 \\ 2 \\ 3 \\ 4 \\ 5 \end{array}
\begin{array}{cccccc}
0 & 1 & 2 & 3 & 4 & 5 \\
\left[\begin{array}{cccccc}
0 & 0 & 0 & 0 & 80 & 0 \\
0 & 0 & 0 & 64 & 0 & 100 \\
0 & 0 & 0 & 64 & 0 & 0 \\
0 & 80 & 51 & 0 & 80 & 0 \\
64 & 0 & 0 & 64 & 0 & 100 \\
0 & 80 & 0 & 0 & 80 & 100
\end{array}\right]
\end{array}
$$

一旦矩阵 Q 足够接近收敛状态，Agent 便学习到了由任意初始状态转移至目标状态的最佳路径，如图 6.28 所示。

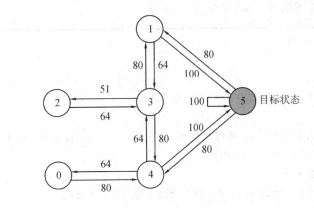

图 6.28　收敛得到最佳路径

例如，从起始状态 2 开始，利用矩阵 Q 或者由矩阵 Q 导出的图 6.28 可得：

(1) 从状态 2，最大 Q 元素值指向状态 3。

(2) 从状态 3，最大 Q 元素值指向 1 或者 4。假设这里随机至状态 4。

(3) 从状态 4，最大 Q 元素值指向 5，即最终目标状态。

(4) Agent 停留在状态 5。

这样，我们就得到了 Agent 的最佳撤离路径为 2−3−4−5。总结以上描述，我们可以得到 Q-Learning 算法的实现流程图，如图 6.29 所示。

图 6.29　Q-Learning 算法的实现流程图

关于 Q-Learning 算法的参考代码将在附录 B 中给出，在此我们的重点在于对 Q-Learning 算法的理解。

2）Sarsa 算法

Sarsa 算法的流程图如图 6.30 所示。

- 随机初始化 $Q(s, a)$
- 循环
  - ■ 初始化 S
  - ■ 在当前的 S 处选择使得 Q 最大的 A（根据 Epsilon Greedy 法则）
  - ■ 循环
    - ◆ 根据当前的 S 和 A，观察 R 和 S_{t+1}，在 S_{t+1} 处选择使得 Q 最大的 A_{t+1}
      （根据 Epsilon Greedy 法则）
    - ◆ 更新 $Q(s, a)$
    - ◆ 将 S_{t+1} 作为新的 S，将 A_{t+1} 作为新的 A 进行下一次迭代
  - ■ 直到 S 用尽

图 6.30　Sarsa 算法的实现过程

Q 的更新式为

$$Q(S, A) = Q(S, A) + \alpha \{ [R + \gamma Q(S', A')] - Q(S, A) \} \tag{6.45}$$

整个算法还是一直不断更新 Q 值，然后根据新的值来判断要在某个 State 采取怎样的 Action。与 Q-learning 的不同之处在于：Sara 算法在当前 State 已经想好了对应的 Action，

而且想好了下一个 State 和下一个 Action（Q-learning 还没有想好下一个 Action）。另外，Sarsa 算法更新 $Q(S, A)$ 的时候是基于下一个 $Q(S', A')$，而 Q-learning 是基于 $Q(S, A)_{max}$。这种不同之处使得 Sarsa 相对于 Q-learning 更加"胆小"。

这是因为 Q-learning 永远都想着 $Q(S, A)_{max}$ 而变得贪婪，不考虑其他非 $Q(S, A)_{max}$ 的结果。可以将 Q-Learning 理解成一种贪婪、大胆、勇敢的算法，它不在乎错误和死亡，而 Sarsa 是一种保守的算法，它会斟酌每一步决策，对于下一步可能造成的后果特别敏感。

在行动的选取上，Q-Learning 始终选择最优价值的行动，而 Sarsa 则遵循着控制策略来行动，它会多考虑一些下一步的动作以及相应的回报。在实际项目中，Sarsa 更稳妥一点，而 Q-Learning 则充满了冒险性。Q-Learning 倾向于大胆尝试，而 Sarsa 的行动十分谨慎。

6.7　模型优化的局限性

前面介绍了多种深度学习模型优化的方法，但依然存在着许多限制模型性能进一步发展的因素。这些因素也是当今深度学习领域的重要研究方向。

6.7.1　局部极小值

凸优化问题的一个突出特点是可以简化为寻找一个局部极小点的问题。凸优化任何一个局部极小点都是全局最小点，如图 6.31 所示。

有些凸函数的底部是一个平坦的区域，而不是单一的全局最小点，但该平坦区域中的任意点都是一个可以接受的解，如图 6.32 所示。

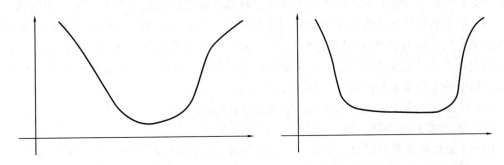

图 6.31　凸函数局部极小点即为全局最小点　　　　图 6.32　多个可接受的最小值点

因此优化一个凸问题时，若发现了任何形式的临界点（如梯度为 0），基本上就意味着找到了一个不错的结果。

对于非凸函数，如神经网络，可能会存在多个局部极小值。事实上，几乎所有的深度模型都有非常多的局部极小值，如图 6.33 所示，图中有多个梯度为 0 的点。

这就是模型可辨认性(Model Identifiability)问题。如果一个足够大的训练集可以唯一确定一组模型参数，那么称该模型是可辨认的。带有潜变量的模型通常是不可辨认的，因为通过相互交换潜变量能得到多个等价的模型。例如，考虑神经网络的第一层，我们同时交换单元 i 和单元 j 的传入权重向量、传出权重向量而得到等价的模型，如图 6.34 所示。如果神经网络有 m 层，每层有 n 个单元，那么会有 $(n!)^m$ 种排列隐藏单元的方式。这种不可辨认性被称为权重空间对称性(Weight Space Symmetry)。

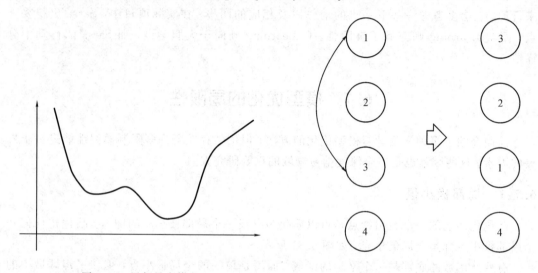

图 6.33　局部最小值点　　　　　　　　图 6.34　模型不可辨认

局部极小值会带来较大的隐患，特别是会给基于梯度的优化算法带来极大的问题。甚至一部分学者将神经网络优化中的所有困难都归结于局部极小值。一种能够排除局部极小值的检测方法是画出梯度范数随时间的变化。如果梯度范数没有缩小到一个微小的值，那么该问题既不是局部极小值，也不是其他形式的临界点。我们可以通过下述几种方法来缓解局部最小值可能带来的问题(不局限于这几种)。

(1) 设计合适的 loss 函数与模型，尽可能避免危险地形。

(2) 采用均匀分布初始权重、高斯分布初始权重等，优化起始点。

(3) 让最优化过程对危险地形有一定的判断力，如使用梯度截断、动量梯度下降。

(4) 使用正则化方法来缓解局部最小值问题，如批标准化。

6.7.2　梯度消失、梯度爆炸与悬崖

我们现在知道，越深的神经网络其有效容量越大，但是在实际的工程中我们是不可能

构造一个无限深的深度学习模型的。随着模型深度的增加，学习速度会明显降低甚至出现不收敛的问题。这种现象就是由梯度消失或梯度爆炸引起的。一般地，在深度神经网络中的梯度是不稳定的，在前面的层中或者会消失，或者会激增。这种不稳定性才是深度神经网络中基于梯度学习的根本问题。

图 6.35 显示了网络中前面隐藏层的学习速度要低于后面的隐藏层。第一层的学习速度和最后一层差两个数量级，也就是第一层的学习速度是第四层的学习速度的 1/100。如果我们有着很深的模型，那么这个问题会带来大麻烦。

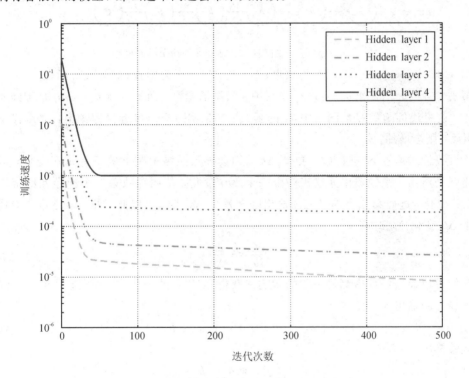

图 6.35　模型深度增加造成训练速度的降低

由此得到一个重要的观察结果：在具有一定深度的深度神经网络中，某些靠前的隐藏层的梯度倾向于变小。这意味着在前面隐藏层中的神经元学习速度要慢于后面的隐藏层。这个现象被称为梯度消失问题(Vanishing Gradient)。

下面举例说明不稳定的梯度是否确实对训练造成了影响。假设我们正在优化一个一元的数值函数 $f(x)$。如果函数的导数 $f'(x)$ 很小，是不是意味着已经接近极值点了？答案是不确定。同样的道理，在深度神经网络中，如果前面的隐藏层具有很小的梯度，是不是表示不需要对权重和偏置做太多调整？当然是的，然而实际上并不是这样的。

　　面对任何任务，如果仅仅使用随机初始值就能够获得一个较好的结果，那么接近是不可能事件。具体来讲，如果这些网络中第一层的权重被随机初始化，就意味着第一层丢失了输入图像的几乎所有信息。即使后面的层能够获得足够的训练，这些层也会因为信息不充分而很难识别出输入的图像。因此，在第一层不进行参数更新是不可能的。

　　为了探究梯度消失的原因，我们先看一个极简单的深度神经网络：每一层都只有一个单一神经元，如图 6.36 所示。

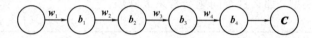

图 6.36　每一层仅有一个神经元的简单神经网络

　　图 6.36 中，w_1，w_2，w_3，$\cdots$ 为权重；b_1，b_2，b_3，$\cdots$ 为偏置；C 为代价函数。

　　第 j 个神经元的输出 $a_j = \sigma(z_j)$，其中 σ 为激活函数，而 $z_j = w_j a_{j-1} + b_j$ 是神经元的带权输入。这里代价函数 C 是网络中 a_4 的函数。如果实际输出接近目标输出，那么代价会变低；相反，则会增加。

　　假设我们对偏置 b_1 进行微小更新 Δb_1，则会导致网络中剩下的所有元素变化，最直观的变化就是对第一个隐藏单元输出产生一个 Δa_1 变化，从而导致第二个神经元的带权输入产生 Δz_2 变化，进而第二个神经元的输出随之发生 Δa_2 变化。以此类推，最终也会对代价函数产生 ΔC 变化。此时有

$$\frac{\partial C}{\partial b_1} \approx \frac{\Delta C}{\Delta b_1} \tag{6.46}$$

　　我们可以通过仔细追踪每一步的影响来获得 $\partial C / \partial b_1$ 的表达式。现在看 Δb_1 如何影响第一个神经元的输出 a_1。我们有

$$a_1 = \sigma(z_1) = \sigma(w_1 a_0 + b_1) \tag{6.47}$$

所以能够推出

$$\Delta a_1 \approx \frac{\partial \sigma(w_1 a_0 + b_1)}{\partial b_1} \Delta b_1$$

$$= \sigma'(z_1) \Delta b_1 \tag{6.48}$$

　　Δa_1 随之又会影响带权输入：

$$z_2 = w_2 a_1 + b_2 \tag{6.49}$$

得到

$$\Delta z_2 \approx \frac{\partial z_2}{\partial a_1} \Delta a_1 = w_2 \Delta a_1 \tag{6.50}$$

将式（6.47）带入式（6.50）可得

$$\Delta z_2 \approx \sigma'(z_1) w_2 \Delta b_1 \tag{6.51}$$

同理，我们可以通过层层迭代得到 $\Delta \boldsymbol{C}$ 关于 $\Delta \boldsymbol{b}_1$ 的表达式：

$$\Delta \boldsymbol{C} \approx \sigma'(z_1) w_2 \sigma'(z_2) \cdots w_4 \sigma'(z_4) \frac{\partial \boldsymbol{C}}{\partial \boldsymbol{a}_4} \Delta \boldsymbol{b}_1 \tag{6.52}$$

式(6.52)两边同时除以 $\Delta \boldsymbol{b}_1$ 可以得到梯度的表达式：

$$\frac{\partial \boldsymbol{C}}{\partial \boldsymbol{b}_1} = \sigma'(z_1) w_2 \sigma'(z_2) \cdots w_4 \sigma'(z_4) \frac{\partial \boldsymbol{C}}{\partial \boldsymbol{a}_4} \tag{6.53}$$

图 6.36 所示的神经网络梯度的整体表达式为

$$\frac{\partial \boldsymbol{C}}{\partial \boldsymbol{b}_1} = \sigma'(z_1) w_2 \sigma'(z_2) w_3 \sigma'(z_3) w_4 \sigma'(z_4) \frac{\partial \boldsymbol{C}}{\partial \boldsymbol{a}_4} \tag{6.54}$$

可以看出，该表达式除了最后一项，其余部分是一系列形如 $w\sigma(z)$ 的乘积。使用 Sigmoid 作为激活函数，Sigmoid 函数的导函数如图 6.37 所示。

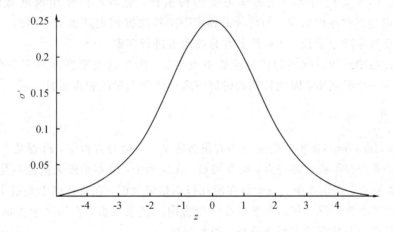

图 6.37 Sigmoid 函数的导函数

可以看到，当 $z = 0$ 时，导函数取最大值 1/4。此时如果使用标准方法来初始化网络中的权重，就会使用一个均值为 0、标准差为 1 的高斯分布。因此所有的权重通常会满足 $|w_j| < 1$。这时不难发现，$w_j\sigma'(z_j) < 1/4$。在我们进行了所有这些项的乘积时，最终结果肯定会呈指数级下降，乘积项数目越多，乘积下降得越快。这就是梯度消失的本质原因。

如果此时乘积项大于 1，就遇到了梯度爆炸问题。其根本问题是在前面的层上梯度值是来自后面层的乘积。当存在过多的层次时，就出现了内在的不稳定场景。简而言之，真实的问题就是神经网络受限于不稳定梯度。为了使深度神经网络的梯度也能很好地传递，相继提出了 ResNet 等技术，将在后续章节讲解。

多层神经网络的梯度还存在像悬崖一样的斜率较大区域。这由式(6.54)中的几个较大权重相乘所致。遇到斜率极大的悬崖结构时，梯度更新将会很大程度地改变参数值，有可能越过需要获得的极小值，如图 6.38 所示。

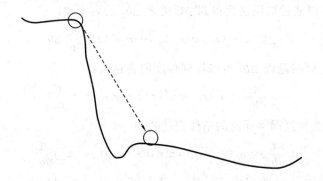

图 6.38　悬崖导致模型错过极小值

　　遇到悬崖结构会使网络模型的学习变得很糟糕，此时可以使用**梯度截断**（Gradient Clipping）来避免其严重的后果。当传统的梯度下降算法提议更新很大一步时，启发式梯度截断通常会反过来减小步长，从而使其在悬崖附近进行搜索。

　　悬崖结构在循环神经网络的代价函数中很常见，因为这类模型涉及多个因子的相乘。每个因子对应一个时间步，因此长期的时间序列会产生大量的相乘运算。

6.7.3　鞍点

　　鞍点（Saddle Point）在不同的应用中有很多定义。在微分方程中，沿着某一方向是稳定的，沿另一条方向有不稳定的奇点，叫作鞍点。在泛函中，既不是极大值也不是极小值的临界点，也叫作鞍点。在矩阵中，一个数在所在行中是最大值，在所在列中是最小值，则被称为鞍点。在物理上要广泛一些，鞍点指在一个方向上是极大值，在另一个方向上是极小值的点。描述鞍点的函数形状类似于马鞍，因此得名。

　　对于很多高维非凸函数而言，局部极小值（以及极大值）都远少于另一类梯度为 0 的点，即鞍点。在鞍点处，Hessian 矩阵同时具有正负特征值。正特征值对应的特征向量方向的点比鞍点有更大的代价，而负特征值对应的特征向量方向的点有更小的代价。可以将鞍点视为代价函数某个横截面上的局部极小点，同时是另一个横截面上的局部极大点。如图 6.39 所示，鞍点的 (x, y) 坐标为 $(0, 0)$。

　　多类随机函数通常表现出以下性质：在低维空间中，局部极小值很普遍。在更高维空间中，局部极小值很罕见，而鞍点则很常见。对于这类函数，鞍点和局部极小值的数目比率的期望随维数呈指数级增长。我们可以从直觉上理解这种现象，Hessian 矩阵在局部极小值处只有正特征值，而在鞍点处同时具有正负特征值。

　　由于鞍点同时具有正负特征，因此我们需要随机决定特征值的符号。如果随机取得的符号为正，则获取到局部极小值点。在一维空间中可以很容易地随机得到正值特征以获取局部极小值点。但是在 n 维空间中，要随机取得 n 次符号同时均为正值的概率是非常小的，

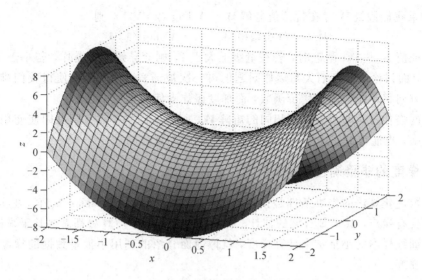

图 6.39　$x^2 - y^2$ 图像的鞍点的 (x, y) 坐标为 $(0, 0)$

仅为 $(1/2)^n$。

很多随机函数具有的性质是：当我们到达代价较低的区间时，Hessian 矩阵的特征值为正的可能性更大。与抛硬币类比，这意味着如果我们处于低代价的临界点，则抛掷硬币正面朝上 n 次的概率更大（如果正面代表正值）。也就是说，局部极小值具有低代价的可能性比高代价的可能性要大得多。具有高代价的临界点更有可能是鞍点。具有极高代价的临界点就很可能是局部极大值。

以上现象出现在许多种类的随机函数中。那么是否在神经网络中也有发生呢？通过实验表明，真实的神经网络也存在包含很多高代价鞍点的损失函数。那么，鞍点激增对于训练算法来说又有哪些影响呢？对于只使用梯度信息的一阶优化算法而言，目前情况还不清楚。另一方面，实验中梯度下降似乎可以在许多情况下逃离鞍点，避免鞍点的影响。幸运的是，我们之前所介绍的 SGD 训练算法能轻易地逃脱鞍点，虽然大多数训练时间花费在横穿代价函数中相对平坦的峡谷，但是它不会导致最终训练的失败。

6.7.4　长期依赖

当网络模型变得极深时，神经网络优化算法会面临的另外一个难题就是长期依赖问题，是指变深的结构使模型丧失了学习到先前信息的能力，让优化变得极其困难。

深层的计算图不仅存在于前馈网络，还存在于我们之前所介绍的循环网络中。因为循环网络要在很长时间序列的各个时刻重复应用相同操作来构建非常深的计算图，并且模型参数共享，所以使长期依赖的矛盾表现得更加明显。

例如，假设某个计算图中包含一条反复与矩阵 W 相乘的路径，那么 t 步后，相当于乘

以 W^t。如果我们假设 W 存在特征值分解 $W = V\text{diag}(\lambda)^t V^{-1}$ ，则

$$W^t = (V\text{diag}(\lambda)V^{-1})^t = V\text{diag}(\lambda)^t V^{-1} \tag{6.55}$$

当特征值 λ_i 不在 1 附近时，若在量级上大于 1，则会导致整体爆炸，若小于 1，则会消失。我们上面讨论的梯度消失与爆炸问题也再一次被证实。梯度消失使得我们难以知道参数朝哪个方向移动能够改进代价函数，而梯度爆炸会使得学习不稳定。

循环网络在各时间步上使用相同的矩阵 W，而前馈网络不是。所以即使使用非常深层的前馈网络，也能很大程度上有效地避免梯度消失与爆炸问题。

6.7.5　梯度的非精确性

大多数优化算法的先决条件是预先知道精确的梯度或是 Hessian 矩阵。在实践中，通常这些量会有噪声，甚至是有偏的估计。几乎每一个深度学习算法都需要基于采样的估计，至少使用训练样本的小批量来计算梯度，就像前面介绍的利用小批量数据的梯度来估算整体样本的梯度。

而当目标函数不可解时，通常其梯度也是难以处理的。在这种情况下，我们只能使用近似梯度。各种神经网络优化算法的设计都考虑到了梯度估计的缺陷。我们可以选择比真实损失函数更容易估计的代理损失函数来避免这个问题。

一些理论结果表明，我们为神经网络设计的任何优化算法都有性能限制，通常这些结果不影响神经网络在实践中的应用。一些理论结果仅适用于神经网络的单元输出离散值的情况。然而，大多数神经网络单元输出光滑的连续值，使得局部搜索求解优化可行。在神经网络训练中，我们通常不关注某个函数的精确极小点，而只关注将其值下降到足够小以获得一个良好的泛化误差。对优化算法是否能完成此目标进行理论分析是非常困难的，有待进一步探索。

思 考 题

6.1　简述参数初始化对训练深度学习模型的影响。

6.2　简述至少两种参数初始化方法。

6.3　简述偏置的初始化方法，并解释其不为零初始化的情况。

6.4　简述手动调节超参数的方法和原则。

6.5　简述隐藏单元数量、学习率、隐式零填充、权重衰减系数以及 Dropout 比率对深度学习模型性能的影响。

6.6　简述网格搜索算法的应用情景并举例说明其工作过程。

6.7　比较随机搜索算法与网格搜索算法的异同。

6.8　为什么说模型的损失是高度敏感于参数空间某些方向的？

6.9　简述 AdaGrad 算法的过程并说明其优缺点。

6.10　简述含动量 RMSProp 算法的流程并说明为什么其可以快速收敛。

6.11　简述 Adam 算法流程，并说明其优点。

6.12　简述何为对抗样本。

6.13　简述生成对抗神经网络的结构，并画出其结构原理图。

6.14　尝试推导生成对抗神经网络的目标函数。

6.15　简述在何种情况下可以认为生成对抗神经网络得到了最优的生成模型。

6.16　程序题(生成对抗神经网络)。请尝试按照要求写出相应的程序语句。(TensorFlow 环境)

(1) 调用绘图工具 plt。

(2) 初始化 D_W1 参数，是一个 500 行 200 列的矩阵。

(3) 生成维度为[m, n]的随机噪声。

(4) 输入的随机噪声 z 乘以 G_W1 矩阵加上偏置 G_b1，使用 ReLU 激活函数。

(5) 初始化一个 4 行 4 列、包含 16 张子图像的图片。

(6) 设置子图之间的间距为(1, 1)。

(7) 取得 z 的生成结果，命名为 G_sample。

(8) 定义一个使用 Adam 优化器的训练器。

(9) 每过 100 次记录一下日志，可以通过 TensorBoard 查看，记录参数包括 A、B、C、D。

6.17　简述迁移学习的作用和原理。

6.18　简述对预训练模型进行微调的方法。

6.19　简述当遇到小数据集但与预训练相似度不高的新数据集时，我们应如何使用迁移学习。

6.20　程序题(迁移学习)。请尝试按要求写出相应的程序语句。(Keras 环境)

(1) 使用图像增强技术，使图像随机旋转 30°之内，使图像变成灰度图像。

(2) 使用全局平均池化层。

(3) 使用带有预训练权重的 Inception V3 模型，但不包括顶层分类器。

(4) 添加顶层分类器，从基本 no_top 模型上添加新层。

6.21　画出强化学习的原理框图。

6.22　写出强化学习的简单马尔科夫表达式。

6.23　简述 Q-Learning 算法的算法流程。

6.24　简述 Sarsa 算法的算法流程。

6.25　比较 Q-Learning 算法和 Sarsa 算法的异同，并写出二者的更新式。

6.26　简述限制深度学习被进一步优化的原因。

6.27　阐述发生梯度消失及梯度爆炸的原因。

6.28　阐述在深度学习训练的过程中何为悬崖现象，如何避免。

6.29　简述何为长期依赖，如何避免。

参 考 文 献

[1]　NIELSEN M. Neural Networks and Deep Learning[M]. Determination Press，2016.
http：//neuralnetworksanddeeplearning[M]. com.

[2]　GOODFELLOW I, BENGIO Y, COURVILLE A. Deep Learning[M]. Cambridge：The MIT Press，2016.

[3]　https：//www. tensorflow. org.

[4]　https：//keras. io.

[5]　LIU Z，ZHANG Q. Design of an electronic label for logistics temperature monitoring with low power consumption[J]. Optoelectron. Lett.，2019，15(1)：16 - 20.

[6]　LIU Y L，ZHANG Q，GENG Z, et al. Detecting Diseases by Human-Physiological-Parameter-Based Deep Learning[J]. IEEE Access，2019，7：22002 - 22010.

[7]　ZHANG Q，LIU Y，LIU G, et al. An automatic diagnostic system based on deep learning，to diagnose hyperlipidemia[J]. Diabetes，Metabolic Syndrome and Obesity：Targets and Therapy，2019，12：637 - 645.
http：//mnemstudio. org/path-finding-q-learning-tutorial. htm.

[8]　GLOROT X，BENGIO Y. Understanding the difficulty of training deep feedforward neural networks [J]. Journal of Machine Learning Research，2010，9：249 - 256.

[9]　SAXE A M，MCCLELLAND J L，GANGULI S. Exact solutions to the nonlinear dynamics of learning in deep linear neural networks[J]，2013. arXiv：1312. 6120.

[10]　SUSSILLO D. Random Walks：Training Very Deep Nonlinear Feed-Forward Networks with Smart Initialization[J]，2014. arXiv：1412. 6558.

[11]　MARTENS J. Deep learning via Hessian-free optimization[C]. Proceedings of the 27th International Conference on Machine Learning (ICML - 10)，2010.

[12]　MISHKIN D，MATAS J. All you need is a good init[J]，2015. arXiv：1511. 06422.

[13]　JOZEFOWICZ R，ZAREMBA W，SUTSKEVER I. An empirical evaluation of recurrent network architectures[C]. In ICML'2015，2015.

[14]　JACOBS R A. Increased rates of convergence through learning rate adaptation[J]. Neural networks，1988，1(4)：295 - 307.

[15]　DUCHI J，HAZAN E，SINGER Y. Adaptive Subgradient Methods for Online Learning and Stochastic Optimization[J]. Journal of Machine Learning Research，2011，12(7)：257 - 269.

[16]　HINTON G E. Tutorial on deep learning[M]. IPAM Graduate Summer School：Deep Learning，Feature Learning，2012.

http：//www. deeplearning. net/tutorial.

[17]　KINGMA D, BA J. Adam：A method for stochastic optimization[J], 2014. arXiv：1412. 6980.

[18]　SCHAUL T, ANTONOGLOU I, SILVER D. Unit Tests for Stochastic Optimization[J]. Nihon Naika Gakkai Zasshi the Journal of the Japanese Society of Internal Medicine，2013，102(6)：1474 - 83.

[19]　LECUN Y, BOTTOU L, ORR G B, et al. Efficient BackProp[J]. Lecture Notes in Computer Science，1998，1524(1)：9 - 50.

[20]　BERGSTRA J, BENGIO Y. Random Search for Hyper-Parameter Optimization[J]. Journal of Machine Learning Research，2012，13(1)：281 - 305.

[21]　MACLAURIN D, DUVENAUD D, ADAMS R P. Gradient-based hyperparameter optimization through reversible learning[C]. International Conference on International Conference on Machine Learning，2015.

[22]　BENGIO Y. Gradient-based optimization of hyperparameters[J]. Neural Computation，2000，12(8)：1889 - 1900.

[23]　MACLAURIN D, DUVENAUD D, ADAMS R P. Gradient-based hyperparameter opti-mization through reversible learning[J]，2015. arXiv：1502. 03492.

[24]　SNOEK J, LAROCHELLE H, ADAMS R P. Practical Bayesian optimization of machine learning algorithms[C]. NIPS'12 Proceedings of the 25th International Conference on Neural Information Processing Systems，2012，2：2951 - 2959.

[25]　BERGSTRA J, BARDENET R, BENGIO Y, et al. Algorithms for hyper-parameter optimization [J]. Advances in neural information processing systems，2011：2546 - 2554.

[26]　HUTTER F, HOOS H H, LEYTON-BROWN K. Sequential Model-Based Optimization for General Algorithm Configuration[C]. International Conference on Learning and Intelligent Optimization. Berlin：Springer，2011.

[27]　SWERSKY K, SNOEK J, ADAMS R P. Freeze-thaw Bayesian optimization[J]，2014. arXiv：1406. 3896.

[28]　GOODFELLOW I J, POUGET-ABADIE J, MIRZA M, et al. Generative adversarial networks[J]，2014. arXiv：1406. 2661.

[29]　GOODFELLOW I J. On distinguishability criteria for estimating generative models[J]，2014. arXiv：1412. 6515.

[30]　RADFORD A, METZ L, CHINTALA S. Unsupervised representation learning with deep convolutional generative adversarial networks，2015. arXiv：1511. 06434.

[31]　DENTON E, CHINTALA S, SZLAM A, et al. Deep generative image models using a Laplacian pyramid of adversarial networks[C]. Proceeding NIPS'15 Proceedings of the 28th International Conference on Neural Information Processing Systems，2015，1：1486 - 1494.

[32]　MIRZA M, OSINDERO S. Conditional Generative Adversarial Nets[J]. Computer Science，2014：2672 - 2680.

[33] WELLING M, ZEMEL R S, HINTON G E. Self supervised boosting[C]. International Conference on Neural Information Processing Systems, 2002.

[34] SONTAG E D. Backpropagation can give rise to spurious local minima even for networks without hidden layers[J]. Complex Systems, 1989, 3.

[35] BRADY M L, RAGHAVAN R, SLAWNY J. Back propagation fails to separate where perceptrons succeed[J]. IEEE Transactions on Circuits and Systems, 1989, 36(5): 665 – 674.

[36] GORI M, TESI A. On the problem of local minima in backpropagation[J]. IEEE Transactions on Pattern Analysis and Machine Intelligence, 1992, 14(1): 76 – 86.

[37] DAUPHIN Y, PASCANU R, GULCEHRE C, et al. Identifying and attacking the saddle point problem in high-dimensional non-convex optimization [C]. NIPS' 14 Proceedings of the 27th International Conference on Neural Information Processing Systems, 2014, 2: 2933 – 2941.

[38] GOODFELLOW I J, VINYALS O, SAXE A M. Qualitatively characterizing neural network optimization problems[J], 2015. arXiv: 1412. 6544.

[39] CHOROMANSKA A, HENAFF M, MATHIEU M, et al. The Loss Surface of Multilayer Networks[J], 2014. arXiv: 1412. 0233v1.

[40] DAUPHIN Y, PASCANU R, GULCEHRE C, et al. Identifying and attacking the saddle point problem in high-dimensional non-convex optimization [C]. NIPS' 14 Proceedings of the 27th International Conference on Neural Information Processing Systems, 2014, 2: 2933 – 2941.

[41] BALDI P, HORNIK K. Neural networks and principal component analysis: Learning from examples without local minima[J]. Neural Networks, 1989, 2: 53 – 58.

[42] GOODFELLOW I J, VINYALS O, SAXE A M. Qualitatively characterizing neural network optimization problems, 2015. arXiv: 1412. 6544.

[43] PASCANU R, MIKOLOV T, BENGIO Y. On the difficulty of training Recurrent Neural Networks [J], 2012. arXiv: 1211. 5063.

[44] BLUM A L, RIVEST R L. Training a 3-node neural network is NP-complete[J]. Neural Networks, 1992, 5(1): 117 – 127.

[45] JUDD J S. Neural network design and the complexity of learning[M]. Cambridge: MIT Press, 1990.

[46] WOLPERT D H, MACREADY W G. No free lunch theorems for optimization[J]. in IEEE Transactions on Evolutionary Computation, 1997, 1(1): 67 – 82.

第 7 章　数据和模型的处理与调试

要成功地使用深度学习技术，仅仅知道存在哪些算法和解释各自的数学理论是不够的。一个优秀的机器学习实践者还需要知道如何针对具体应用挑选一个合适的算法以及如何评价系统的性能，并根据实验反馈的性能改进机器学习系统。

前面的章节都是对各种模型的算法以及优化方法的讲解，给人的直接感觉就是如果我们了解了每一种模型的原理，就能够很好地掌握深度学习了。实际上不然，在我们了解了深度学习模型的原理后还应该了解如何去科学地评价一个模型，是否收集更多的数据，增加或减少模型容量，添加或删除正则化项，改进模型的优化，改进模型的近似推断或调试模型的软件实现。

尝试这些操作都需要大量时间，因此确定正确做法而不盲目猜测尤为重要。在实践中，正确使用一个普通算法远远好于草率地使用一个不清楚的算法。学者们提出的实践设计流程的建议步骤如下：

（1）确定使用何种误差度量，并制订该误差度量的目标值。这些是由实际工程应用所决定的。同时，一定要预处理所需数据。

（2）建立工作流程，包括估计合适的性能度量等。

（3）搭建系统，并确定制约模型性能的因素，分析这些瓶颈是否是因为过拟合、欠拟合，或者数据或软件缺陷造成的。

（4）根据观察到的现象反复进行增量式的改动，如收集新数据，调整超参数或改进算法。

7.1　模型评价

为了指引我们将来进一步优化模型，衡量模型的性能，需要选定使用何种误差度量，这是构建学习模型时必要的第一步。同时也应该了解大概能得到什么级别的目标性能。

值得注意的是，对于大多数实际工程而言，即使我们拥有无限的训练数据，恢复了真正的概率分布，贝叶斯误差定义了能达到的最小错误，我们最终得到的模型也不可能实现绝对零误差。这是因为输入特征可能无法包含输出变量的完整信息，或是因为系统可能在本质上是随机的。当然，还会受限于有限的训练数据。

我们知道，拥有的数据越多，模型的有效容量就会越大。但是在实际工程中我们难以收集无穷无尽的数据。收集数据会耗费时间、资金，或带来人体的不适（例如收集某些人体医疗测试数据）。所以必须权衡收集更多数据所需要的成本与进一步减少误差的价值。当然，这里所说的成本还包括对周围环境或社会的影响。有时候为了确定评价基准会固定训练集，不允许加入更多的数据。

如何确定合理的性能期望呢？在学术界，通常可以根据先前研究文献所给出的算法与结果来估计预期错误率。如果要对模型进行改进，那么模型的错误率必须是可靠的，具有成本优势或者从错误率角度来看模型性能得到了提升。一旦确定了想要达到的错误率，那么设计将由如何满足这个错误率来指导。

我们已经介绍了许多种模型的度量选择，如损失值、准确率等。当然，等价的还包括错误率。对于准确率，需要注意的是我们使用的验证集与测试集的样本数量应该是均衡的。所谓样本均衡，就是每一类型样本的数量近似相等。

为什么要强调样本均衡呢？以使用验证集来观察模型性能为例，假设现在验证集中包含 A、B 两种样本，其中 A 样本 99 个，B 样本 1 个。如果使用这样一个验证集来评价模型的性能，则可能造成模型性能的虚高。也就是说，此时模型即使不认识 B 类数据，无论输入何种数据均分类为 A，那么它在这样的一个验证集上所达到的准确率为 99%。显然，这是不合理的。如果使用的训练集中各种类样本的数量相差过多，则会让模型过多学习某一种数据而使模型的有效容量减小。

那么我们应该如何解决数据不均衡的问题呢？有以下几种方法。

1. 扩充数据集

正如我们前面章节所介绍的那样，在不改变信号语义的情况下，可以使用数据扩增技术来增加样本数量较少的类别的样本数量，如使用旋转图像，增加随机扰动等。

2. 对数据集进行重采样

过采样（Over-Sampling）是指对小类的数据样本进行过量采集来增加小类数据样本的个数，即采样的数据量远远大于该类样本的种类数。欠采样（Under-Sampling）是对大类的数据样本进行少量采样以减少大类数据样本的个数，即采样的数据量少于该类样本的种类个数。这些采样算法容易实现，有时效果也不错，但可能会增大模型的偏差（Bias）。这是由于过采样与欠采样会放大或缩小某些样本的影响，相当于改变了原始数据集的分布。

3. 产生人造数据

这里所说的产生人造数据并不是随意地去捏造数据，而是有根据地生成数据。一种简单的产生人造数据的方法是：在该种类下所有样本的每个属性特征的取值空间中随机选取一个组成新的样本，即属性值随机采样。此方法多用于小类中的样本，不过它可能破坏原属性的线性关系。例如，在对一幅图像进行扭曲后得到另一幅图像，即改变了原图像的某些特征值，但是该方法可能会产生现实中不存在的样本。

4. 改变训练算法

我们可以通过采用优化分类算法的方式来弥补样本不均衡的问题，例如，将大类样本赋予更小的权重，将小类样本赋予大权重等。

5. 使用其他评价指标

当单纯地使用准确率存在某些不足的时候，可以考虑其他评价标准，如精确率、召回率、ROC 曲线、AUC 等。

假设在医院的诊疗系统中，深度学习模型对患者的健康状况造成了误判，那么所带来的实际影响并不能通过单纯的分类准确率来反映。我们宁愿系统将健康的人判断为"疑似患病需二次诊断"，也不希望模型将有疾病的病人诊断为健康。所以我们把将患病样本误判为健康样本的代价设置得要比将健康人误判为疑似患病的代价高许多。

有时我们需要训练网络检测出某些罕见事件的二元分类。例如，我们可能会为一种罕见疾病设计医疗测试。假设每一百万人中只有一人患病，这就类似于之前介绍的样本不均衡，我们只需要让分类器一直报告没有患者，就能轻易地在检测任务上实现超越 99.99% 的正确率。显然，这样的识别准确率并不能度量模型的性能。解决这个问题的方法是度量**精度**（Precision）和**召回率**（Recall）。

精度是指网络模型检测正确的比率，而召回率则是真实事件被检测到的比率。上面的例子中，如果神经网络永远报告没有患者，则会得到一个完美的精度，但召回率为零，而报告每个人都是患者的检测器会得到一个完美的召回率，但是精度等于人群中患有该病的比例。当使用精度和召回率时，我们通常会使用 PR 曲线（PR curve），y 轴表示精度 p，x 轴表示召回率 r。

例如，我们将前馈网络设计为检测一种疾病，估计一个医疗结果由特征 x 表示的人患病的概率为 $\hat{y} = P(y = 1 | x)$。每当这个得分超过某个阈值时，我们报告检测结果。通过调整阈值，我们能权衡精度和召回率。在很多情况下，我们希望用一个数而不是曲线来概括分类器的性能。要做到这一点，我们可以将精度 p 和召回率 r 转换为 F 分数（F-score），即

$$F = \frac{2pr}{p + r} \tag{7.1}$$

其实最重要的是，要确定使用哪个性能度量作为评价模型的标准，然后努力提高该性能度量。如果没有明确的目标，那么我们很难判断机器学习系统上的改动是否有所改进。

7.2　数据预处理

通常情况下，采集到的信号因为具有大量噪声而无法直接使用，需要对信号进行去噪处理。在有些实际工程中，当我们缺少大量的原始数据时，为了增加模型的泛化能力，也需要对原始数据增加随机噪声。本章将会对几种类型的数据预处理给出建议。

首先，对图像数据进行预处理，利用 MATLAB 完成，如图 7.1 所示。

图 7.1　原始示例图像

将图像读入 MATLAB 并显示：

♯图像读取，图像名称为 timg.jpg

i＝imread('timg.jpg')

♯图像显示

imshow(i)

为了扩增数据，可以在不影响图像的主要语义的情况下为图像增加噪声。此时，我们使用 imnoise 函数：

♯为变量 i 增加高斯噪声，均值为 0，方差为 0.05

I＝imnoise(i,'gaussian',0,0.05)

此时再使用图像显示命令就可以看到加噪后的图像，如图 7.2 所示。

图 7.2　增加高斯噪声后的图像

噪声除了高斯噪声外，还有椒盐噪声等。当然，有时候我们需要对图像进行去噪处理。在此给出一个先增加椒盐噪声再去除椒盐噪声的 MATLAB 示例。

```
clc;
clear all;
close all;

RGB_data = imread('timg.jpg');

R_data = RGB_data(:, :, 1);
G_data = RGB_data(:, :, 2);
B_data = RGB_data(:, :, 3);

%imshow(RGB_data);

[ROW, COL, DIM] = size(RGB_data);

Y_data = zeros(ROW, COL);
Cb_data = zeros(ROW, COL);
Cr_data = zeros(ROW, COL);
Gray_data = RGB_data;

for r = 1: ROW
    for c = 1: COL
        Y_data(r, c) = 0.299 * R_data(r, c) + 0.587 * G_data(r, c) + 0.114 * B_data(r, c);
        Cb_data(r, c) = -0.172 * R_data(r, c) - 0.339 * G_data(r, c) + 0.511 * B_data(r, c) + 128;
        Cr_data(r, c) = 0.511 * R_data(r, c) - 0.428 * G_data(r, c) - 0.083 * B_data(r, c) + 128;
    end
end

Gray_data(:, :, 1) = Y_data;
Gray_data(:, :, 2) = Y_data;
Gray_data(:, :, 3) = Y_data;
```

```
figure;
imshow(Gray_data);

% Median Filter
imgn = imnoise(Gray_data, 'salt & pepper', 0.02);

figure;
imshow(imgn);

for r = 2: ROW−1
    for c = 2: COL−1
        median3x3 =[imgn(r−1, c−1)imgn(r−1, c)imgn(r−1, c+1)
                    imgn(r, c−1)imgn(r, c)imgn(r, c+1)
                    imgn(r+1, c−1)imgn(r+1, c)imgn(r+1, c+1)];
        sort1 = sort(median3x3, 2, 'descend');
        sort2 = sort([sort1(1), sort1(4), sort1(7)], 'descend');
        sort3 = sort([sort1(2), sort1(5), sort1(8)], 'descend');
        sort4 = sort([sort1(3), sort1(6), sort1(9)], 'descend');
        mid_num = sort([sort2(3), sort3(2), sort4(1)], 'descend');
        Median_Img(r, c)= mid_num(2);
    end
end

figure;
imshow(Median_Img);
```

在程序执行过程中,将陆续显示出增加椒盐噪声后的图像(见图 7.3),以及经过中值滤波降噪后的图像(见图 7.4)。

当然,数据的扩展方式还包括随机旋转角度、随机剪切等,这些功能都可以使用 Keras 的图像生成器直接完成。

下面介绍关于时间信号的预处理,在此以光电容积脉搏波举例。采集到的原始信号包含由个体差异造成的基线漂移,如呼吸波等。我们希望模型学习到的是普遍特征,而非个体差异,那么此时为了增加信号质量,去除个体差异对模型的影响,我们需要对原始信号进行预处理,一个方法就是进行小波滤波。

图 7.3　增加椒盐噪声后的图像　　　　　　图 7.4　经过中值滤波降噪后的图像

在 MATLAB 的工作区域中输入"wavemenu"，将会自动弹出选择对话框。我们根据想要处理的信号进行选择，在此因为以光电容积脉搏波举例，所以选择一维信号。此时将会弹出分析界面，我们再将信号导入，并选择基波类型、参数，即可得到一系列分析结果，如图 7.5 所示。

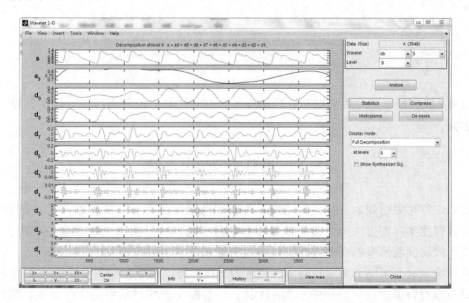

图 7.5　小波分析

此时，我们可以看出，a_9 为低频信号，它与原始信号的包络近似，该尺度即为低频的基线漂移；d_1 为高频尺度，对应着可能的高频噪声。我们需要去除原始信号中的基线漂移与高频噪声。

　　下面再提出一个对序列类数据扩展的建议，即在不影响原始信号语义的情况下增加随机扰动。首先将原始数据矩阵导入 MATLAB，如图 7.6 所示。生成 0.1～0.5 的随机扰动，如图 7.7 所示。获得扩展矩阵，如图 7.8 所示。

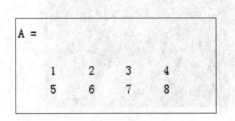

```
A =

    1    2    3    4
    5    6    7    8
```

```
>> B=0.1+0.4*rand(2,4)

B =

    0.4259    0.1508    0.3529    0.2114
    0.4623    0.4654    0.1390    0.3188
```

图 7.6　原始矩阵导入 MATLAB　　　　　图 7.7　生成与原矩阵尺寸相等的随机扰动矩阵

```
>> C=A+B

C =

    1.4259    2.1508    3.3529    4.2114
    5.4623    6.4654    7.1390    8.3188
```

图 7.8　扰动矩阵与原始矩阵混合形成扩展矩阵

　　这里，我们给出了一些数据预处理的简单方法，这些方法并不唯一，仅仅是提出建设性的思路。

7.3　基础模型的选择

　　在确定好想要达到的目标，并处理好想要训练的数据之后，就可以开始设计模型了。我们应该根据实际需要选择合适的基础模型，而不是一味地运用一个固定的架构去套用。一个适合解决问题的基础模型往往可以为我们带来事半功倍的效果。

　　在开始的时候可能无需直接使用深度学习，我们可以根据问题的复杂程度先使用简单的统计模型对数据进行初始分析。如果确定了数据确实存在着某些隐含的关系，那么就需要设计一个深度学习模型来分析数据中的内在关系。在本节中，我们针对不同情况推荐使用某种算法作为第一基准方法的原则。

　　我们应该根据想要处理的数据结构来选择模型。如果希望处理一个固定大小的向量作为输入的监督学习,那么可以使用全连接前馈网络,当然还可以加入之前介绍的 Dropout 等技术。如果输入是网格类的数据,如序列类数据(一维网格)、图像类数据(二维网格)、多帧组合型数据(三维网格,如视频),则我们可以使用卷积网络(一维卷积、二维卷积、三维卷积)。如果输入或者输出是一个非定长序列类数据,如时间序列,则可以使用循环网络,如 LSTM 或 GRU。如果需要根据外界的反馈来训练模型,那么可以使用强化学习算法。

目前常用的激活函数为 ReLU、PReLU、Maxout 等。其中 Maxout 的原理如图 7.9 所示。

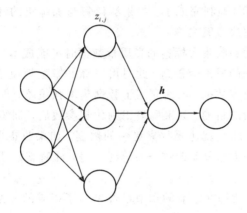

图 7.9　Maxout 示意图

Maxout 的原理与之前介绍的 Dropout 的原理相近,其输出为

$$\boldsymbol{h}_i(\boldsymbol{x}) = \max_{j \in [1, k]} z_{i, j} \tag{7.2}$$

Maxout 的拟合能力是非常强的,它可以拟合任意凸函数。最直观的解释就是任意凸函数都可以由分段线性函数以任意精度拟合。

对于优化算法来说,除了 Adam 这个常用算法之外,具有衰减学习率以及动量的 SGD 也是一个较好的选择。批标准化与正则化(如 L_1、L_2 正则化)对优化性能有着显著的影响,特别是对卷积网络和具有 Sigmoid 非线性函数的网络而言。

如果感觉模型学习的速度还不太满意,则可以使用 mini-batch 或者分布式计算的方法来加快学习速度。还有一种很好的解决方法就是迁移学习,即将已经训练好的权重迁移到我们的项目中,这样会节省大量寻优参数的时间。

此时就可以训练模型了,进而通过度量算法性能来改进算法。事实上收集更多的数据往往比改进学习算法要有用得多。当然,也要根据在实际工程中遇到的情况来决定是否收集更多的数据以及收集何种数据。如果本身数据中不存在我们想要找到的关系,那么根本不需要再去收集。

如果遇到学习算法不能在训练集上表现良好的话,也不用过于慌张,可以尝试增加更多的网络层或每层增加更多的隐藏单元以扩大模型规模，提高模型的拟合能力。此外，也可以尝试调整学习率等超参数来改进学习算法。如果模型规模扩大且仔细调试后的效果仍不佳，那么问题可能源自训练数据的质量。数据可能含太多噪声，或是可能不包含预测输出所需的正确输入。这时就需要我们重新开始收集更适合的数据，也就是信噪比更高或者是包含特征更加丰富的数据。

如果模型在训练集上的性能达到了预期，那么就需要度量模型在测试集上的性能。此时我们追求的不再是模型的建模能力，而是模型的泛化能力。如果模型在测试集上取得了不错的成绩，那么该工程就顺利完成了。如果测试集与训练集的性能相差许多，那么收集更多的数据是最有效的解决方案之一。

一个规模庞大的公司在收集含标签的高质量数据时可能成本较低，但大多数普通公司收集同样数量和品质数据的成本会较高。此时可以降低模型规模或是通过调整超参数、权重衰减系数来替代收集更多数据。前面介绍了数据集增强策略，即人为地增加样本数量以期达到提升模型泛化能力的目的。如果调整正则化超参数后，训练集性能和测试集性能之间的差距还是不可接受，那么就还要收集更多的数据。如果收集更多的数据是不可行的，那么改进泛化误差的唯一方法就是改进学习算法本身，此时就需要我们进一步地提出新的算法。

对于超参数的选择，我们在之前的章节已经做出了相应的介绍，如使用手动搜索、自动搜索等。

7.4　模型调试

目前来讲，深度学习还是一个黑箱技术，我们难以直观地发现在学习的过程中模型内部究竟发生了什么。所以很难有目的地直接去对模型进行调试。

而目前所采用的算法往往包含多个自适应部分。如果一个部分自适应失败，那么其他部分虽然会受该部分的影响，但仍然会自适应至一个大致可以接受的性能，因此我们难以找到究竟是哪一部分真正地约束了模型性能的提升。例如，我们在训练一个多层神经网络时，参数为权重矩阵 w 和偏置 b。此时，假设有一个神经元在偏置更新时犯了一个错误：

$$b = b - \alpha \tag{7.3}$$

其中，α 为学习率。

这样的偏置更新并没有使用我们熟悉的梯度，而是使用了一个定值。在这种情况下会使偏置在整个学习中不断盲目地变为负值，这个神经元的参数迭代显然是不合理的。但是由于网络规模巨大，因此后面工作正常的神经网络往往可以弥补该神经元的缺陷。如果仅仅检查模型的输出，则可能难以发现这样的错误。

需要注意的是，当构造的深度学习模型出现问题的时候，不要只纠结算法问题，同时还要注意细节。例如，当我们由于某些原因需要去学习一个极小的数据集，发现模型在训练集上有很大的损失时，我们需要确定引起该现象的真正原因，究竟是真正的欠拟合还是程序发生了错误。

一般来说，即便是一个小的模型也可以很好地拟合一个足够小的数据集，只不过可能泛化性能稍差。例如，对于只含有一个样本的分类数据，我们通过简单地正确设置输出层的偏置就可以达到较好的拟合。如果此时依旧难以获得期望的结果，那么很有可能是由于程序错误阻止了模型在训练集上的成功优化。此时就需要检查程序内部所编写的配置文件是否正确。该调试方法也可以扩展到只有少量样本的小数据集上。

如果我们使用了自己编写的反向传播导数的方法，那么此时需要验证编写的梯度表达是否正确。验证梯度表达可以通过直接计算来验证，在高等数学中导数的定义式为

$$f'(x) = \lim_{\varepsilon \to 0} \frac{f(x+\varepsilon) - f(x)}{\varepsilon} \tag{7.4}$$

此时，我们可以使用极小的 ε 来近似导数：

$$f'(x) \approx \frac{f(x+\varepsilon) - f(x)}{\varepsilon} \tag{7.5}$$

也可以使用中心差分法提高梯度近似的准确性：

$$f'(x) \approx \frac{f\left(x + \frac{1}{2}\varepsilon\right) - f\left(x - \frac{1}{2}\varepsilon\right)}{\varepsilon} \tag{7.6}$$

此时扰动 ε 不能太小，要确保该扰动不会由于数值计算的有限精度问题产生舍入误差。虽然每一次中心差分法仅可以计算一个梯度，但是可以反复应用来求出多梯度。

在研究完梯度问题后，就可以开始考虑模型学习的问题了。在深度网络中，传播梯度的快速增长或快速消失都可能阻碍优化过程。比较参数梯度和参数的量级也是有帮助的。我们希望参数在一个小批量更新中变化的幅度是参数量值 1％ 的级别，而不是 50％ 或0.01％，这会导致参数移动得太快或太慢。太快容易直接跨过较优点，而太慢将会花费更多的时间。当然，也可以使某些参数以良好的步长移动，而让另一些参数暂时停滞。如果数据是稀疏的(比如自然语言)，则有些参数可能很少更新，检测它们的变化时应该记住这一点。

现在算法部分已调试好，那么神经网络的运行速度真的仅与算法有关吗？显然不是的。深度学习爆发的原因之一是计算资源日益庞大。硬件资源也为深度学习的发展提供了至关重要的支持。GPU(Graphics Processing Unit)的出现是深度学习能够进一步发展的福音。我们之前熟悉的 CPU 擅长统领全局的复杂操作，而 GPU 则擅长对大数据进行简单重复操作。

理解 GPU 和 CPU 之间区别的一种简单方式是比较它们如何处理任务。CPU 由专为串行处理而优化的几个核心组成，而 GPU 是一个由数以千计的更小、更高效的核心(专为同

时处理多重任务而设计)组成的大规模并行计算架构。GPU 处理数据的方式正好适合深度学习模型(并行大数据的运算)。相对于串行计算来说,并行计算一次可执行多个指令,目的是提高计算速度,可以解决大型而复杂的计算问题,进而提升模型的训练速度。使用一个良好的硬件环境可以加快训练模型的速度。CPU 与 GPU 的原理图如图 7.10 所示。

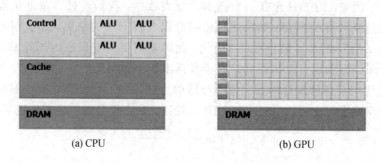

(a) CPU　　　　　　　　　　　(b) GPU

图 7.10　CPU 与 GPU 原理示意图

生产销售 GPU 的著名公司有英特尔、NVIDIA、AMD(ATI)等。到目前为止,许多深度学习框架同时支持 CPU 和 GPU,如 TensorFlow、Theano、Keras、Pytorch 等。

总的来说,一个成功的深度学习模型不仅依靠一个好的算法,一个耐心的调试过程也起到了至关重要的作用。在有的时候,甚至模型调试的时间要比建立算法所花费的时间更多。这需要我们一步一步耐心地调试,这也是一种艺术。

思 考 题

7.1　简述深度学习的实践设计流程。

7.2　简述如何确定合理的性能期望。

7.3　简述样本均衡的作用。

7.4　简述评价模型的方法。

7.5　简述解决数据不均衡的方法。

7.6　简述训练罕见事件的二元分类器的模型评价方法。

7.7　简述图像类数据预处理的方式,并说明分别应用于何种情况。

7.8　简述序列类数据预处理的方式,并说明分别应用于何种情况。

7.9　分别叙述图像类数据与序列类数据的扩展方法。

7.10　举例说明去除生理序列信号个体差异的一种方法。

7.11　举例说明如何选择基础深度学习模型。

7.12　简述如何确定是否需要收集更多的样本。

7.13　简述 GPU 更适用于深度学习的原因。

参 考 文 献

［1］　NIELSEN M. Neural Networks and Deep Learning［M］. Determination Press，2016.
http：//neuralnetworksanddeeplearning. com.

［2］　GOODFELLOW I，BENGIO Y，COURVILLE A. Deep Learning［M］. Cambridge：The MIT Press，2016.

［3］　https：//www. nvidia. cn/object/what-is-gpu-computing-cn. html.

［4］　GIRSHICK R，DONAHUE J，DARRELL T，et al. Region-Based Convolutional Networks for Accurate Object Detection and Segmentation［J］. IEEE Transactions on Pattern Analysis & Machine Intelligence，2015，38(1)：142 - 158.

［5］　KINGMA D，REZENDE D，MOHAMED S，et al. Semi-supervised learning with deep generative models［C］. In NIPS'2014，2014.

［6］　RASMUS A，VALPOLA H，HONKALA M，et al. Semi-Supervised Learning with Ladder Network［J］. Computer Science，2015，9 Suppl 1(1)：1 - 9.

［7］　MACLAURIN D，DUVENAUD D，ADAMS R P. Gradient-based hyperparameter optimization through reversible learning［C］. International Conference on International Conference on Machine Learning，2015.

［8］　TRAPP S G. Using Complex Variables to Estimate Derivatives of Real Functions［J］. SIAM Review，1998，40(1)：110 - 112.

［9］　BOTTOU L. Multilayer neural networks［J］，2015，DOI：10. 1209/epl/i1997 - 00167 - 2.

［10］　VANHOUCKE V，SENIOR A，MAO M Z. Improving the speed of neural networks on CPUs［C］. In Proc. Deep Learning and Unsupervised Feature Learning NIPS Workshop，2011.
https：//www. researchgate. net/publication/319770111_Improving_the_speed_of_neural_networks_on_CPUs.

［11］　STEINKRAUS D，BUCK I，SIMARD P Y. Using GPUs for machine learning algorithms［C］. Eighth International Conference on Document Analysis and Recognition (ICDAR'05)，2005，2：1115 - 1120.

［12］　CHELLAPILLA K，PURI S，SIMARD P. High Performance Convolutional Neural Networks for Document Processing［C］. Tenth International Workshop on Frontiers in Handwriting Recognition，2006.
http：//www. suvisoft. com.

［13］　RAINA R，MADHAVAN A，NG A Y. Large-scale deep unsupervised learning using graphics processors［C］. Proceedings of the 26th Annual International Conference on Machine Learning，ICML 2009，2009.

［14］　DAN C C，MEIER U，GAMBARDELLA L M，et al. Deep，Big，Simple Neural Nets for Handwritten Digit Recognition［J］. Neural Computation，2010，22(12)：3207 - 3220.

[15]　GOODFELLOW I J, WARDE-FARLEY D, LAMBLIN P, et al. Pylearn2: a machine learning research library[J], 2013. arXiv: 1308. 4214.

[16]　BASTIEN F, LAMBLIN P, PASCANU R, et al. Theano: new features and speed improvements [J], 2012. arXiv: 1211. 5590.

[17]　ABADI M, AGARWAL A, BARHAM P, et al. TensorFlow: Large-scale machine learning on heterogeneous systems[J], 2015. arXiv: 1603. 04467.

[18]　COLLOBERT R, KAVUKCUOGLU K, FARABET C. Torch7: A Matlab-like Environment for Machine Learning[C]. BigLearn NIPS Workshop, 2011.

[19]　RAVANELLI M, PARCOLLET T, BENGIO Y. The pytorch-kaldi speech recognition toolkit[J], 2018. arXiv: 1811. 07453.

第 8 章　现代深度学习模型概述

我们已经掌握了许多基础的深度学习知识与深度学习模型。但是随着学术界对深度学习研究的不断加深，以及实践工程的不断复杂，基础的单一模型可能无法满足所有需求。因此，除了前面各章介绍的一系列模型外，还存在许多其他模型。在如今人工智能快速发展的时代，众多深度学习研究者也在研究性能更加优秀的深度学习模型。所以，我们在探索深度学习的道路上不仅要掌握扎实的理论基础，还要熟知多种深度学习模型并了解模型的优缺点，这样才能在深度学习领域中得到长足进步。

本章将介绍其他几种常见的深度学习模型。同时，进一步介绍几种对传统深度学习模型进行优化后的新模型，为将来的设计提供思路。

8.1　玻尔兹曼机

8.1.1　标准玻尔兹曼机

玻尔兹曼机（Boltzmann Machine，BM）是一种由随机神经元全连接组成的神经网络模型，具有对称性与无反馈性。玻尔兹曼机的神经元结构分为可视层与隐藏层。顾名思义，可视层包含的神经元称为可视节点，隐藏层包含的神经元称为隐藏节点。在标准玻尔兹曼机模型下，所有神经元的激活值仅有 0 或 1 两种状态，1 表示激活，0 表示未激活，其结构原理如图 8.1 所示。

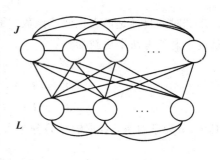

图 8.1　标准玻尔兹曼机示意图

首先介绍**能量函数**（Energy Functional）。将待聚类的事物看成一个系统，事物之间的相异程度看成系统元素间的能量。当能量达到一定的阈值时，事物就形成一个新的类，表示系统需要重新分类。聚类过程中要求每个事物属于一个类，每个类中不存在能量大于阈值的系统，不同的类中不存在能量小于阈值的系统。我们知道，在自然界中物体的能量越小，其状态越趋于稳定。所以，能量较大的不同簇被分为不同类别，而能量较小的簇形成一个集合，也就是被聚为一类。

　　玻尔兹曼机的学习算法是基于能量函数的。其能量函数：

$$\varepsilon(\boldsymbol{v},\ \boldsymbol{h};\ \boldsymbol{\theta})=-\frac{1}{2}\boldsymbol{v}^{\mathrm{T}}\boldsymbol{L}\boldsymbol{v}-\frac{1}{2}\boldsymbol{h}^{\mathrm{T}}\boldsymbol{J}\boldsymbol{h}-\boldsymbol{v}^{\mathrm{T}}\boldsymbol{W}\boldsymbol{h} \tag{8.1}$$

其中，$\boldsymbol{v}$ 为可视层，$\boldsymbol{h}$ 为隐藏层，$\boldsymbol{\theta}$ 为模型参数，$\boldsymbol{W}$ 为可视节点与隐藏节点之间的权值，$\boldsymbol{L}$ 表示可视节点之间的权值，$\boldsymbol{J}$ 表示隐藏节点之间的权值。

　　可视节点激活的概率为

$$p(\boldsymbol{v};\ \boldsymbol{\theta})=\frac{p^{*}(\boldsymbol{v};\ \boldsymbol{\theta})}{Z(\boldsymbol{\theta})}=\frac{1}{Z(\boldsymbol{\theta})}\sum_{\boldsymbol{h}}\exp(-\varepsilon(\boldsymbol{v},\ \boldsymbol{h};\ \boldsymbol{\theta})) \tag{8.2}$$

$$Z(\boldsymbol{\theta})=\sum\sum\exp(-\varepsilon(\boldsymbol{v},\ \boldsymbol{h};\ \boldsymbol{\theta})) \tag{8.3}$$

其中，p^{*} 为未归一化概率。这时可以得到可视节点与隐藏节点的条件分布：

$$p(h_j=1\,|\,\boldsymbol{v},\ \boldsymbol{h}_{-j})=\sigma\Big(\sum_{i=1}^{n}W_{ij}\boldsymbol{v}_i+\sum_{k=1,\ k\neq j}^{m}J_{jk}\boldsymbol{h}_j\Big) \tag{8.4}$$

$$p(v_i=1\,|\,\boldsymbol{h},\ \boldsymbol{v}_{-i})=\sigma\Big(\sum_{j=1}^{n}W_{ij}\boldsymbol{h}_i+\sum_{k=1,\ k\neq i}^{m}L_{ik}\boldsymbol{h}_k\Big) \tag{8.5}$$

其中，σ 为激活函数，$\boldsymbol{h}_{-j}$ 表示从 $\boldsymbol{h}$ 中去掉第 j 个隐藏节点，$\boldsymbol{v}_{-i}$ 表示从 $\boldsymbol{v}$ 中去掉第 i 个可视节点。

　　玻尔兹曼机的目标是最大化似然函数。也就是说，如果玻尔兹曼机在一组特定的参数下导出可视节点的概率分布与可视节点被输入向量所固定的概率分布完全一样，那么可以称该玻尔兹曼机构造了与输入向量环境相同的完整模型。对数似然函数定义如下：

$$l_{\mathrm{BM}}(\boldsymbol{\theta})=\log\prod_{l=1}^{N}p(\boldsymbol{v}^{(l)};\ \boldsymbol{\theta})=\sum_{l=1}^{N}\log p(\boldsymbol{v}^{(l)};\ \boldsymbol{\theta}) \tag{8.6}$$

　　此时的目标是最大化似然函数，所以类比于使用梯度下降寻求最小值来讲，可以使用梯度上升的方法来更新参数：

$$\boldsymbol{W}'=\boldsymbol{W}+\eta(E_{p_{\mathrm{data}}}\big[\boldsymbol{v}\boldsymbol{h}^{\mathrm{T}}\big]-E_{p_{\mathrm{model}}}\big[\boldsymbol{v}\boldsymbol{h}^{\mathrm{T}}\big]) \tag{8.7}$$

$$\boldsymbol{L}'=\boldsymbol{L}+\eta(E_{p_{\mathrm{data}}}\big[\boldsymbol{v}\boldsymbol{v}^{\mathrm{T}}\big]-E_{p_{\mathrm{model}}}\big[\boldsymbol{v}\boldsymbol{v}^{\mathrm{T}}\big]) \tag{8.8}$$

$$\boldsymbol{J}'=\boldsymbol{J}+\eta(E_{p_{\mathrm{data}}}\big[\boldsymbol{h}\boldsymbol{h}^{\mathrm{T}}\big]-E_{p_{\mathrm{model}}}\big[\boldsymbol{h}\boldsymbol{h}^{\mathrm{T}}\big]) \tag{8.9}$$

其中，η 为学习率，数据的经验分布为

$$p_{\mathrm{data}}(\boldsymbol{v})=\frac{1}{N}\sum_{l=1}^{N}\delta(\boldsymbol{v}-\boldsymbol{v}^{(l)}) \tag{8.10}$$

$E_{p_{\mathrm{data}}}$ 是完全数据分布的期望，完全数据分布如下：

$$p_{\mathrm{data}}(\boldsymbol{h},\ \boldsymbol{v};\ \boldsymbol{\theta})=p(\boldsymbol{h}\,|\,\boldsymbol{v};\ \boldsymbol{\theta})p_{\mathrm{data}}(\boldsymbol{v}) \tag{8.11}$$

$E_{p_{\mathrm{model}}}$ 是模型分布的期望。

　　在实际工程中，精准地计算极大似然估计是很困难的，所以通常使用逼近的方法近似计算。图 8.2 给出了标准玻尔兹曼机的学习过程。

输入：训练集 $S=\{v^l,\ 1{\leqslant}l{\leqslant}N\}$，网络结构

过程：

1. 随机初始化参数 $\boldsymbol{\theta}^0$ 和 M 个假设粒子 $\{\tilde{v}^{0,1},\ \tilde{h}^{0,1}\}$，…，$\{\tilde{v}^{0,M},\ \tilde{h}^{0,M}\}$；While $t\in[0,\ T]$ do

2. 对每一个训练样本：

   • 随机初始化参数 μ，反复更新 $\mu_j=\sigma\Big(\sum_i W_{ij}v_i^l+\sum_{k=1,\ k\neq j}^m J_{jk}\mu_k\Big)$；

   • 更新 μ；

3. 对每一个假设粒子通过 k 步吉布斯采样产生新状态 $(\tilde{v}^{i+1,m},\ \tilde{h}^{i+1,m})$；

4. 更新参数 $\boldsymbol{W},\ \boldsymbol{L},\ \boldsymbol{J}$

5. 降低 η_t

End

输出：权值 $\boldsymbol{W},\ \boldsymbol{L},\ \boldsymbol{J}$

图 8.2　标准玻尔兹曼机的学习过程

8.1.2　受限玻尔兹曼机

受限玻尔兹曼机（Restricted Boltzmann Machines，RBM）是标准玻尔兹曼机的一种变形。虽然只具有两层结构，在严格意义上说还不属于深度结构，但是可以用作基本模块来构造自编码器、深层玻尔兹曼机等其他深度学习模型。

顾名思义，与标准玻尔兹曼机相比，受限玻尔兹曼机受到了更多的限制。标准玻尔兹曼机可视层的任意神经元之间是可以相互通信的，隐藏层中任意两个神经元也是可以直接连接的。而受限玻尔兹曼机完全禁止可视层与隐藏层各自内部节点之间的相互连接，只允许可视层与隐藏层之间的节点相互连接，如图 8.3 所示。

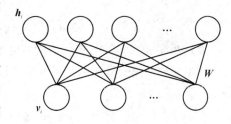

图 8.3　受限玻尔兹曼机

与标准玻尔兹曼机的原理相似，定义受限玻尔兹曼机的能量函数如下：

$$\varepsilon(\boldsymbol{v},\ \boldsymbol{h}\,|\,\boldsymbol{\theta})=-\sum_{i=1}^n\sum_{j=1}^m W_{ij}\boldsymbol{h}_i\boldsymbol{v}_j-\sum_{j=1}^m \boldsymbol{a}_j\boldsymbol{v}_j-\sum_{i=1}^n \boldsymbol{b}_i\boldsymbol{h}_i \qquad (8.12)$$

其中，v 为可视向量，h 为隐藏向量，a_j 为可视节点 j 的偏置，b_j 为隐藏节点 j 的偏置，W_{ij} 为可视节点 j 与隐藏节点 i 之间的权重。

受限玻尔兹曼机的联合分布为

$$p(\boldsymbol{v},\ \boldsymbol{h}\,|\,\boldsymbol{\theta})=\frac{1}{Z(\boldsymbol{\theta})}\exp(-\varepsilon(\boldsymbol{v},\ \boldsymbol{h}\,|\,\boldsymbol{\theta})) \qquad (8.13)$$

其中，$Z(\boldsymbol{\theta})$ 为配分函数，起归一化因子的作用，其计算式如下：

$$Z(\boldsymbol{\theta}) = \sum_{v,h} \exp(-\varepsilon(v, h|\boldsymbol{\theta})) \tag{8.14}$$

根据数学知识，对联合概率分布去除边缘分布，就可以分别得到受限玻尔兹曼机的可视向量分布与隐藏向量分布，这是由于联合分布是由可视向量分布与隐藏向量分布组合而成的。可视向量分布为

$$p(v|\boldsymbol{\theta}) = \sum_h p(v, h|\boldsymbol{\theta}) = \frac{1}{Z(\boldsymbol{\theta})} \sum_h \exp(-\varepsilon(v, h|\boldsymbol{\theta})) \tag{8.15}$$

将式(8.12)带入式(8.15)：

$$p(v|\boldsymbol{\theta}) = \frac{1}{Z(\boldsymbol{\theta})} \sum_{h_1}\sum_{h_2}\cdots\sum_{h_n} \exp\Big(\sum_{i=1}^n\sum_{j=1}^m W_{ij}h_i v_j + \sum_{j=1}^m a_j v_j + \sum_{i=1}^n b_i h_i\Big) \tag{8.16}$$

整理可得

$$p(v|\boldsymbol{\theta}) = \frac{1}{Z(\boldsymbol{\theta})} \exp\Big(\sum_{j=1}^m a_j v_j\Big) \prod_{i=1}^n \sum_{h_i} \exp\Big(h_i\Big(\sum_{j=1}^m W_{ij}v_j + b_i\Big)\Big)$$

$$= \frac{1}{Z(\boldsymbol{\theta})} \exp\Big(\sum_{j=1}^m a_j v_j\Big) \prod_{i=1}^n \Big(1 + \exp\Big(\sum_{j=1}^m W_{ij}v_j + b_i\Big)\Big) \tag{8.17}$$

同理，可以获得其隐藏向量分布：

$$p(h|\boldsymbol{\theta}) = \sum_v p(v, h|\boldsymbol{\theta}) = \frac{1}{Z(\boldsymbol{\theta})} \sum_v \exp(-\varepsilon(v, h|\boldsymbol{\theta}))$$

$$= \frac{1}{Z(\boldsymbol{\theta})} \exp\Big(\sum_{i=1}^n b_i h_i\Big) \prod_{j=1}^n \Big(1 + \exp\Big(\sum_{i=1}^n W_{ij}h_i + a_j\Big)\Big) \tag{8.18}$$

通过观察式(8.17)与式(8.18)，也可以验证玻尔兹曼机模型具有对称性。

如果 σ 取 Sigmoid 函数，则可继续推导。条件概率公式有：

$$p(h_i|v, \boldsymbol{\theta}) = \frac{\sum_{h_1}\sum_{h_2}\cdots\sum_{h_n} p(v, h|\boldsymbol{\theta})}{p(v|\boldsymbol{\theta})} \tag{8.19}$$

代入上面已经推导出的结论，可得

$$p(h_i|v, \boldsymbol{\theta}) = \frac{\exp\Big(\sum_{j=1}^m a_j v_j\Big) \exp\Big(h_i\Big(\sum_{j=1}^m W_{ij}v_j + b_i\Big)\Big) \prod_{k=1, k\neq i}^n \Big(1 + \exp\Big(\sum_{j=1}^m W_{ij}v_j + b_i\Big)\Big)}{\exp\Big(\sum_{j=1}^m a_j v_j\Big) \prod_{i=1}^n \Big(1 + \exp\Big(\sum_{j=1}^m W_{ij}v_j + b_i\Big)\Big)}$$

$$= \frac{\exp\Big(h_i\Big(\sum_{j=1}^m W_{ij}v_j + b_i\Big)\Big)}{1 + \exp\Big(\sum_{j=1}^m W_{ij}v_j + b_i\Big)} \tag{8.20}$$

利用 Sigmoid 函数，可得

$$p(\boldsymbol{h}_i = \boldsymbol{1} \,|\, \boldsymbol{v}, \boldsymbol{\theta}) = \mathrm{Sigmoid}\Big(\sum_{j=1}^{m} W_{ij}\boldsymbol{v}_j + \boldsymbol{b}_i\Big) \tag{8.21}$$

同理，根据对称性：

$$p(\boldsymbol{v}_j \,|\, \boldsymbol{h}, \boldsymbol{\theta}) = \frac{\exp\Big(\boldsymbol{v}_j\Big(\sum\limits_{i=1}^{n} W_{ij}\boldsymbol{h}_i + \boldsymbol{a}_j\Big)\Big)}{1 + \exp\Big(\sum\limits_{i=1}^{n} W_{ij}\boldsymbol{h}_i + \boldsymbol{a}_j\Big)} \tag{8.22}$$

当可视层神经元被激活时，有

$$p(\boldsymbol{v}_j = \boldsymbol{1} \,|\, \boldsymbol{h}, \boldsymbol{\theta}) = \sigma\Big(\sum_{i=1}^{n} W_{ij}\boldsymbol{h}_i + \boldsymbol{a}_j\Big) \tag{8.23}$$

即得

$$p(\boldsymbol{v}_j = \boldsymbol{1} \,|\, \boldsymbol{h}, \boldsymbol{\theta}) = \mathrm{Sigmoid}\Big(\sum_{i=1}^{n} W_{ij}\boldsymbol{h}_i + \boldsymbol{a}_j\Big) \tag{8.24}$$

又因为

$$p(\boldsymbol{h} \,|\, \boldsymbol{v}, \boldsymbol{\theta}) = \frac{p(\boldsymbol{v}, \boldsymbol{h} \,|\, \boldsymbol{\theta})}{p(\boldsymbol{v} \,|\, \boldsymbol{\theta})} = \frac{\exp\Big(\sum\limits_{i=1}^{n}\sum\limits_{j=1}^{m} W_{ij}h_i v_j + \sum\limits_{j=1}^{m} a_j v_j + \sum\limits_{i=1}^{n} b_i h_i\Big)}{\exp\Big(\sum\limits_{j=1}^{m} a_j v_j\Big)\prod\limits_{i=1}^{n}\Big(1 + \exp\Big(\sum\limits_{j=1}^{m} W_{ij}v_j + b_i\Big)\Big)} \tag{8.25}$$

化简可得

$$p(\boldsymbol{h} \,|\, \boldsymbol{v}, \boldsymbol{\theta}) = \frac{\prod\limits_{i=1}^{n}\exp\Big(\boldsymbol{h}_i\Big(\sum\limits_{j=1}^{m} W_{ij}\boldsymbol{v}_j + \boldsymbol{b}_i\Big)\Big)}{\prod\limits_{i=1}^{n} 1 + \exp\Big(\sum\limits_{j=1}^{m} W_{ij}\boldsymbol{v}_j + \boldsymbol{b}_i\Big)} \tag{8.26}$$

即

$$p(\boldsymbol{v} \,|\, \boldsymbol{h}, \boldsymbol{\theta}) = \prod_{j=1}^{m} p(\boldsymbol{v}_j \,|\, \boldsymbol{h}, \boldsymbol{\theta}) \tag{8.27}$$

可以看出，受限玻尔兹曼机是一个以 Sigmoid 函数为激活函数的随机神经网络。

受限玻尔兹曼机的学习在本质上就是对模型的一系列参数进行更新，常用的方式为利用梯度上升法进行最大似然估计，使总体的对数似然函数最大化。受限玻尔兹曼机的对数似然函数被定义为

$$l_{\mathrm{RBM}}(\boldsymbol{\theta}) = \log\prod_{l=1}^{N} p(\boldsymbol{v}^{(l)} \,|\, \boldsymbol{\theta}) = \sum_{l=1}^{N}\log p(\boldsymbol{v}^{(l)} \,|\, \boldsymbol{\theta}) \tag{8.28}$$

$$
\begin{aligned}
l_{\mathrm{RBM}}(\boldsymbol{\theta}) &= \sum_{l=1}^{N}\log\sum_{\boldsymbol{h}} p(\boldsymbol{v}^{(l)}, \boldsymbol{h} \,|\, \boldsymbol{\theta}) \\
&= \sum_{l=1}^{N}\Big(\log\sum_{\boldsymbol{h}}\exp\big(-\varepsilon(\boldsymbol{v}^{(l)}, \boldsymbol{h} \,|\, \boldsymbol{\theta})\big) - \log\sum_{\boldsymbol{v}, \boldsymbol{h}}\exp\big(-\varepsilon(\boldsymbol{v}, \boldsymbol{h} \,|\, \boldsymbol{\theta})\big)\Big)
\end{aligned}
\tag{8.29}
$$

由于采用梯度上升的方法，因此需要对其参数求偏导数：

$$\frac{\partial l_{\text{RBM}}(\boldsymbol{\theta})}{\partial \boldsymbol{\theta}} = \sum_{l=1}^{N} \frac{\partial}{\partial \boldsymbol{\theta}} \Big(\log \sum_{h} \exp(-\varepsilon(\boldsymbol{v}^{(l)}, \boldsymbol{h} \mid \boldsymbol{\theta})) - \log \sum_{v, h} \exp(-\varepsilon(\boldsymbol{v}, \boldsymbol{h} \mid \boldsymbol{\theta})) \Big)$$

$$= \sum_{l=1}^{N} \Big(-\sum_{h} p(\boldsymbol{h} \mid \boldsymbol{v}^{(l)}, \boldsymbol{\theta}) \frac{\partial(\varepsilon(\boldsymbol{v}^{(l)}, \boldsymbol{h} \mid \boldsymbol{\theta}))}{\partial \boldsymbol{\theta}} \Big) + \sum_{v, h} \Big(p(\boldsymbol{v}, \boldsymbol{h} \mid \boldsymbol{\theta}) \frac{\partial(\varepsilon(\boldsymbol{v}, \boldsymbol{h} \mid \boldsymbol{\theta}))}{\partial \boldsymbol{\theta}} \Big)$$

$$= \sum_{l=1}^{N} \Big(-E_{p(\boldsymbol{h} \mid \boldsymbol{v}^{(l)}, \boldsymbol{\theta})} \Big(\frac{\partial(\varepsilon(\boldsymbol{v}^{(l)}, \boldsymbol{h} \mid \boldsymbol{\theta}))}{\partial \boldsymbol{\theta}} \Big) + E_{p(\boldsymbol{v}, \boldsymbol{h} \mid \boldsymbol{\theta})} \Big(\frac{\partial(\varepsilon(\boldsymbol{v}, \boldsymbol{h} \mid \boldsymbol{\theta}))}{\partial \boldsymbol{\theta}} \Big) \Big) \quad (8.30)$$

式中，E_p 表示关于分布 p 的数学期望；$p(\boldsymbol{h} \mid \boldsymbol{v}^{(l)}, \boldsymbol{\theta})$ 表示在固定可视向量时隐藏向量的条件概率分布。

由式(8.30)可以得到各参数的梯度：

$$\frac{\partial l_{\text{RBM}}(\boldsymbol{\theta})}{\partial w_{ij}} = \sum_{l=1}^{N} \Big(p(h_i = 1 \mid \boldsymbol{v}^{(l)}, \boldsymbol{\theta}) v_j^{(l)} - \sum_{v} p(\boldsymbol{v} \mid \boldsymbol{\theta}) p(h_i = 1 \mid \boldsymbol{v}, \boldsymbol{\theta}) v_j \Big) \quad (8.31)$$

$$\frac{\partial l_{\text{RBM}}(\boldsymbol{\theta})}{\partial a_j} = \sum_{l=1}^{N} \Big(v_j^{(l)} - \sum_{v} p(\boldsymbol{v} \mid \boldsymbol{\theta}) v_j \Big) \quad (8.32)$$

$$\frac{\partial l_{\text{RBM}}(\boldsymbol{\theta})}{\partial b_i} = \sum_{l=1}^{N} \Big(p(h_i = 1 \mid \boldsymbol{v}^{(l)}, \boldsymbol{\theta}) - \sum_{v} p(\boldsymbol{v} \mid \boldsymbol{\theta}) p(h_i = 1 \mid \boldsymbol{v}, \boldsymbol{\theta}) \Big) \quad (8.33)$$

需要注意的是，直接利用公式进行精确计算的效率是很低的。为了快速计算受限玻尔兹曼机的对数似然梯度，我们采用近似算法去估计其具体值。

8.1.3　深层玻尔兹曼机

只有两层结构的浅层玻尔兹曼机通常难以完成复杂的任务，因此需要将其组合起来形成一个深度模型以增加其学习能力。

深层玻尔兹曼机(Deep Boltzmann Machine, DBM)在结构上类似于前面介绍的简单全连接神经网络。它仅包含邻层之间的连接，而不包括同一层中的相互连接。但是与简单全连接神经网络不一样的是，深层玻尔兹曼机在整体上是一个无向概率图模型。其结构图如图 8.4 所示。

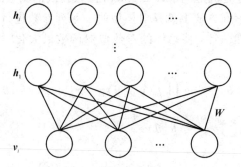

图 8.4　深层玻尔兹曼机

这里，v 代表可视向量，h_k 表示隐藏向量，第 $k-1$ 层与第 k 层之间的连接参数使用 W^k 表示，可视层偏置由 a 表示，第 k 个隐藏层的偏置用 b^k 表示。深层玻尔兹曼机的能量函数定义为

$$\varepsilon(v, h_1, \cdots, h_r \mid \boldsymbol{\theta}) = -\sum_{k=1}^{r} \boldsymbol{h}_{k-1}^{\mathrm{T}} (\boldsymbol{W}^k)^{\mathrm{T}} \boldsymbol{h}_k - \sum_{k=0}^{r} \boldsymbol{h}_k^{\mathrm{T}} \boldsymbol{b}^k \tag{8.34}$$

其中，$\boldsymbol{\theta}$ 代表模型参数，包含 W、a、b。

深层玻尔兹曼机的条件概率公式为

$$p(v \mid h_1, \boldsymbol{\theta}) = \prod_j p(v_j \mid h, \boldsymbol{\theta}) \tag{8.35}$$

$$p(v_j = 1 \mid h_1) = \text{Sigmoid}\Big(\sum_i W_{ij}^1 h_{1i} + a_j\Big) \tag{8.36}$$

$$p(h_k \mid h_{k-1}, h_{k+1}) = \prod_i p(h_{ki} \mid h_{k-1}, h_{k+1}) \tag{8.37}$$

深层玻尔兹曼机可以看成由许多 RBM 组合的结构，因此深层玻尔兹曼机参数的学习可以根据 RBM 的学习算法来进行，但是正如之前所说的那样，它的效率较低。在深层玻尔兹曼机的学习算法中，可以使用两个阶段的不同策略，这样能加速模型参数的学习效率。

训练的第一阶段为逐层预训练阶段。首先把深层玻尔兹曼机的可视层 v 和第一层隐藏层 h_1 捆绑起来看作一个受限玻尔兹曼机。这个捆绑受限玻尔兹曼机的权值矩阵为 W^1，可视层偏置为 a，隐藏层偏置为 b^1，这时可以得到隐藏节点和可视节点被激活的条件概率公式：

$$p(h_{1i} = 1 \mid v) = \text{Sigmoid}\Big(\sum_j W_{ij}^1 v_j + \sum_j W_{ij}^1 v_j + b_i^1\Big) \tag{8.38}$$

$$p(v_j = 1 \mid h_1) = \text{Sigmoid}\Big(\sum_i W_{ij}^1 h_{1i} + a_j\Big) \tag{8.39}$$

然后把深层玻尔兹曼机的隐藏层 h_{k-1} 和 h_k $(k \in [2, r-1])$ 看作一个受限玻尔兹曼机。这时，我们可以把 h_{k-1} 看作该受限玻尔兹曼机的可视层，隐藏层为 h_k。可视层偏置为 a^{k-1}，隐藏层偏置为 b^k，这时也可以得到条件概率：

$$p(h_{k, i} = 1 \mid h_{k-1}) = \text{Sigmoid}\Big(\sum_j 2W_{ij}^k h_{k-1, j} + b_i^k\Big) \tag{8.40}$$

$$p(h_{k-1, i} = 1 \mid h_k) = \text{Sigmoid}\Big(\sum_i 2W_{ij}^k h_{ki} + a_j^{k-1}\Big) \tag{8.41}$$

以此类推，在计算深层玻尔兹曼机的最后两个隐藏层的时候，可以考虑是否使用标签。如果不使用标签，那么我们可以把这两层看作一个逆捆绑受限玻尔兹曼机，此时可以得到

$$p(h_{ri} = 1 \mid h_{r-1}, y) = \text{Sigmoid}\Big(\sum_j W_{ij}^r h_{r-1, j} + b_i^k\Big) \tag{8.42}$$

$$p(h_{r-1, j} = 1 \mid h_r) = \text{Sigmoid}\Big(\sum_i W_{ij}^r h_{ri} + \sum_i W_{ij}^r h_{ri} + a_j^{r-1}\Big) \tag{8.43}$$

如果我们使用标签，那么可以将标签 y 与 h_{r-1} 共同看作可视层。W^{r+1} 为 y 与 h_r 直接的权重矩阵，此时可以得到

$$p(h_{ri} = 1 \mid h_{r-1}, y) = \text{Sigmoid}\Big(\sum_j W_{ij}^{r+1} y_j + \sum_j W_{ij}^r h_{r-1, j} + b_i^r\Big) \tag{8.44}$$

$$p(h_{r-1,\,j} = 1 \mid \boldsymbol{h}_r) = \mathrm{Sigmoid}\Big(\sum_i W_{ij}^r h_{ri} + \sum_i W_{ij}^r h_{ri} + \boldsymbol{a}_j^{r-1}\Big) \qquad (8.45)$$

$$p(\boldsymbol{y}_i = \boldsymbol{1} \mid \boldsymbol{h}_r,\,\boldsymbol{\theta}) = \mathrm{Sigmoid}\Big(\sum_j W_{ij}^{r+1} h_{rj} + \boldsymbol{b}_i^{r+1}\Big) \qquad (8.46)$$

整体过程如图 8.5 所示。

在多个受限玻尔兹曼机的训练完成以后，通过权值减半的方法将其重新编辑成一个新的深层玻尔兹曼机，最终将该模型作为训练结果，如图 8.6 所示。

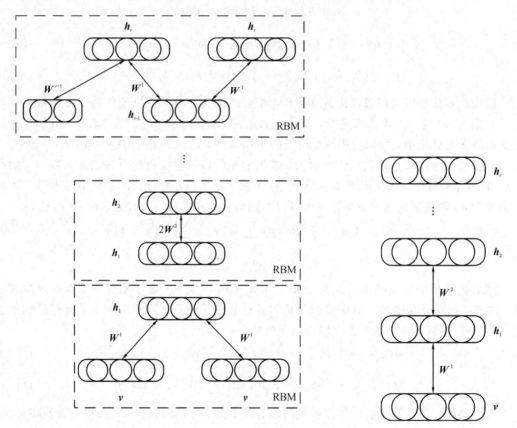

图 8.5　深层玻尔兹曼预训练过程　　　图 8.6　深层玻尔兹曼预训练结果

第二阶段为利用类 CD 算法进行调优的阶段。首先利用算法估计深层玻尔兹曼机的后验概率 $p(h_{ki} = 1 \mid \boldsymbol{v}) \approx q(h_{ki} = 1 \mid \boldsymbol{v})$，然后利用训练集通过类 CD 算法调优模型参数。估计后验概率而非精确计算有助于提高模型的训练速度。其中，估计后验概率的算法称为平均场算法。

平均场算法的基本思想是：通过随机变量均值的函数来近似估计随机变量的函数均值。平均场算法通常需要假定近似模型的联合概率分布具有如下性质：

$$q(\boldsymbol{Z}) = \prod_{i=1}^{M} q_i(\boldsymbol{Z}_i) \tag{8.47}$$

其中，集合 $\boldsymbol{Z}$ 被划分成 M 个互不相交的组 $\boldsymbol{Z}_i (i = 1, 2, 3, \cdots, M)$。

类 CD 调优算法如下：

for $(\boldsymbol{v}^{(l)}, \boldsymbol{y}^{(l)}) \in S$ do

$h_{ki} = q(h_{ki} = 1 | \boldsymbol{v}^{(l)})(k \in [1, r])$; % 使用场估计

$\boldsymbol{h}_0^{(0)} = \boldsymbol{g}_v^{(0)} \leftarrow \boldsymbol{v}^{(l)}, \boldsymbol{g}_y^{(0)} \leftarrow \boldsymbol{y}^{(l)}, \boldsymbol{h}_k^{(0)} \leftarrow \boldsymbol{h}_k (k \in [1, r])$

for $t = 1 : n$

$g_{v,j}^{(t)} \sim p(v_j | \boldsymbol{h}_1^{(t)}), h_{ri}^{(t)} \sim p(h_{ri}^{(t)} | \boldsymbol{h}_{r-1}^{(t-1)}, \boldsymbol{g}_y^{(t-1)}), g_{y,c}^{(t)} \sim p(\boldsymbol{y}_c | \boldsymbol{h}_r^{(t)})$;

$h_{ki}^{(t)} \sim p(h_{ki} | \boldsymbol{h}_{k-1}^{(t-1)}, \boldsymbol{h}_{k+1}^{(t)})(k \in [2, r-1]), h_{1i}^{(t)} \sim p(h_{1i} | \boldsymbol{g}_v^{(t)}, \boldsymbol{h}_2^{(t)})$;

end for

for $i = 1, \cdots, n_k$; $j = 1, \cdots, n_{k-1}$ do

$\forall k \in [1, r], \Delta W_{ij}^k = \Delta W_{ij}^k + (h_{k-1,j}^0 h_{ki}^0 - p(h_{ki} = 1 | \boldsymbol{h}_{k-1}^{(n)}, \boldsymbol{h}_{k+1}^{(n)}) h_{k-1,i}^{(n)})$;

end for

for $i = 1, \cdots, n_{r-1}$; $j = 1, \cdots, n_r$ do

$\Delta W_{ij}^r = \Delta W_{ij}^r + (h_{r-1,j}^0 h_{ri}^0 - p(h_{ri} = 1 | \boldsymbol{h}_{r-1}^{(n)}, \boldsymbol{g}_y^{(n)}) h_{r-1,j}^{(n)})$;

end for

for $i = 1, \cdots, n_r$; $c = 1, \cdots, C$ do

$\Delta W_{ic}^{r+1} = \Delta W_{ic}^{r+1} + (g_{y,c}^{(0)} h_{ri}^{(0)} - p(h_{ri} = 1 | \boldsymbol{h}_{r-1}^{(n)}, \boldsymbol{g}_y^{(n)}) g_{y,c}^{(n)})$;

end for

for $j = 1, \cdots, m$ do $\Delta a_j = \Delta a_j + g_{v,j}^{(0)} - g_{v,j}^{(n)}$ end for

for $i = 1, \cdots, n_k (k \in [1, r-1])$ do $\Delta b_i^r = \Delta b_i^r + h_{ki}^0 - p(h_{ki} = 1 | \boldsymbol{h}_{r-1}^{(n)}, \boldsymbol{h}_{r+1}^{(n)})$ end for

for $i = 1, \cdots, n_r$ do $\Delta \boldsymbol{b}_i^r = \Delta \boldsymbol{b}_i^r + h_{ri}^0 - p(h_{ri} = 1 | \boldsymbol{h}_{r-1}^{(n)}, \boldsymbol{g}_y^{(n)})$ end for

for $c = 1, \cdots, C$ do $\Delta \boldsymbol{b}_c^{r+1} = \Delta \boldsymbol{b}_c^{r+1} + g_{y,c}^{(0)} - p(\boldsymbol{y} = \boldsymbol{e}_c | \boldsymbol{h}_r^{(n)})$ end for

update $\boldsymbol{W}^k$ and $\boldsymbol{b}^k$

end for

对于估计后验概率的平均场算法来说，我们需要预先输入可视向量 $\boldsymbol{v}$、权值 $\boldsymbol{W}^k$、偏置 $\boldsymbol{b}^k (k \in [2, r])$，设定网络结构、$\varepsilon$ 和 Sigmoid 激活函数。最终得到对深层玻尔兹曼机后验概率的估计，其过程如下：

$h_{1i}^0 = \sigma \left(\sum_j W_{ij}^1 \boldsymbol{v}_j + \sum_j W_{ij}^1 v_j + \boldsymbol{b}_i^1 \right)$;

$h_{ki}^0 = \sigma \left(\sum_j 2 W_{ij}^k h_{k-i,j}^0 + \boldsymbol{b}_i^k \right)$, $k \in [2, r-1]$;

$h_{ri}^0 = \sigma \left(\sum_j W_{ij}^r h_{r-1,j}^0 + \sum_j W_{ji}^{r+1} \boldsymbol{y}_j + \boldsymbol{b}_i^r \right)$;

for $t = 1 : n$

$$h_{1i}^t = \sigma\left(\sum_j W_{ij}^1 \boldsymbol{v}_j + \sum_j W_{ij}^2 h_{2,j}^{t-1} + \boldsymbol{b}_i^1\right);$$

$$h_{ki}^t = \sigma\left(\sum_j W_{ij}^k v_j h_{k-1,j}^t + \sum_j W_{ji}^{k+1} h_{k+1,j}^{t-1} + \boldsymbol{b}_i^k\right), k \in [2, r-1];$$

$$h_{ri}^t = \sigma\left(\sum_j W_{ij}^r h_{r-1,j}^t + \sum_j W_{ji}^{r+1} \boldsymbol{y}_j + \boldsymbol{b}_i^r\right);$$

$$\varepsilon_k = \sum_i (h_{ki}^t - h_{ki}^{t-1})^2, k \in [1, r];$$

If $(\varepsilon_1 < \varepsilon$ and $\varepsilon_2 < \varepsilon \cdots$ and $\varepsilon_r < \varepsilon)$ break;

end for

最终，我们得到了对深层玻尔兹曼机后验概率的估计。值得注意的是，深层玻尔兹曼机需要采用经过编辑的受限玻尔兹曼机进行逐层训练，才能获得更好的学习训练效果。

8.2 自 编 码 器

自编码器(AutoEncoder)可以用来对高维数据进行降维处理，也可以理解为对数据稀疏化。自编码器的内部具有两部分结构：一部分为编码器，另一部分为解码器。编码器可以视为自编码器内部的隐藏层 $\boldsymbol{h}$ 对数据 $\boldsymbol{x}$ 的处理，即 $\boldsymbol{h} = f(\boldsymbol{x})$。解码器可以看作是数据的重构，即 $\boldsymbol{r} = g(\boldsymbol{h})$。这就是对应的映射过程，如图 8.7 所示。

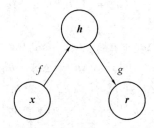

图8.7 简单编码器示意图

传统自编码器用于降维或特征学习。近年来，自编码器与潜变量模型理论的联系将传统自编码器带到了生成式建模的前沿。我们也可以对自编码器加入约束，使之优先提取更为显著的数据特征。

8.2.1 标准自编码器

正如之前所说，自编码器可以提取比输入维数更低的数据特征，以实现对高维数据降维。所以标准的自编码器是一个中间层具有结构对称性的多层前馈网络。它的期望输出与输入相同，可以用来学习恒等映射并抽取无监督特征，如图 8.8 所示。

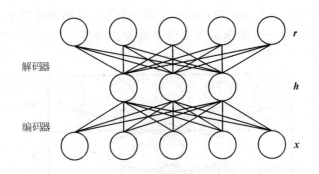

图 8.8　单隐藏层自编码器

　　从自编码器获得有用特征的一种方法是限制 h 的维度比 x 小，这种编码维度小于输入维度的自编码器称为**欠完备**（Under Complete）自编码器。它将强制自编码器捕捉训练数据中最显著的特征。

　　这样的学习过程可表述为最小化代价函数的过程：

$$L(x,\ g(f(x)))\qquad\qquad(8.48)$$

其中，L 为损失函数，用来度量 $g(f(x))$ 与 x 之间的差异，如之前所介绍的交叉熵。

　　当解码器是线性的且 L 为均方误差损失函数时，欠完备的自编码器会学习出与 PCA 相同的生成子空间。这种情况下，自编码器在执行复制任务的同时学到了训练数据的主元子空间。当然，编码器函数也可以是非线性的，此时可以得到更为强大的 PCA 非线性推广。值得注意的是，如果赋予编码器与解码器过大的容量，那么它们将起不到任何抽取数据特征的作用，只会单纯地执行复制任务。所以我们不能一味地只追求损失函数所体现的性能，还应考虑其他因素。

　　作为一个特殊的多层感知机，从理论上讲，自编码器是可以通过反向传播算法来学习权重与偏置的。但是由于之前所提到的局部极小值的存在，一个深层的自编码器如果仅仅采用反向传播算法来学习，结果常常是不稳定的，甚至是不收敛的。所以在实际的应用中多使用两个阶段的方法来训练自编码器，即无监督预训练与有监督调优，如图 8.9 所示。

第一阶段：无监督预训练

1. 使用接近 0 的随机数初始化网络参数（W，b）；

2. 使用 RBM 训练算法训练第一个 RBM，该 RBM 的可视层向量对应 v，隐藏层对应 h_1；

3. 把 h_{i-1} 作为第 i 个 RBM 的可视层，把 h_i 作为第 i 个 RBM 的隐藏层，逐层训练深层 RBM；

4. 反向堆叠 RBM，初始化 $r+1$ 至 $2r$ 层的自编码器参数。

第二阶段：有监督调优

使用有监督学习算法，如反向传播，对网络所有参数进行优化。

图 8.9　标准自编码器学习算法

对于无监督预训练，从自编码器的输入层到中间层，我们把每两个相邻的层看作一个受限玻尔兹曼机，其中每一个受限玻尔兹曼机的输出是下一个相邻受限玻尔兹曼机的输入，逐层训练，如图 8.10 所示。

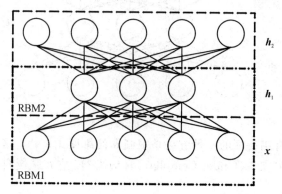

图 8.10　标准自编码器逐层训练 RBM

在无监督预训练完成后，采用有监督学习算法对网络的全部参数进行调优。这个调优算法可以采用传统的反向传播算法，也可以使用随机梯度下降算法等。

有监督调优就是对网络参数进行整体优化的过程，通常采用反向传播算法从输出层到输入层逐层实现对网络参数的调整。虽然自编码器的调优过程是通过一个监督学习算法来实现的，但是我们依旧可以把它看作一个无监督学习的过程。因为在这个过程中并没有采用手工标注的标签，而是监督信号被直接提取作为输入。

在实际工程中，研究者发现两阶段的训练方法不仅有助于提高自编码器的学习效果，还有助于提高它的学习速度。其原因来自于两个方面：

（1）预训练阶段可以产生较优的初始化权重和偏置，有助于帮助监督学习时的学习算法更快地收敛至局部最优解。

（2）预训练具有一定的正则化作用，能够在一定程度上提高网络的泛化能力。

我们可以得到一个结论：在处理同样的任务时，经过预训练的模型一般会获得更快的收敛速度与更好的泛化性能。

8.2.2　稀疏自编码器

经过前面的讨论我们已经知道，编码维数小于输入维数的欠完备自编码器可以学习数据分布最显著的特征。如果赋予这类自编码器过大的容量，则它不能学到任何有用的信息，只能完成简单的数据复制。

在理想情况下，根据要建模的数据分布的复杂性，选择合适的编码维数和编码器、解码器容量，就可以成功训练任意架构的自编码器。那如何控制模型的容量呢？我们知道，当为模型增加了相应的约束项之后，就可以制约模型的容量，如正则化。正则化自编码器使用的损失函数可以鼓励模型学习其他特性，而不必限制浅层的编码器和解码器的维数来限制模型的容量。

这里先介绍一个正则化方法，即稀疏自编码器。为了能够对自编码器进行约束，稀疏自编码器在模型的损失函数中加入了稀疏惩罚项 $\Omega(\boldsymbol{h})$，得到了重构误差：

$$L(\boldsymbol{x}, g(f(\boldsymbol{x}))) + \Omega(\boldsymbol{h}) \tag{8.49}$$

其中，$g(\boldsymbol{h})$ 是解码器的输出，$\boldsymbol{h}$ 是编码器的输出或隐藏层，即 $\boldsymbol{h} = f(\boldsymbol{x})$。

使用稀疏自编码器的目的一般是学习数据的特征，以便用于分类的任务。稀疏正则化的自编码器必须反映数据集的独特统计特征，而不是简单地充当恒等函数。以这种方式训练，执行附带稀疏惩罚的复制任务可以得到学习有用特征的模型。

我们可以认为整个稀疏自编码器框架是对带有潜变量的生成模型的近似最大似然训练，而不将稀疏惩罚视为复制任务的正则化。现在有一个 $\boldsymbol{x}$ 表示可见向量，即模型输入，$\boldsymbol{h}$ 为隐藏层向量，且具有明确联合分布的模型，即

$$p_{\text{model}}(\boldsymbol{x}, \boldsymbol{h}) = p_{\text{model}}(\boldsymbol{h}) p_{\text{model}}(\boldsymbol{x} \mid \boldsymbol{h}) \tag{8.50}$$

我们可以将 $p_{\text{model}}(\boldsymbol{h})$ 看作模型关于潜变量的先验分布，表示模型检测到 $\boldsymbol{x}$ 的信念先验。这个过程与我们之前所使用的"先验"的方式有所不同，之前提出的分布 $p(\boldsymbol{\theta})$ 是指在看到数据之前就对模型参数的先验进行了编码。对数似然函数可以分解为

$$\log p_{\text{model}}(\boldsymbol{x}) = \log \sum_{\boldsymbol{h}} p_{\text{model}}(\boldsymbol{h}, \boldsymbol{x}) \tag{8.51}$$

现在，我们可以认为自编码器使用一个高似然值 $\boldsymbol{h}$ 的点估计近似这个总和。从这个角度看，根据所选择的 $\boldsymbol{h}$，最大化如下式子：

$$\log p_{\text{model}}(\boldsymbol{h}, \boldsymbol{x}) = \log p_{\text{model}}(\boldsymbol{h}) + \log p_{\text{model}}(\boldsymbol{x} \mid \boldsymbol{h}) \tag{8.52}$$

其中，$\log p_{\text{model}}(\boldsymbol{h})$ 可以被稀疏诱导，如 Laplace 先验：

$$p_{\text{model}}(\boldsymbol{h}_i) = \frac{\lambda}{2} \mathrm{e}^{-\lambda \mid \boldsymbol{h}_i \mid} \tag{8.53}$$

对应于绝对值稀疏惩罚，将对数先验表示为绝对值惩罚，这类似于之前解释的 L_1 规范化，增加了绝对值约束项后可以使模型变得稀疏，因此得到

$$\Omega(\boldsymbol{h}) = \lambda \sum_i \mid \boldsymbol{h}_i \mid \tag{8.54}$$

$$-\log p_{\text{model}}(\boldsymbol{h}) = \sum_i \left(\lambda \mid \boldsymbol{h}_i \mid - \log \frac{\lambda}{2} \right) = \Omega(\boldsymbol{h}) + \text{const} \tag{8.55}$$

通过观察上述等式不难发现，常数项仅与 λ 有关。通常我们将 λ 视为超参数，因此可以丢弃不影响参数学习的常数项。到这里会发现，从稀疏性导致 $p_{\text{model}}(\boldsymbol{h})$ 学习成近似最大似然的结果看，稀疏惩罚项不是一个正则项。因为它仅仅影响了模型关于潜变量的分布。

当然，惩罚项不仅仅局限于绝对值惩罚项，还有其他类型，它们对模型有着不同的影

响结果，这也一直是研究者们研究的主要方向之一。如果使用梯度作为惩罚项，则这种正则化的自编码器被称为收缩自编码器，依旧是在损失函数中加入惩罚项：

$$L(\boldsymbol{x},\ g(f(\boldsymbol{x})))+\Omega(\boldsymbol{h}) \tag{8.56}$$

$$\Omega(\boldsymbol{h},\ \boldsymbol{x})=\lambda\sum_i\parallel\boldsymbol{\nabla}_x\boldsymbol{h}_i\parallel^2 \tag{8.57}$$

8.2.3　降噪自编码器

降噪自编码器(Denoising AutoEncoder，DAE)是将受损坏的数据作为输入，用来将原始数据中未被损坏的数据作为输出的自编码器。具体的做法是：在输入数据中增加一定的噪声对自编码器进行学习训练，使其产生抗噪能力，从而获得更加鲁棒的数据重构效果。

假设 $\boldsymbol{x}$ 是无噪声原始输入，降噪自编码器首先利用随机映射把原始数据加入噪声侵蚀，再将带噪声的样本 $\tilde{\boldsymbol{x}}$ 作为输入，以 $\boldsymbol{x}$ 作为输出，对自编码器进行训练，原理如图 8.11 所示。

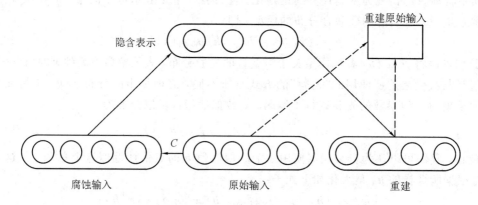

图 8.11　降噪自编码器

与标准自编码器不同的是，我们引入了一个损坏过程 $C(\tilde{\boldsymbol{X}}|\boldsymbol{X})$，这个条件分布代表给定数据样本 $\boldsymbol{x}$ 产生损坏样本 $\tilde{\boldsymbol{x}}$ 的概率。降噪自编码器根据以下过程，从训练数据对 $(x,\ \tilde{x})$ 中学习重构分布 $p_{\text{reconstruct}}(\boldsymbol{x}|\tilde{\boldsymbol{x}})$：

(1) 从训练数据中采样训练样本 $\boldsymbol{x}$。

(2) 从 $C(\tilde{\boldsymbol{X}}|\boldsymbol{X}=\boldsymbol{x})$ 中采样损坏样本 $\tilde{\boldsymbol{x}}$。

(3) 将 $(x,\ \tilde{x})$ 作为训练样本来估计自编码器的重构分布 $p_{\text{reconstruct}}(\boldsymbol{x}|\tilde{\boldsymbol{x}})=p_{\text{decoder}}(\boldsymbol{x}|\boldsymbol{h})$，其中 $\boldsymbol{h}$ 是编码器 $f(\tilde{\boldsymbol{x}})$ 的输出，p_{decoder} 根据解码函数 $g(\boldsymbol{h})$ 定义。

通常我们还是按照简单的负对数似然 $-\log p_{\text{decoder}}(\boldsymbol{x}|\boldsymbol{h})$ 进行基于梯度的近似最小化来训练模型。下面我们通过 Keras 来构造一个简单的降噪自编码器。

♯首先导入相应的各种包，这里不再赘述

♯这里我们将 MNIST 手写体数据集作为示例

♯加载 MNIST 手写体数据集，如果没有 Keras，则会自动下载
```
(x_train, _), (x_test, _) = mnist. load_data()
x_train = x_train. astype('float32')/ 255.
x_test = x_test. astype('float32')/ 255.
```

♯对图片的格式进行统一
```
x_train = np. reshape(x_train, (len(x_train), 28, 28, 1))
x_test = np. reshape(x_test, (len(x_test), 28, 28, 1))
```

♯定义噪声
```
ctor = 0.5
x_train_noisy = x_train + noise_factor * np. random. normal(loc=0.0, scale=1.0, size=
x_train. shape)
x_test_noisy = x_test + noise_factor * np. random. normal(loc=0.0, scale=1.0, size=
x_test. shape)

x_train_noisy = np. clip(x_train_noisy, 0., 1.)
x_test_noisy = np. clip(x_test_noisy, 0., 1.)
```

♯查看混有噪声的图像，如图 8.12 所示
```
n = 10
plt. figure(figsize=(20, 2))
for i in range(n):
    ax = plt. subplot(1, n, i)
    plt. imshow(x_test_noisy[i]. reshape(28, 28))
    plt. gray()
    ax. get_xaxis(). set_visible(False)
    ax. get_yaxis(). set_visible(False)
plt. show()
```

图 8.12 经过噪声侵蚀的图像

```
# 构造网络
input_img = Input(shape=(28, 28, 1))

x = Conv2D(32, (3, 3), activation='relu', padding='same')(input_img)
x = MaxPooling2D((2, 2), padding='same')(x)
x = Conv2D(32, (3, 3), activation='relu', padding='same')(x)
encoded = MaxPooling2D((2, 2), padding='same')(x)

x = Conv2D(32, (3, 3), activation='relu', padding='same')(encoded)
x = UpSampling2D((2, 2))(x)
x = Conv2D(32, (3, 3), activation='relu', padding='same')(x)
x = UpSampling2D((2, 2))(x)
decoded = Conv2D(1, (3, 3), activation='sigmoid', padding='same')(x)

autoencoder = Model(input_img, decoded)
autoencoder.compile(optimizer='adadelta', loss='binary_crossentropy')

# 训练模型，并调用 TensorBoard
autoencoder.fit(x_train_noisy, x_train,
                epochs=100,
                batch_size=128,
                shuffle=True,
                validation_data=(x_test_noisy, x_test),
                callbacks=[TensorBoard(log_dir='/tmp/tb', histogram_freq=0, write_
graph=False)])
```

这样便可以得到一个可以去除图片噪声的降噪自编码器。重构后的图像如图 8.13 所示。

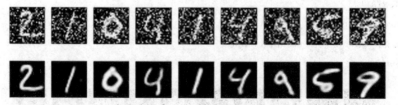

图 8.13　重构后的图像

8.3　深度信念网络及实例

　　深度信念网络(Deep Belief Network, DBN)是一种深度学习的生成模型，它可以通过受限玻尔兹曼机的组合来构造。深度信念网络既可以用来对数据的概率分布进行建模，也可以用来对数据进行分类。深度信念网络作为生成模型的学习过程可以分为两个阶段：先用受限玻尔兹曼机进行逐层预训练，再使用睡醒算法调优。当作为判别模型的时候，深度信念网络在经过受限玻尔兹曼机的逐层训练之后，使用反向传播算法进行调优。

　　深度信念网络是具有若干潜变量层的生成模型。潜变量通常是二值的，而可见单元可以是二值的或实数。尽管构造比较稀疏的 DBN 是可能的，但在一般的模型中，每层的每个单元都连接到每个相邻层中的每个单元(没有层内连接)。顶部两层之间的连接是无向的，而所有其他层之间的连接是有向的，箭头指向最接近数据的层。从数学上看，深度信念网络是一个混合图模型，其中既包含无向部分，又包含有向部分，如图 8.14 所示。

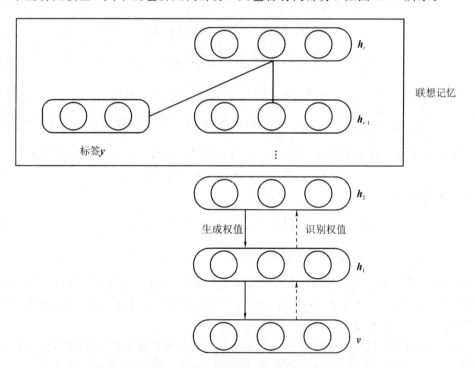

图 8.14　深度信念网络的结构示意图

　　由图 8.14 可看出，网络由无向图构成一个联想记忆网络，该网络依旧是一个受限玻尔兹曼机，其余层则构成一个有向图。可视层与第一个隐藏层之间的生成权值用 G^1 表示，识

别权值使用 $\boldsymbol{W}^1$ 表示；第 $k-1$ 个和第 $k(k \in [2, r-1])$ 个隐藏层之间的生成权值为 $\boldsymbol{G}^k$，识别权值用 $\boldsymbol{W}^k$ 表示。但是第 r 个隐藏层与第 $r-1$ 个隐藏层之间构成无向连接的联想记忆，没有生成权值与识别权值的差别，它们之间的权值称为联想权值，用 $\boldsymbol{W}^r$ 表示；标签层与第 r 个隐藏层依旧为无向连接，它们之间连接的权值称为标签权值，我们使用 $\boldsymbol{W}^{r+1}$ 表示。可视层的偏置用 $\boldsymbol{a}$ 表示，第 k 个隐藏层的生成偏置使用 $\boldsymbol{b}_k$ 表示，识别偏置使用 $\boldsymbol{b}^k$ 来表示，其中 $k \in [1, r-1]$，注意符号上下标所代表的意义不同。第 r 隐藏层的偏置用 $\boldsymbol{b}^r$ 表示，标签层的偏置用 $\boldsymbol{b}^{r+1}$ 表示。一般令 $\boldsymbol{h}_0 = \boldsymbol{v}$，$\boldsymbol{b}^0 = \boldsymbol{a}$，于是得到深度信念网络的联合概率分布：

$$p(\boldsymbol{v}, \boldsymbol{y}, \boldsymbol{h}_1, \boldsymbol{h}_2, \cdots, \boldsymbol{h}_r | \boldsymbol{\theta}) = p(\boldsymbol{v}|\boldsymbol{h}_1)p(\boldsymbol{h}_1|\boldsymbol{h}_2)\cdots p(\boldsymbol{h}_{r-2}|\boldsymbol{h}_{r-1})p((\boldsymbol{y}, \boldsymbol{h}_{r-1}), \boldsymbol{h}_r)$$
$$(8.58)$$

边缘分布：

$$p(\boldsymbol{v}, \boldsymbol{h}_1, \boldsymbol{h}_2, \cdots, \boldsymbol{h}_r | \boldsymbol{\theta}) = p(\boldsymbol{v}|\boldsymbol{h}_1)p(\boldsymbol{h}_1|\boldsymbol{h}_2)\cdots p(\boldsymbol{h}_{r-2}|\boldsymbol{h}_{r-1})p(\boldsymbol{h}_{r-1}, \boldsymbol{h}_r) \quad (8.59)$$

对于深度信念网络的联想记忆层，我们可以得到条件概率分布：

$$p(\boldsymbol{h}_{r-1}, \boldsymbol{h}_r) = \prod_i p(h_{r-1, i} | \boldsymbol{h}_r) \quad (8.60)$$

$$p(\boldsymbol{h}_r | \boldsymbol{y}, \boldsymbol{h}_{r-1}) = \prod_i p(h_{r, i} | \boldsymbol{y}, \boldsymbol{h}_{r-1}) \quad (8.61)$$

$$p(h_{r-1, i} = 1 | \boldsymbol{h}_r) = \mathrm{Sigmoid}\Big(\sum_j W^r_{ij} h_{rj} + b_{r-1, i}\Big) \quad (8.62)$$

$$p(y_i = 1 | \boldsymbol{h}_r, \boldsymbol{\theta}) = \mathrm{Sigmoid}\Big(\sum_j W^{r+1}_{ij} h_{rj} + b^{r+1}_i\Big) \quad (8.63)$$

$$p(h_{r, j} = 1 | \boldsymbol{y}, \boldsymbol{h}_{r-1}) = \mathrm{Sigmoid}\Big(\sum_i W^r_{ij} h_{r-1, i} + \sum_i W^{r+1}_{ij} y_i + b^r_j\Big) \quad (8.64)$$

其中，标签向量也可以采用之前所说的 One-Hot 形式，通过 softmax 函数进行计算：

$$p(\boldsymbol{y} = \boldsymbol{e}_i | \boldsymbol{h}_r) = \underset{i}{\mathrm{softmax}}(\boldsymbol{W}^{r+1}\boldsymbol{h}_r + \boldsymbol{b}^{r+1}) \quad (8.65)$$

对于其余层：

$$p(\boldsymbol{h}_{k-1} | \boldsymbol{h}_k) = \prod_i p(h_{k-1, i} | \boldsymbol{h}_k), \ \forall k \in [1, r-1] \quad (8.66)$$

$$p(h_{k-1, i} = 1 | \boldsymbol{h}_k) = \mathrm{Sigmoid}\Big(\sum_j g^k_{ij} h_{kj} + b_{k-1, i}\Big), \ \forall k \in [1, r-1] \quad (8.67)$$

在了解模型的基本结构之后，需要开始训练模型。利用深度信念网络学习样本的概率分布称为生成学习。与之前介绍的自编码器学习算法类似，深度信念网络的训练过程分为两个阶段，即无监督预训练过程与参数调优过程。

无监督预训练阶段与自编码器学习算法类似，把相邻两层看作受限玻尔兹曼机进行逐层训练。

在参数调优阶段，我们使用上下算法对所有网络参数调优。在上下算法调优之前，使用识别权值的初始化来生成权值 $\boldsymbol{G}^k = (\boldsymbol{W}^k)^{\mathrm{T}}(k \in [1, r-1])$。上下算法是睡醒算法（Wake-sleep Algorithm）的一个变形，由睡阶段与醒阶段构成，如图 8.15 所示。

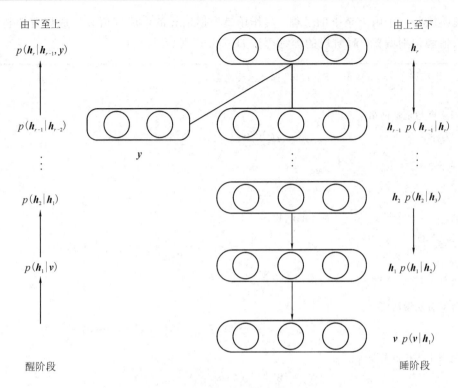

图 8.15　深度信念网络的调优过程

在醒阶段，模型反复使用识别权值和识别偏置来生成权值和生成偏置；在睡阶段，模型则反复使用生成权值和生成偏置来识别权值和识别偏置。从图 8.15 中不难看出，醒阶段是一个由下至上的过程，其作用是根据估算识别权值和识别偏置来调整整体网络的生成权值和生成偏置。醒阶段的算法如图 8.16 所示。

输入：训练样本 $(\boldsymbol{x}, \boldsymbol{y})$，$\sigma =$ Sigmoid。

过程：

1. $\boldsymbol{h}_0 = \boldsymbol{x}$；

2. 采样 $h_{ki} \sim p(h_{ki} = 1 \mid \boldsymbol{h}_{k-1}) = \sigma(\sum_j W_{ij}^k h_{k-1,j} + \boldsymbol{b}_i^k)$，$k = 1, \cdots, r-1$；

3. 采样 $\tau_{k-1,t} \sim p(h_{k-1,t} = 1 \mid \boldsymbol{h}_k) = \sigma(\sum_j g_{ij}^k h_{kj} + b_{k-1,t})$，$k = 1, \cdots, r-1$；

4. 计算可视层的激活概率 $p(\boldsymbol{v}_j = 1 \mid \boldsymbol{h}_1) = \sigma(\sum_j g_{ij}^1 h_{1i} + \boldsymbol{a}_j)$；

5. 更新生成权值及偏置：
$$g_{ij}^k \leftarrow g_{ij}^k + \eta k_{ki}(h_{k-1,j} - \tau_{k-1,i}),\ k = 1, \cdots, r-1$$
$$b_{k,i} \leftarrow b_{k,i} + \eta(h_{ki} - \tau_{k,i}),\ k = 1, \cdots, r-1$$
$$\boldsymbol{a}_j \leftarrow \boldsymbol{a}_j + \eta(\boldsymbol{v}_i - p(\boldsymbol{v}_j = 1 \mid \boldsymbol{h}_1))$$

输出：生成权值 $\boldsymbol{G}^k$ 及偏置 $\boldsymbol{b}_k$，可视偏置 $\boldsymbol{a}$，其中，$k = 1, 2, \cdots, r-1$。

图 8.16　DBN 单样本醒阶段

睡阶段是一个由上至下的过程，其作用是根据估算的生成权值和生成偏置调整网络的识别权值和识别偏置。睡阶段的训练算法如图 8.17 所示。

输入：训练样本 $(\boldsymbol{x}, \boldsymbol{y})$，$\sigma = \text{Sigmoid}$，循环采样次数 n。

过程：

1. 对于联想记忆网络：

    采样 $\tau_{ri} \sim p(h_n = 1 \mid \boldsymbol{h}_{r-1}, \boldsymbol{y}) = \sigma\left(\sum_j W_{ij}^r h_{r-1, j} + \sum_j W_{ij}^{r+1} \boldsymbol{y}_j + \boldsymbol{b}_i^r\right)$；

2. 对于 $t = 1 : n$：

    采样 $\tau_{r-1, i} \sim p(h_{r-1, i} = 1 \mid \boldsymbol{h}_r) = \sigma\left(\sum_j W_{ij}^r \tau_{r, j} + b_{r-1, i}\right)$；

    $\boldsymbol{y}_{\text{sample}} \sim p(\boldsymbol{y} = \boldsymbol{e}_i \mid \boldsymbol{\tau}_r) = \text{softmax}_i (W^{r+1}\tau_r + \boldsymbol{b}^{r+1})$；

    采样 $\tau_{ri} \sim p(h_{ri} = 1 \mid \boldsymbol{\tau}_{r-1}, \boldsymbol{y}_{\text{sample}}) = \sigma\left(\sum_j W_{ij}^r \tau_{r-1, j} + \sum_j W_{ij}^{r+1} y_{\text{sample}, j} + \boldsymbol{b}_i^r\right)$；

3. 采样 $\tau_{k-1, i} \sim p(h_{k-1, i} = 1 \mid \boldsymbol{\tau}_k) = \sigma\left(\sum_j g_{ij}^k \tau_{kj} + b_{k-1, r}\right)$，$k = 1, \cdots, r-1$；

4. 计算各层激活概率：

    $\xi_{ki} \sim p(h_{ki} = 1 \mid \boldsymbol{\tau}_{k-1}) = \sigma\left(\sum_j W_{ij}^k \tau_{k-1, j} + \boldsymbol{b}_i^k\right)$，$k = 1, \cdots, r-1$

5. 更新生成权值及偏置：

    $$W_{ij}^r \leftarrow W_{ij}^r + \eta(h_{r, i} h_{r-1, j} - \tau_{ri} \tau_{r-1, j})$$
    $$\boldsymbol{b}_i^r \leftarrow \boldsymbol{b}_i^r + \eta(h_{r, i} - \tau_{r, i})$$
    $$W_{ij}^{r+1} \leftarrow W_{ij}^{r+1} + \eta(h_{ri} \boldsymbol{y}_j - \tau_{ri} y_{\text{sample}, j})$$
    $$\boldsymbol{b}_i^{r+1} \leftarrow \boldsymbol{b}_i^{r+1} + \eta(\boldsymbol{y}_i - y_{\text{sample}, i})$$

6. 更新识别权值和识别偏置：

    $$W_{ij}^k \leftarrow W_{ij}^k + \eta \tau_{k-1, i}(\tau_{k, j} - \xi_{k, j}), \quad k = 1, \cdots, r-1$$
    $$\boldsymbol{b}_i^k \leftarrow \boldsymbol{b}_i^k + \eta(\tau_{k, i} - \xi_{ki}), \quad k = 1, \cdots, r-1$$

输出：识别权值 $\boldsymbol{W}^k$ 及偏置 $\boldsymbol{b}^k$，联想权值 $\boldsymbol{W}^r$ 及偏置 $\boldsymbol{b}^r$，标签权值 $\boldsymbol{W}^{r+1}$ 及偏置 $\boldsymbol{b}^{r+1}$，其中，$k = 1, 2, \cdots, r-1$。

图 8.17　DBN 单样本睡阶段

当作为判别模型的时候，深度信念网络的学习过程就像之前介绍的自编码器，先使用受限玻尔兹曼机进行逐层无监督预训练，再使用反向传播算法进行有监督调优。具体过程如图 8.18 所示。在无监督训练阶段，从可视层到第 $r-1$ 个隐藏层，深度信念网络的相邻两层被看作一个受限玻尔兹曼机，并利用相应算法进行训练。对于联想记忆部分，可以看成一个分类受限玻尔兹曼机，标签层和第 $r-1$ 个隐藏层可以看成可视层，隐藏层就是深度信念网络的第 r 个隐藏层。

第一阶段：无监督预训练

1. 使用接近 0 的随机数初始化网络参数(W, b)；

2. 使用 RBM 训练算法训练第一个 RBM，该 RBM 的可视层向量对应 v，隐藏层对应 h_1；

3. 把 h_{i-1} 作为第 i 个 RBM 的可视层，把 h_i 作为第 i 个 RBM 的隐藏层，逐层训练深层 RBM；

4. 对于 $i=r$，将 h_{r-1} 与 y 整体作为可视层，将 h_r 作为隐藏层，构造分 RBM，并训练该 RBM；

第二阶段：有监督调优

5. 将预训练得到的深层信念网络展开成一个深层感知机；

6. 使用有监督学习算法，如反向传播，对网络所有参数进行优化。

图 8.18　深度信念网络判别学习过程

当作为判别模型时，在有监督调优阶段，深度信念网络先被展开成一个深层感知器，如图 8.19 所示。该深层感知器的权值和偏置采用逐层预训练的 (W^k, b^k) 进行初始化，并通过反向传播算法调整优化。

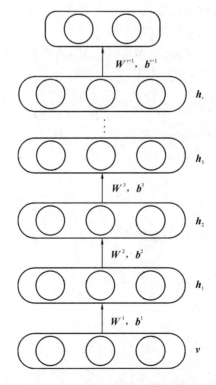

图 8.19　深度信念网络展开为深层感知机结构

深度信念网络的学习与训练可通过自适应梯度下降或者正则化等方法使模型性能得到进一步优化。

下面我们将利用 TensorFlow 完成对 DBN 的构建，参数设定以 MNIST 手写体数据库为基准。

```python
import tensorflow as tf
import numpy as np
from rbms import DBM
import sys
sys.path.append("../base")
from model import Model
from base_func import act_func, out_act_check, Summaries


class DBN(Model):
    def __init__(self,
        hidden_act_func='relu',
        output_act_func='softmax',
        loss_func='mse',  # gauss 激活函数会自动转换为 mse 损失函数
        struct=[784, 100, 100, 10],
        lr=1e-4,
        momentum=0.5,
        use_for='classification',
        bp_algorithm='adam',
        epochs=100,
        batch_size=32,
        dropout=0.3,
        units_type=['gauss', 'bin'],
        rbm_lr=1e-3,
        rbm_epochs=30,
        cd_k=1,
        pre_train=True):
        Model.__init__(self, 'DBN')
        self.loss_func=loss_func
        self.hidden_act_func=hidden_act_func
        self.output_act_func = out_act_check(output_act_func, loss_func)
        self.use_for=use_for
        self.bp_algorithm=bp_algorithm
```

```
        self. lr＝lr
        self. momentum＝momentum
        self. epochs＝epochs
        self. struct ＝ struct
        self. batch_size ＝ batch_size
        self. dropout ＝ dropout
        self. pre_train＝pre_train

        self. dbm_struct ＝ struct[：－1]
        self. units_type ＝ units_type
        self. cd_k ＝ cd_k
        self. rbm_lr ＝ rbm_lr
        self. rbm_epochs ＝ rbm_epochs
        self. build_model()

# 建立 DBN 模型
def build_model(self)：
        print("Start building model…")
        print('DBN：')
        print(self. __dict__)

# 预训练阶段
        if self. pre_train：

# cd_k＝0 时，不进行预训练，相当于一个 DNN

# 构建 DBM
        self. pt_model ＝ DBM(
            units_type＝self. units_type，
            dbm_struct＝self. dbm_struct，
            rbm_epochs＝self. rbm_epochs，
            batch_size＝self. batch_size，
            cd_k＝self. cd_k，
            rbm_lr＝self. rbm_lr)
```

```python
# 调优阶段
with tf.name_scope('DBN'):

    # feed 变量
    self.input_data = tf.placeholder(tf.float32, [None, self.struct[0]])
    self.label_data = tf.placeholder(tf.float32, [None, self.struct[-1]])
    self.keep_prob = tf.placeholder(tf.float32)

# 权值变量(初始化)
self.out_W = tf.Variable(tf.truncated_normal(shape=[self.struct[-2], self.struct[-1]],
stddev=np.sqrt(2 /(self.struct[-2] + self.struct[-1]))),
name='W_out')
self.out_b = tf.Variable(tf.constant(0.0, shape=[self.struct[-1]]), name='b_out')

# 构建 DBN

# 构建权值列表(DBN 结构)
self.parameter_list = list()
if self.pre_train:
    for pt in self.pt_model.pt_list:
        self.parameter_list.append([pt.W, pt.bh])
else:
    for i in range(len(self.struct)-2):
        W = tf.Variable(tf.truncated_normal(shape=[self.struct[i], self.struct[i+1]],
        stddev=np.sqrt(2 /(self.struct[i] + self.struct[i+1]))),
        name='W'+str(i+1))
        b = tf.Variable(tf.constant(0.0, shape=[self.struct[i+1]]), name='b'+
        str(i+1))
        self.parameter_list.append([W, b])
self.parameter_list.append([self.out_W, self.out_b])

# 构建训练步
self.logits, self.pred=self.transform(self.input_data)
self.build_train_step()
```

```
# 记录训练过程
if self. tbd：
    for i in range(len(self. parameter_list))：
        Summaries. scalars_histogram('_W'+str(i+1)，self. parameter_list[i][0])
        Summaries. scalars_histogram('_b'+str(i+1)，self. parameter_list[i][1])
    tf. summary. scalar('loss'，self. loss)
    tf. summary. scalar('accuracy'，self. accuracy)
    self. merge = tf. summary. merge(tf. get_collection(tf. GraphKeys. SUMMARIES，self.
    name))
    def transform(self，data_x)：
```

```
# 得到网络输出值
```

```
# 这个 next_data 是 tf 变量
next_data = data_x
for i in range(len(self. parameter_list))：
    W=self. parameter_list[i][0]
    b=self. parameter_list[i][1]

    if self. dropout>0：
    next_data = tf. nn. dropout(next_data，self. keep_prob)

z = tf. add(tf. matmul(next_data，W)，b)
if i==len(self. parameter_list)-1：
    logits=z
    output_act=act_func(self. output_act_func)
    pred=output_act(z)
else：
    hidden_act=act_func(self. hidden_act_func，self. h_act_p)
    self. h_act_p = np. mod(self. h_act_p + 1，len(self. hidden_act_func))
    next_data=hidden_act(z)

return logits，pred
```

8.4　残差神经网络及实例

当深度学习模型拥有足够的深度时,模型性能可能会得到提升。模型的深度越深,模型越可能学习到更多有关数据的细节特征。但是随着模型深度的增加又会出现过拟合或者梯度消失和梯度爆炸的问题。那么如何在追求较深的模型深度的同时克服上述问题呢?

残差神经网络(Residual neural Network,ResNet)可以解决这个问题。ResNet 由微软研究院的 Kaiming He 等四名华人提出,他们通过使用 ResNet Unit 成功训练出了 152 层的神经网络,并在 ILSVRC2015 比赛中取得了冠军。ResNet 在 Top5 上的错误率为 3.57%,同时参数量比 VGGNet 少,效果非常突出。

现在,我们考虑在很深的模型上恢复浅层模型的结构,即添加恒等映射,将浅层模型的结果复制到其他层。假设模型的基础映射为 $H(\boldsymbol{x})$,我们现在组合一个其他非线性映射:

$$F(\boldsymbol{x}) = H(\boldsymbol{x}) - \boldsymbol{x} \tag{8.68}$$

此时,原始映射被重写为 $F(\boldsymbol{x}) + \boldsymbol{x}$。一个拥有短接结构的网络相比于原始网络更容易使用梯度去优化。在实际工程中,如果这个来自于低层次的映射对于学习特征没有帮助,那么它的权重很轻易地可以变为 0。

如何在深度学习模型中实现这种结构呢?我们可以在神经元之间增加短接层来实现,如图 8.20 所示。

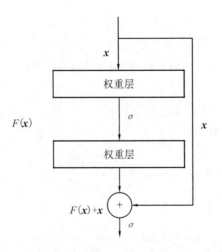

图 8.20　ResNet 连接示意图

短接是指跳过一层或多层神经元进行连接的方法。短接可以使用简单的恒等映射,也就是将神经元的输出直接输入至其他神经元。整体深度学习模型依旧可以使用典型的梯度下降算法进行参数更新。

从数学角度，我们可以将其定义为

$$y = F(\boldsymbol{x}, \{\boldsymbol{W}_i\}) + \boldsymbol{x} \tag{8.69}$$

式中，$\boldsymbol{x}$ 为输入向量，$\boldsymbol{y}$ 为输出向量，$F(\boldsymbol{x}, \{\boldsymbol{W}_i\})$ 表示要被训练的残差映射。在图 8.20 中跳过了两层，$F = \boldsymbol{W}_2 \sigma(\boldsymbol{W}_1 \boldsymbol{x})$，其中 σ 为激活函数，建议采用 ReLU。

通过式(8.69)可以看出，在这个短接的模型中并没有使用额外的参数，所以这里必须要求 $\boldsymbol{x}$ 与 F 的维数相等。如果要扩展到不同维数的情况，就需要引入一个新的参数矩阵：

$$y = F(\boldsymbol{x}, \{\boldsymbol{W}_i\}) + \boldsymbol{W}_s \boldsymbol{x} \tag{8.70}$$

但是一般来说增加一个恒等映射就足以解决问题。值得注意的是，短接结构最好跨越两至三层进行连接。如果只跨越一层，那么可能不会达到使梯度流通更加便利的目的。短接技术也可以直接应用于最熟悉的卷积神经网络，如图 8.21 所示。图中，维度匹配的短接连接为实线，不匹配的为虚线。

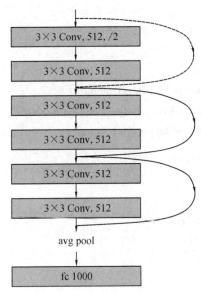

图 8.21 ResNet 连接示意图

当将残差神经网络应用于卷积神经网络时，模型设计的原则如下：

(1) 当输出特征图具有相同大小的时候，这些层有相同数量的滤波器，即通道数量相同。

(2) 当特征图大小由于池化操作而减半时，滤波器的数量翻倍。

当维度不匹配时，同等映射有两种可选方案：

(1) 通过补零的方法，维持数据维数不变。

(2) 通过乘以权值矩阵 $\boldsymbol{W}$ 的方式，将矩阵投影至新的矩阵空间以增加维度。

下面我们通过 Keras 来实现 ResNet。

```
# 导入所需包
from keras. models import Model
from keras. layers import Input，Dense，Dropout，BatchNormalization，Conv2D，MaxPooling2D，
AveragePooling2D，concatenate，\
    Activation，ZeroPadding2D
from keras. layers import add，Flatten
from keras. utils import plot_model
from keras. metrics import top_k_categorical_accuracy
from keras. preprocessing. image import ImageDataGenerator
from keras. models import load_model
import os

# 设置全区参数
NB_CLASS=20
IM_WIDTH=224
IM_HEIGHT=224
train_root='/home/faith/keras/dataset/traindata/'
vaildation_root='/home/faith/keras/dataset/vaildationdata/'
test_root='/home/faith/keras/dataset/testdata/'
batch_size=32
EPOCH=60

# 数据扩增（训练集）
train_datagen = ImageDataGenerator(
    width_shift_range=0.1,
    height_shift_range=0.1,
    shear_range=0.1,
    zoom_range=0.1,
    horizontal_flip=True,
    rescale=1./255
)

# 数据扩增（验证集）
vaild_datagen = ImageDataGenerator(
    width_shift_range=0.1,
    height_shift_range=0.1,
    shear_range=0.1,
```

```
    zoom_range＝0. 1,
    horizontal_flip＝True,
    rescale＝1. /255
)
vaild_generator ＝ train_datagen. flow_from_directory(
    vaildation_root,
    target_size＝(IM_WIDTH, IM_HEIGHT),
    batch_size＝batch_size,
)

# 测试数据
test_datagen ＝ ImageDataGenerator(
    rescale＝1. /255
)
test_generator ＝ train_datagen. flow_from_directory(
    test_root,
    target_size＝(IM_WIDTH, IM_HEIGHT),
    batch_size＝batch_size,
)

# 定义 Conv2d_BN 模块，也可以认为自己定义了一个可以调用的新函数
def Conv2d_BN(x, nb_filter, kernel_size, strides＝(1, 1), padding＝'same', name＝None)：

# 定义 Conv2d_BN 模块函数规则
if name is not None：
    bn_name ＝ name ＋ '_bn'
    conv_name ＝ name ＋ '_conv'
else：
    bn_name ＝ None
    conv_name ＝ None

# 定义 Conv2d_BN 模块为二维卷积层，采用批标准化技术，最后返回 x
    x ＝ Conv2D(nb_filter, kernel_size, padding＝padding, strides＝strides, activation＝
    'relu', name＝conv_name)(x)
    x ＝ BatchNormalization(axis＝3, name＝bn_name)(x)
    return x

# 定义 identity_Block 模块，该模块由多个 Conv2d_BN 构成，并且定义了短接类型，即使用
```

```
# 单卷积层短接与直接短接
def identity_Block(inpt, nb_filter, kernel_size, strides=(1, 1), with_conv_shortcut=False):
    x = Conv2d_BN(inpt, nb_filter=nb_filter, kernel_size=kernel_size, strides=strides,
    padding='same')
    x = Conv2d_BN(x, nb_filter=nb_filter, kernel_size=kernel_size, padding='same')
    if with_conv_shortcut:
```

```
# 单卷积层短接，原理如图 8.22
    shortcut = Conv2d_BN(inpt, nb_filter=nb_filter, strides=strides, kernel_size=
    kernel_size)
    x = add([x, shortcut])
    return x
```

```
# 直接短接，原理如图 8.20
    else:
        x = add([x, inpt])
        return x
```

```
# 定义 bottleneck_Block 模块，在该模块中使用 1×1、3×3、1×1 三种卷积核规模的二维
# 卷积模板
def bottleneck_Block(inpt, nb_filters, strides=(1, 1), with_conv_shortcut=False):
    k1, k2, k3=nb_filters
    x = Conv2d_BN(inpt, nb_filter=k1, kernel_size=1, strides=strides, padding='same')
    x = Conv2d_BN(x, nb_filter=k2, kernel_size=3, padding='same')
    x = Conv2d_BN(x, nb_filter=k3, kernel_size=1, padding='same')
    if with_conv_shortcut:
```

```
# 定义短接方式
shortcut = Conv2d_BN(inpt, nb_filter=k3, strides=strides, kernel_size=1)
    x = add([x, shortcut])
    return x
else:
    x = add([x, inpt])
    return x
```

```
# 构建 ResNet34 结构
```

```
def resnet_34(width, height, channel, classes):
    inpt = Input(shape=(width, height, channel))
    x = ZeroPadding2D((3, 3))(inpt)


    #构建卷积块一
    x = Conv2d_BN(x, nb_filter=64, kernel_size=(7, 7), strides=(2, 2), padding='valid')
    x = MaxPooling2D(pool_size=(3, 3), strides=(2, 2), padding='same')(x)
    #构建卷积块二
    x = identity_Block(x, nb_filter=64, kernel_size=(3, 3))
    x = identity_Block(x, nb_filter=64, kernel_size=(3, 3))
    x = identity_Block(x, nb_filter=64, kernel_size=(3, 3))
    #构建卷积块三
    x = identity_Block(x, nb_filter=128, kernel_size=(3, 3), strides=(2, 2), with_
conv_shortcut=True)
    x = identity_Block(x, nb_filter=128, kernel_size=(3, 3))
    x = identity_Block(x, nb_filter=128, kernel_size=(3, 3))
    x = identity_Block(x, nb_filter=128, kernel_size=(3, 3))
    #构建卷积块四
    x = identity_Block(x, nb_filter=256, kernel_size=(3, 3), strides=(2, 2), with_
conv_shortcut=True)
    x = identity_Block(x, nb_filter=256, kernel_size=(3, 3))
    x = identity_Block(x, nb_filter=256, kernel_size=(3, 3))
    x = identity_Block(x, nb_filter=256, kernel_size=(3, 3))
    x = identity_Block(x, nb_filter=256, kernel_size=(3, 3))
    x = identity_Block(x, nb_filter=256, kernel_size=(3, 3))
    #构建卷积块五
    x = identity_Block(x, nb_filter=512, kernel_size=(3, 3), strides=(2, 2),
                       with_conv_shortcut=True)
    x = identity_Block(x, nb_filter=512, kernel_size=(3, 3))
    x = identity_Block(x, nb_filter=512, kernel_size=(3, 3))
    x = AveragePooling2D(pool_size=(7, 7))(x)
    x = Flatten()(x)
    x = Dense(classes, activation='softmax')(x)

#整合模型
```

```python
    model = Model(inputs=inpt, outputs=x)
    return model

# 构建 ResNet50 结构
def resnet_50(width, height, channel, classes):
    inpt = Input(shape=(width, height, channel))
    x = ZeroPadding2D((3, 3))(inpt)

    # 构建卷积块一
    x = Conv2d_BN(x, nb_filter=64, kernel_size=(7, 7), strides=(2, 2), padding='valid')
    x = MaxPooling2D(pool_size=(3, 3), strides=(2, 2), padding='same')(x)
    # 构建卷积块二
    x = bottleneck_Block(x, nb_filters=[64, 64, 256], strides=(1, 1), with_conv_shortcut=True)
    x = bottleneck_Block(x, nb_filters=[64, 64, 256])
    x = bottleneck_Block(x, nb_filters=[64, 64, 256])
    # 构建卷积块三
    x = bottleneck_Block(x, nb_filters=[128, 128, 512], strides=(2, 2), with_conv_shortcut=True)
    x = bottleneck_Block(x, nb_filters=[128, 128, 512])
    x = bottleneck_Block(x, nb_filters=[128, 128, 512])
    x = bottleneck_Block(x, nb_filters=[128, 128, 512])
    # 构建卷积块四
    x = bottleneck_Block(x, nb_filters=[256, 256, 1024], strides=(2, 2), with_conv_shortcut=True)
    x = bottleneck_Block(x, nb_filters=[256, 256, 1024])
    x = bottleneck_Block(x, nb_filters=[256, 256, 1024])
    x = bottleneck_Block(x, nb_filters=[256, 256, 1024])
    x = bottleneck_Block(x, nb_filters=[256, 256, 1024])
    x = bottleneck_Block(x, nb_filters=[256, 256, 1024])
    # 构建卷积块五
    x = bottleneck_Block(x, nb_filters=[512, 512, 2048], strides=(2, 2), with_conv_shortcut=True)
    x = bottleneck_Block(x, nb_filters=[512, 512, 2048])
```

```
    x = bottleneck_Block(x, nb_filters=[512, 512, 2048])
    x = AveragePooling2D(pool_size=(7, 7))(x)
    x = Flatten()(x)
    x = Dense(classes, activation='softmax')(x)
    model = Model(inputs=inpt, outputs=x)
    return model
def acc_top2(y_true, y_pred):
    return top_k_categorical_accuracy(y_true, y_pred, k=2)
def check_print():

# 使用 ResNet50
model = resnet_50(IM_WIDTH, IM_HEIGHT, 3, NB_CLASS)
model. summary()

# 保存模型结构为图像,文件名为 resnet. png

# 需要注意的是,在这里如果需要使用 plot. model 功能,那么要预先安装好 pydot
# 以及 graphviz
plot_model(model, to_file='resnet. png')
model. compile(optimizer='adam', loss='categorical_crossentropy',
            metrics=['acc', top_k_categorical_accuracy])
print 'Model Compiled'
return model

# 检测如果存在 resnet50 的模型文件,则直接调用;否则进行训练并保存模型
if__name__ == '__main__':
    if os. path. exists('resnet_50. h5'):
        model=load_model('resnet_50. h5')
    else:
        model=check_print()
model. fit_generator(train_generator, validation_data=valid_generator, epochs=EPOCH,
            steps_per_epoch=train_generator. n/batch_size,
            validation_steps=valid_generator. n/batch_size)
model. save('resnet_50. h5')

# 评估模型
    loss, acc, top_acc=model. evaluate_generator(test_generator,
```

steps＝test_generator. n / batch_size)

print 'Test result：loss：％f, acc：％f, top_acc：％f' ％(loss, acc, top_acc)

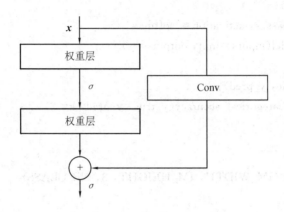

图 8.22　ResNet 使用卷积短接

上面提到了一些绘图工具，我们可以使用如下安装指令进行安装：

pip install graphviz, graphviz-dev

pip install pydot

8.5　胶囊神经网络及实例

深度学习之父 Geoffrey Hinton 于 2017 年发表了备受瞩目的胶囊神经网络（Capsule Networks，CapsNet）。

下面回顾一下之前我们熟悉的 CNN。CNN 可以保持平移不变性，但是很难学习到不同特征之间的相对位置关系。在图 8.23 中，左侧图像为一个可爱的机器人脸，而右侧是由左侧图像中的三个部件随机放置的模型。CNN 识别中仅仅会判断是否有这些特征，而不会学习特征的相对位置，因此会将图 8.23 中的两个图形全部识别为机器人的脸。

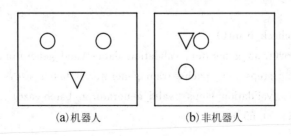

(a)机器人　　　　　　　(b)非机器人

图 8.23　CNN 的缺陷

那么如何解决这个问题呢？胶囊神经网络能够胜任这项工作。在传统的深度学习模型中，每个神经元的输入、输出均为标量，而在胶囊神经网络中，每个神经元被替换为一个小"胶囊"，这个"胶囊"变为了一个向量。它可包含任意多个值，每个值代表了当前需要识别的物体（比如图片）的一个特征。由于神经元被替换成了向量表示，因此它可以表示出各特征之间的相对位置关系，并能够通过学习来获得这种关系。

胶囊网络和全连接网络的连接方式是一样的。前一层每个胶囊神经单元都会和后一层的胶囊神经单元相连，如图 8.24 所示。需要注意的是，图中为了表示清晰只画出了部分连接线，实际上应该是全部连接的。

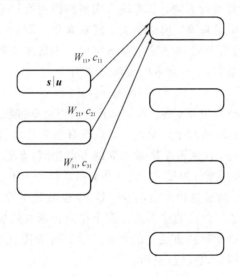

图 8.24　CapsNet 连接示意图

如图 8.24 所示，现在假设已经有三个底层胶囊，需要传递到更高层的四个胶囊。胶囊网络的前向传播和全连接神经网络相似，每一个连接也有权重。全连接神经网络中间各层的神经元输入是前一层的线性加权求和，胶囊网络与此类似，但是它在线性求和阶段多加了一个耦合系数 c。这里，我们使用 s 作为神经胶囊的输入向量，u 为前一层神经胶囊输出向量，此时可以得到

$$s_j = \sum_i c_{ij} \hat{u}_{j|i} \tag{8.71}$$

$$\hat{u}_{j|i} = W_{ij} u_i \tag{8.72}$$

对于耦合系数：

$$c_{ij} = \frac{\exp(b_{ij})}{\sum_k \exp(b_{ik})} \tag{8.73}$$

其中，b 的计算式为

$$b_{ij} \leftarrow b_{ij} + \hat{\boldsymbol{u}}_{j\mid i}\boldsymbol{v}_j \qquad (8.74)$$

$\boldsymbol{v}$ 为胶囊神经元的输出向量，其计算式为：

$$\boldsymbol{v}_j = \sigma(\boldsymbol{s}_j) \qquad (8.75)$$

胶囊神经网络中使用一种新的激活函数，即 Squashing 激活函数。最终得到胶囊神经元的输入、输出关系为

$$\boldsymbol{v}_j = \frac{\parallel \boldsymbol{s}_j \parallel^2}{1 + \parallel \boldsymbol{s}_j \parallel^2} \frac{\boldsymbol{s}_j}{\parallel \boldsymbol{s}_j \parallel} \qquad (8.76)$$

该激活函数等号右边的前一部分是输入向量 $\boldsymbol{s}$ 的缩放尺度，后一部分是 $\boldsymbol{s}$ 的单位向量。该激活函数既保留了输入向量的方向，又将输入向量的模压缩到 $[0,1)$ 之间。用向量模的大小可以衡量某个实体出现的概率，模值越大，概率越大。

与 CNN 不同的是，胶囊神经网络使用动态路由的方法来更新模型参数。首先更新 $\boldsymbol{b}$，通过 $\boldsymbol{b}$ 的更新来更新耦合系数 c。参数 $\boldsymbol{b}$ 的更新公式为

$$b_{ij} \leftarrow b_{ij} + \hat{\boldsymbol{u}}_{j\mid i}\boldsymbol{v}_j \qquad (8.77)$$

为什么可以用 $\boldsymbol{b}$ 的更新来更新 c 呢？我们知道，点积运算接收两个向量，并输出一个标量。对于给定长度但方向不同的两个向量而言，点积有下列几种情况：正值、零、负值。故当 $\boldsymbol{u}$ 和 $\boldsymbol{v}$ 的相乘结果为正时，代表两个向量指向的方向相似，$\boldsymbol{b}$ 更新结果变大，那么耦合系数就高，说明该 $\boldsymbol{u}$ 和 $\boldsymbol{v}$ 十分匹配。相反，若是 $\boldsymbol{u}$ 和 $\boldsymbol{v}$ 相乘结果为负，$\boldsymbol{b}$ 更新结果变小，那么耦合系数就小，说明不匹配。通过迭代确定耦合系数 c，也就等于确定了一条路线，这条路线上胶囊神经元的模都特别大，路线的尽头就是那个正确预测的胶囊。

除了耦合系数 c 是通过动态路由更新的之外，整个网络其他卷积参数和胶囊神经网络内的 $\boldsymbol{W}$ 都需要根据如下损失函数进行更新：

$$L_c = T_c \max(0, m^+ - \parallel \boldsymbol{v}_c \parallel)^2 + \lambda(1 - T_c)\max(0, \parallel \boldsymbol{v}_c \parallel - m^-)^2 \qquad (8.78)$$

其中，T_c 为分类的指示函数（c 存在时它为 1，c 不存在时它为 0），m^+ 为上边界，m^- 为下边界，$\parallel \boldsymbol{v}_c \parallel$ 为向量的 L_2 距离。

下面给出基于 Keras 实现的 CapsNet 神经网络。

```
# 调用所需包
from keras import backend as K
from keras. layers import Layer
from keras import activations
from keras import utils
from keras. datasets import cifar10
from keras. models import Model
from keras. layers import *
from keras. preprocessing. image import ImageDataGenerator
```

```
from keras. utils import plot_model
from keras. callbacks import TensorBoard


# 定义常量
batch_size = 128
num_classes = 10
epochs = 20


# 小于 0.5 的范数将缩小，大于 0.5 的将被放大
def squash(x, axis=-1):
    s_quared_norm = K. sum(K. square(x), axis, keepdims=True) + K. epsilon()
    scale = K. sqrt(s_quared_norm)/(0.5 + s_quared_norm)
    result = scale * x
    return result


# 定义我们自己的 softmax 函数，而不是 K. softmax,因为 K. softmax 不能指定轴
def softmax(x, axis=-1):
    ex = K. exp(x - K. max(x, axis=axis, keepdims=True))
    result = ex / K. sum(ex, axis=axis, keepdims=True)
    return result


# 定义边缘损失，输入 y_true、p_pred，返回分数
def margin_loss(y_true, y_pred):
    lamb, margin = 0.5, 0.1
    result = K. sum(y_true * K. square(K. relu(1 - margin -y_pred))
    + lamb * (1-y_true) * K. square(K. relu(y_pred - margin)), axis=-1)
    return result


class Capsule(Layer):
    # 编写自己的 Keras 层需要重写 3 个方法以及初始化方法
    # 1. build(input_shape)：这是你定义权重的地方。
    # 这个方法必须设 self. built = True, 可以通过调用 super([Layer], self). build()完成。
    # 2. call(x)：这里是编写层的功能逻辑的地方。
    # 你只需要关注传入 call 的第一个参数——输入张量，除非你希望你的层支持 masking。
    # 3. compute_output_shape(input_shape)：
```

```
# 如果你的层更改了输入张量的形状，你应该在这里定义形状变化的逻辑，这让
# Keras 能够自动推断各层的形状。
# 4.初始化方法，你的神经层需要接收的参数
def __init__(self,
    num_capsule,
    dim_capsule,
    routings=3,
    share_weights=True,
    activation='squash',
    **kwargs):

# Capsule 继承 **kwargs 参数
super(Capsule, self).__init__(**kwargs)
    self.num_capsule = num_capsule
    self.dim_capsule = dim_capsule
    self.routings = routings
    self.share_weights = share_weights
    if activation == 'squash':
        self.activation = squash
    else:

# 得到激活函数
self.activation = activation.get(activation)

# 定义权重
def build(self, input_shape):
    input_dim_capsule = input_shape[-1]
    if self.share_weights:

# 自定义权重
self.kernel = self.add_weight(
    name='capsule_kernel',
    shape=(1, input_dim_capsule,
        self.num_capsule * self.dim_capsule),
    initializer='glorot_uniform',
```

```
            trainable＝True)
else：
        input_num_capsule ＝ input_shape[－2]
        self.kernel ＝ self.add_weight(
        name＝'capsule_kernel',
        shape＝(input_num_capsule, input_dim_capsule,
            self.num_capsule * self.dim_capsule),
        initializer＝'glorot_uniform',
        trainable＝True)


# 必须继承 Layer 的 build 方法
super(Capsule, self).build(input_shape)


# 层的功能逻辑(核心)
def call(self, inputs)：
        if self.share_weights：
            hat_inputs ＝ K.conv1d(inputs, self.kernel)
        else：
            hat_inputs ＝ K.local_conv1d(inputs, self.kernel, [1], [1])

        batch_size ＝ K.shape(inputs)[0]
        input_num_capsule ＝ K.shape(inputs)[1]
        hat_inputs ＝ K.reshape (hat_inputs,
                                (batch_size, input_num_capsule,
                                self.num_capsule, self.dim_capsule))
        hat_inputs ＝ K.permute_dimensions(hat_inputs, (0, 2, 1, 3))
        b ＝ K.zeros_like(hat_inputs[：, ：, ：, 0])
        for i in range(self.routings)：
            c ＝ softmax(b, 1)
            o ＝ self.activation(K.batch_dot(c, hat_inputs, [2, 2]))
            if K.backend()＝＝'theano'：
                o ＝ K.sum(o, axis＝1)
            if i ＜ self.routings－1：
                b ＋＝ K.batch_dot(o, hat_inputs, [2, 3])
                if K.backend()＝＝'theano'：
```

```
                o = K. sum(o, axis=1)
        return o

    def compute_output_shape(self, input_shape)：#自动推断 shape
        return(None, self. num_capsule, self. dim_capsule)

def MODEL()：
    input_image = Input(shape=(32, 32, 3))
    x = Conv2D(64, (3, 3), activation='relu')(input_image)
    x = Conv2D(64, (3, 3), activation='relu')(x)
    x = AveragePooling2D((2, 2))(x)
    x = Conv2D(128, (3, 3), activation='relu')(x)
    x = Conv2D(128, (3, 3), activation='relu')(x)
```

```
#现在我们将它转换为(batch_size, input_num_capsule, input_dim_capsule)，然后连接一
#个胶囊神经层。模型的最后输出是 10 个维度为 16 的胶囊网络的长度
```

```
#(None, 100, 128)相当于前一层胶囊(None, input_num, input_dim)
x = Reshape((-1, 128))(x)
capsule = Capsule(num_capsule=10, dim_capsule=16, routings=3, share_weights=True)(x)
```

```
#最后输出变成了 10 个概率值
output = Lambda(lambda z: K. sqrt(K. sum(K. square(z), axis=2)))(capsule)
model = Model(inputs=input_image, output=output)
return model

if__name__=='__main__':

#加载数据
(x_train, y_train), (x_test, y_test)= cifar10. load_data()
x_train = x_train. astype('float32')
x_test = x_test. astype('float32')
x_train /= 255
x_test /= 255
```

```python
y_train = utils.to_categorical(y_train, num_classes)
y_test = utils.to_categorical(y_test, num_classes)

# 加载模型
model = MODEL()
model.compile(loss=margin_loss, optimizer='adam', metrics=['accuracy'])
model.summary()
tfck = TensorBoard(log_dir='capsule')

# 训练
data_augmentation = True
if not data_augmentation:
    print('Not using data augmentation.')
    model.fit(
        x_train,
        y_train,
        batch_size=batch_size,
        epochs=epochs,
        validation_data=(x_test, y_test),
        callbacks=[tfck],
        shuffle=True)
else:
    print('Using real-time data augmentation.')

# 数据增强
datagen = ImageDataGenerator(
    featurewise_center=False,
    samplewise_center=False,
    featurewise_std_normalization=False,
    samplewise_std_normalization=False,
    zca_whitening=False,
    rotation_range=0,
    width_shift_range=0.1,
    height_shift_range=0.1,
    horizontal_flip=True,
```

```
    vertical_flip=False)

datagen. fit(x_train)

# 训练模型
model. fit_generator(
    datagen. flow(x_train，y_train，batch_size=batch_size)，
    epochs=epochs，
    validation_data=(x_test，y_test)，
    callbacks=[tfck]，
    workers=4)

# 画出模型图像
plot_model(model，to_file='model. png'，show_shapes=True)
```

思　考　题

8.1　画出标准玻尔兹曼机的结构图，并说明其结构特性。

8.2　简述使用能量函数进行分类的原理。

8.3　简述标准玻尔兹曼机的学习过程。

8.4　简述受限玻尔兹曼机与标准玻尔兹曼机的区别。

8.5　推导说明为何玻尔兹曼机可以被看作 Sigmoid 激活函数下的随机神经网络。

8.6　简述如何加速深层玻尔兹曼机的学习效率。

8.7　简述深层玻尔兹曼机的学习过程。

8.8　简述何为自编码器，并说明自编码器的学习过程，以及为何两阶段的训练方法可以提高自编码器的综合性能。

8.9　如何通过标准自编码器构造稀疏自编码器？

8.10　简述降噪自编码器的工作原理。

8.11　程序题。

要求：基于 Keras 框架，加载 MNIST 手写体数字数据库，向其混入噪声，并查看混有噪声的图像。

8.12　画出不含标签的深度信念网络的结构示意图。

8.13　画出深度信念网络展开为深层感知机结构。

8.14　简述为何残差神经网络有助于构造更深的深度学习模型。

8.15　画出残差神经网络的连接示意图。

8.16　简述将残差神经网络应用于卷积神经网络时模型设计的原则。

8.17　简述使用残差神经网络(卷积神经网络)时维度不匹配的解决方案。

8.18　程序题。

要求：定义 identity_Block 模块，该模块由多 Conv2d_BN 构成，并且定义短接类型，能够选择使用单卷积层短接与直接短接。其中定义 Conv2d_BN 模块为二维卷积层，采用批标准化技术，最后返回 x。

8.19　程序题。

要求：写出安装 pydot 与 graphviz 的过程，并使用 plot_model 画出 model 的模型形状，保存为 model1.png，写出调用包的语句。

8.20　简述 CapsNet 与 CNN 的区别，CapsNet 为何能解决 CNN 不能解决的问题。

8.21　简述在 CapsNet 中，为什么可以用 b 的更新来更新 c。

8.22　写出 CapsNet 的激活函数，并说明其意义。

参 考 文 献

[1] NIELSEN M. Neural Networks and Deep Learning[M]. Determination Press，2016. http：//neuralnetworksanddeeplearning. com.

[2] GOODFELLOW I，BENGIO Y，COURVILLE A. Deep Learning[M]. Cambridge：The MIT Press，2016.

[3] 李玉鉴，张婷. 深度学习导论及案例分析[M]. 北京：机械工业出版社，2016.

[4] HE K，ZHANG X，REN S，et al. Deep Residual Learning for Image Recognition[J]，2015. arXiv：1512. 03385. https：//github. com/keras-team/keras/blob/master/examples/cifar10_cnn_capsule. py.

[5] LECUN Y. Modèles connexionistes de l'apprentissage[D]. Université de Paris VI，1987.

[6] BOURLARD H，KAMP Y. Auto-association by multilayer perceptrons and singular value decomposition[J]. Biological Cybernetics，1988，59：291－294.

[7] HINTON G E，ZEMEL R S. Autoencoders，Minimum Description Length and Helmholtz Free Energy [J]. Advances in neural information processing systems，1994，6.

[8] HINTON G E，MCCLELLAND J L. Learning representations by recirculation[C]. In NIPS'1987，1988：358－366.

[9] HINTON G E，DAYAN P，FREY B J，et al. The wake-sleep algorithm for unsupervised neural networks[J]. Science，1995，268：1558－1161.

[10] RANZATO M，POULTNEY C，CHOPRA S，et al. Efficient Learning of Sparse Representations with an Energy-Based Model[J]. Advances in neural information processing systems，2006：1137－1144.

[11] RANZATO M, BOUREAU Y L, LECUN Y. Sparse feature learning for deep belief networks[J]. Advances in neural information processing systems, 2008, 20: 1185 – 1192.

[12] GLOROT X, BORDES A, BENGIO Y. Domain adaptation for large-scale sentiment classification: a deep learning approach[C]. Proceedings of the 28th International Conference on International Conference on Machine Learning. Omnipress, 2011.

[13] ALAIN G, BENGIO Y. What regularized auto-encoders learn from the data generating distribution [J]. Journal of Machine Learning Research, 2014, 15: 3563 – 3593.

[14] BENGIO Y, YAO L, ALAIN G, et al. Generalized Denoising Auto-Encoders as Generative Models [J]. 2013, arXiv: 1305. 6663.

[15] HINTON G E, SALAKHUTDINOV R. Reducing the dimensionality of data with neural networks [J]. Science, 2006, 313(5786): 504 – 507.

[16] ALAIN G, BENGIO Y, YAO L, et al. GSNs : Generative Stochastic Networks[J], 2015. arXiv: 1503. 05571.

[17] HYVÄRINEN A. Estimation of non-normalized statistical models using score matching[J]. Journal of Machine Learning Research, 2005, 6: 695 – 709.

[18] VINCENT P. A Connection Between Score Matching and Denoising Autoencoders [J]. Neural Computation, 2011, 23(7): 1661 – 1674.

[19] KINGMA D P, LECUN Y. Regularized estimation of image statistics by Score Matching [J]. Advances in Neural Information Processing Systems, 2010: 1126 – 1134.

[20] SWERSKY K, RANZATO M, BUCHMAN D, et al. On autoencoders and score matching for energy based models[C]. In ICML'2011. ACM, 2011.

[21] BENGIO Y, DELALLEAU O. Justifying and generalizing contrastive divergence[J]. Neural Computation, 2009, 21(6): 1601 – 1621.

[22] KAMYSHANSKA H, MEMISEVIC R. The Potential Energy of an Autoencoder[J]. in IEEE Transactions on Pattern Analysis and Machine Intelligence, 2015, 37(6): 1261 – 1273.

[23] HINTON G E, OSINDERO S, THE Y. A fast learning algorithm for deep belief nets[J]. Neural Computation, 2006, 18: 1527 – 1554.

[24] HINTON G E. Learning multiple layers of representation[J]. Trends in cognitive sciences, 2007, 11 (10): 428 – 434.

[25] SALAKHUTDINOV R, MURRAY I. On the quantitative analysis of deep belief networks[C]. Proceedings of the 25th international conference on Machine learning 'ICML'08, 2008: 872 – 879.

[26] DEAN T, KANAZAWA K. A model for reasoning about persistence and causation[J]. Computational Intelligence, 1989, 5(3): 142 – 150.

[27] SRIVASTAVA N, SALAKHUTDINOV R R, HINTON G E. Modeling documents with deep Boltzmann machines[J], 2013. arXiv: 1309. 6865.

[28] SRIVASTAVA N, SALAKHUTDINOV R. Multimodal Learning with Deep Boltzmann Machines[C]. International Conference on Neural Information Processing Systems. Curran Associates Inc., 2012.

［29］ SALAKHUTDINOV R，HINTON G. Deep Boltzmann machines［C］. In Proceedings of the International Conference on Artificial Intelligence and Statistics，2009，5：448 - 455.

［30］ SALAKHUTDINOV R，HINTON G E. Learning a Nonlinear Embedding by Preserving Class Neighbourhood Structure［J］. Journal of Machine Learning Research，2007，2：412 - 419.

［31］ SALAKHUTDINOV R，MNIH A. Probabilistic Matrix Factorization［C］. International Conference on Neural Information Processing Systems，2007.

［32］ SALAKHUTDINOV R，MNIH A，HINTON G. ［ACM Press the 24th international conference-Corvalis，Oregon (2007. 06. 20 - 2007. 06. 24)］ Proceedings of the 24th international conference on Machine learning-ICML \" 07-Restricted Boltzmann machines for collaborative filtering ［C］. International Conference on Machine Learning. ACM，2007：791 - 798.

［33］ SAUL L K，JORDAN M I. Exploiting Tractable Substructures in Intractable Networks［J］. Advances in Neural Information Processing Systems，1995，8：486 - 492.

［34］ SAVICH A W，MOUSSA M，AREIBI S. The Impact of Arithmetic Representation on Implementing MLP-BP on FPGAs：A Study［J］. IEEE Transactions on Neural Networks，2007，18(1)：240 - 252.

［35］ SCHWENK H，BENGIO Y. Training methods for adaptive boosting of neural networks［C］. Proceedings of the 1997 conference on Advances in neural information processing systems 10，1998.

附　　录

附录 A　基于深度学习的视频目标跟踪研究进展综述

2015 年 10 月,以深度学习技术为基础的电脑程序 AlphaGo 连续五局击败欧洲围棋冠军樊辉,2016 年 3 月 AlphaGo 又以 4:1 战胜韩国著名职业棋手李世石,2017 年 5 月 AlphaGo 再以 3:0 战胜世界排名第一的中国职业棋手柯洁,自此国内迎来了深度学习的研究热潮。得益于深度学习强大的特征提取能力以及在计算机视觉、语音识别、大数据等领域取得的巨大成功,人们逐渐将目光转移到视频跟踪领域。深度学习与视频跟踪技术相结合具有广泛的应用场景,已成为当前领域的热点研究方向。

1. 深度学习概述

1943 年,美国心理学家 W. McCulloch 和著名数理逻辑学家 W. Pitts 在分析、总结神经元基本特性的基础上首次构建了神经网络的数学模型,正式开启了人工神经网络研究的新时代。1957 年,在 Mc Culloch 和 Pitts 模型的基础上,Rosenblatt 提出了感知机的概念,该模型首次将神经网络付诸工程实现。1986 年,以 Rumelhart 和 McClelland 为首的科学家提出了一种按照误差反向传播算法训练的多层前馈神经网络,又称 BP 神经网络,该神经网络已成为当前应用最为广泛的神经模型。深度学习是人工神经网络的分支,其概念同样源于人工神经网络的研究。其基本框架如图 1 所示。

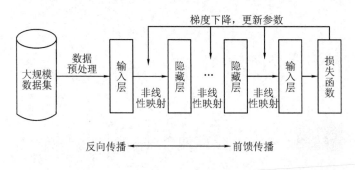

图 1　深度学习技术基本框架

2006 年，多伦多大学的 G. E. Hinton 等首次提出了深度学习理论，即基于样本数据通过特定的训练方法得到含有多个层级的深度网络结构模型的机器学习过程。传统的神经网络随机初始化网络权值参数将导致收敛到局部最小值。为了解决这一难题，Hinton 提出了以非监督受限玻尔兹曼机（Restricted Boltzmann Machine，RBM）算法进行逐层预训练来实现多层神经网络的高效训练。自此，拉开了深度学习的序幕。

2011 年，微软首次将深度学习应用于语音识别，与之前算法相比，将识别错误率降低了近 30%，成为语音识别领域十几年来最大的突破性进展。2012 年，Krizhevsky 等提出了基于深度卷积神经网络的 AlexNet 模型，在 Image Net 大规模图像识别竞赛中识别错误率仅为 15.3%，以低于第二名（错误率为 26%）约 11 个百分点的极大优势，赢得了比赛的冠军。2013 年 4 月，《麻省理工学院技术评论》杂志将深度学习列为 2013 年十大突破性技术（Breakthrough Technology）之首。2014 年 3 月，Facebook 的 DeepFace 项目使人脸识别技术的准确率达到 97.25%，几乎可媲美人类。2015 年，Geoffrey Hinton、Yoshua Bengio 和 Yann LeCun 为纪念人工智能提出 60 周年，首次合作在 *Nature* 共著了一篇文章，深入浅出地介绍了深度学习的基本原理和核心优势。2016 年，W. Liu 等提出了 SSD 算法，与其他物体检测方法相比，SSD 算法的优势在于精度更高，速度更快。2017 年 10 月，谷歌 DeepMind 团队重磅发布 AlphaGo Zero，采用不基于人类经验的自强化学习算法，经过 3 天的训练便以 100∶0 的战绩击败与李世石对弈的 AlphaGo 版本。迄今为止，深度学习发展势头愈加猛烈，因其在交通、医疗、军事等领域取得的巨大成就，在科学界和工业界得到了广泛应用。

2. 深度学习的主要模型

近年来，随着深度学习的兴起，越来越多的模型被提出。在此简要介绍应用广泛的 4 种主流模型，分别是卷积神经网络（Convolutional Neural Network，CNN）、递归神经网络、自编码器和生成对抗式网络（Generative Adversarial Network，GAN）。

1）卷积神经网络

卷积神经网络是近年流行起来并具备高效识别能力的一种前馈神经网络，一般由多个卷积层、池化层和全连接层组成。卷积操作、稀疏连接以及权值共享是卷积神经网络三大显著的特点。卷积神经网络结构如图 2 所示。

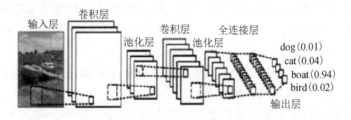

图 2　卷积神经网络结构图

2012 年，Krizhevsky 等提出了基于 CNN 的 AlexNet 模型，其本质是一种多层人工神经网络。该模型在 Image Net 大规模图像识别竞赛中以极大优势赢得了冠军，其优秀的分类性能引起了科学界的广泛关注。随后研究人员对 CNN 结构进行了更深入的研究，一些性能更好的卷积神经网络模型继 AlexNet 之后被提出，如牛津大学提出的 VGGNet，谷歌构建的 GoogLeNet 以及微软设计的 ResNet 等。上述模型的性能、结构以及在 ILSVRC 竞赛中取得的成绩如表 1 所示。其中，"＋"表示使用了该行提到的模型训练方法，"—"表示未使用。

表 1 模 型 比 较

模型名	AlexNet	VGGNet	GoogLeNet	ResNet
提出时间	2012	2014	2014	2015
层数	8	19	22	152
Top-5 错误	16.4%	7.3%	6.7%	3.57%
Data Augmentation	＋	＋	＋	＋
Inception(NIN)	—	—	＋	—
卷积层数	5	16	21	151
卷积核大小	11, 5, 3	3	7, 1, 3, 5	7, 1, 3, 5
全连接层数	3	3	1	1
Dropout	＋	＋	＋	＋
Local Response Normalization	＋	—	—	—
Batch Normalization	—	—	—	＋

除了对 CNN 结构的研究以外，与 CNN 结构相关的应用也得到了迅速的发展。2010 年，Zeiler 等人首次提到了反卷积网络的概念，其本质是一种基于正规化图像的稀疏表示方法，用于图像特征可视化以及反向重构图像。随后越来越多的模型采用反卷积网络，如图像语义分割、生成模型等。

2）递归神经网络

递归神经网络具有固定的权值和内部的状态，通常用来描述动态时间行为序列，是一种能够处理任意长度序列信息的神经网络。

由于 RNN 容易受到梯度爆炸和梯度消失的影响，Schmidhuber 等人于 1997 年提出了长短期记忆（Long Short Term Memory，LSTM）模型，即在 RNN 结构中增加了"遗忘阀门"和"更新阀门"。实验表明，该模型能够有效处理梯度消失或梯度爆炸带来的难题。随后，一些流行的 LSTM 变体被陆续提出。2000 年，Gers 等人提出了窥视孔 LSTM（peephole LSTM）模型，在原基础上增加了一个窥视孔连接，这意味着可以让门限层观察到神经元状态。其内部结构如图 3 所示，计算公式如下：

$$f_t = \sigma(\boldsymbol{W}_f \cdot [\boldsymbol{C}_{t-1}, \boldsymbol{h}_{t-1}, \boldsymbol{x}_t] + \boldsymbol{b}_f)$$

$$i_t = \sigma(\boldsymbol{W}_i \cdot [\boldsymbol{C}_{t-1}, \boldsymbol{h}_{t-1}, \boldsymbol{x}_t] + \boldsymbol{b}_i)$$

$$o_t = \sigma(\boldsymbol{W}_o \cdot [\boldsymbol{C}_{t-1}, \boldsymbol{h}_{t-1}, \boldsymbol{x}_t] + \boldsymbol{b}_o)$$

2013 年，Alex 等提出了用于语音识别的深度 LSTM 网络，该网络实现了从语音信号序列到音素序列的映射，并在标准测试集上取得了当时最佳（state-of-the-art）的成绩。

2014 年，Cho 等人提出了门循环单元（Gated Recurrent Unit，GRU）。GRU 把遗忘门和输入门组合成一个"更新门"，同时将神经元状态和隐藏层状态合并，该模型架构比标准的 LSTM 模型更简单。其内部结构如图 4 所示，计算公式如下：

$$z_t = \sigma(\boldsymbol{W}_z \cdot [\boldsymbol{h}_{t-1}, \boldsymbol{x}_t])$$

$$r_t = \sigma(\boldsymbol{W}_r \cdot [\boldsymbol{h}_{t-1}, \boldsymbol{x}_t])$$

$$\tilde{\boldsymbol{h}}_t = \tanh(\boldsymbol{W} \cdot [r_t * \boldsymbol{h}_{t-1}, \boldsymbol{x}_t])$$

$$\boldsymbol{h}_t = (1 - z_t) * \boldsymbol{h}_{t-1} + z_t * \tilde{\boldsymbol{h}}_t$$

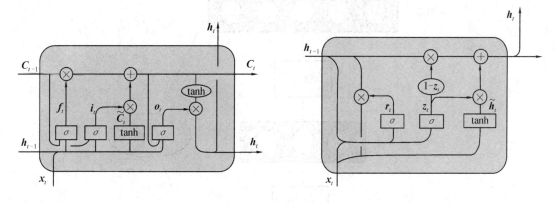

图 3　窥视孔 LSTM 内部结构图　　　　　　　图 4　GRU 内部结构图

2015 年，Zaremba 提出了用于分析简短程序代码并具有程序输出的深度 LSTM 模型，他在论文中将程序代码视作字符序列输入，将程序运行的正确结果作为训练目标，对于简单的数值运算程序，预测准确率可达 99%。

2016 年，Khosroshahi 采用 LSTM 网络处理车辆的移动轨迹信息，实现了对车辆行为的识别。该网络用于解决智能交通领域中的驾驶环境检测问题。其流程是：从车辆移动轨迹数据中选出固定长度的输入序列，预先提取出四种特征(线性变化特征、角度变化特征、角度变化特征直方图、鸟瞰图坐标特征)作为 LSTM 网络的真正输入。为了更好地学习序列中的时域特征，采用了 3 层 LSTM 的结构，如图 5 所示。

首层输入的维度由特征数目和特征向量维度决定；在前两层的传播过程中，上述四种特征被分别处理，四种特征在最后一个 LSTM 层中进行融合；最后一个 LSTM 层则接入一个全连接层，最终输出一个代表着这个序列样本的分类概率的向量。

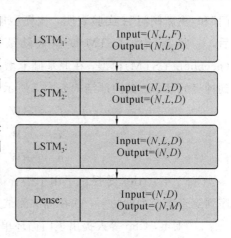

图 5　车辆行为识别网络

3）自编码器

自编码器是一种通过无监督学习来提取样本特征的神经网络，它由编码器和解码器两部分组成，通常用于特征学习或数据降维。编码器将输入数据编码成潜在变量，解码器再把潜在变量重构为原数据，其示意图如图 6 所示。自编码器有很多变种，如收缩自编码器、降噪自编码器、堆栈自编码器、稀疏自编码器以及变分自编码器(VAE)。由于自编码器能够对数据进行降维并有效滤除冗余信息，它在图像识别和行人检测方面极具优势，因此被广泛采用。

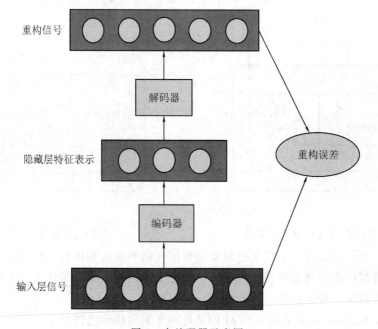

图 6　自编码器示意图

4）生成对抗式网络

受博弈论中二元零和博弈的启示，Goodfellow 等于 2014 年提出了生成对抗网络。该模型包含一个判别器和一个生成器。网络使用随机梯度下降(Stochastic Gradient Descent, SGD)进行优化，目的在于寻找二者之间的纳什均匀，大大提高了应用效率。随后，一些 GAN 模型被陆续提出，如双向生成对抗网络、自编码生成对抗网络、组合生成对抗网络以及 Wasserstein 生成对抗网络等。

生成对抗网络由一个生成器(Generator，G)和一个判别器(Discriminator，D)组成。生成器输入一个潜在编码，其输出需要无限逼近真实样本；判别器的输入是真实样本和生成器的输出，它还需要识别出真实样本和生成样本。两个网络以零和博弈的方式交替训练，训练判别器时判别误差要最小化，训练生成器时判别误差要最大化。其主要目的是使判别器无法判别出生成样本和真实样本，并且生成器的输出与真实样本分布一致。生成对抗网络的架构如图 7 所示。

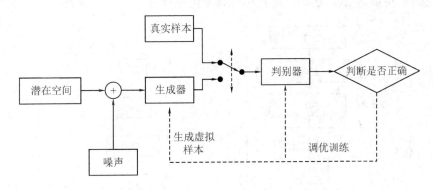

图 7　生成对抗网络架构图

GAN 的优点在于：框架理论上能训练任何生成网络，可对不同的任务设计出损失函数，增加了网络模型的自由度；训练过程创新性地把两个神经网络间的对抗作为训练准则并采用反向传播算法替换掉效率不高的马尔科夫链方法进行训练，极大降低了生成模型的训练难度，提升了训练效率。

尽管 GAN 从提出至今不过五年时间，但关注和研究热度迅速上升，并已经从学术界扩展至工业界。目前，GAN 在 3D 建模、图像生成和视频生成等领域已取得了极大成功。

3. 基于深度学习的目标跟踪

近年来，深度学习因其优秀的特征建模能力，在视频跟踪领域取得了良好的效果。在基础测试数据库(OTB、VOT 等)测试平台上，准确率排名靠前的几个算法均是基于深度学习的目标跟踪算法。

　　由于深度学习在表观建模、特征提取上的强大优势，研究人员仍然通过不同方式，结合目标跟踪任务的特点，提出了一些基于深度学习的目标跟踪算法。下面主要介绍基于自编码器、卷积神经网络以及递归神经网络的目标跟踪。

　　1）基于自编码器的目标跟踪

　　由于自编码器（SAE）可以有效地压缩编码，因此很多视频跟踪模型使用它来对视频进行降维和生成模型。多类自编码器中，去噪堆叠自编码器因其优秀的特征学习能力及抗噪声性能，被首先运用到非特定目标的在线视频目标跟踪领域。

　　Wang等首先在大规模的小尺度图片样本数据集中对一个堆叠去噪自编码器进行离线训练。其深度网络模型的结构如图8中左图所示。随后将训练好的多层网络用于跟踪时对目标表观的特征进行提取。为了利用在线标注的信息，在网络的顶端添加逻辑回归二值分类器，1代表目标，0代表背景，如图8中右图所示。初始化时，利用第一帧给定的标注信息，对网络参数进行微调。在线跟踪目标时，继续通过实时采集到的正负样本对深度网络模型进行微调（更新），从而达到适应目标表观变化的目的。

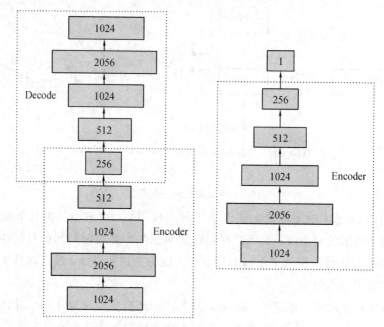

图 8　用于目标跟踪的去噪自编码器架构

　　跟踪模型基于粒子滤波框架，为减少计算量，系统更新不是每一帧都进行，而是相隔一定帧数或者系统置信度小于设定阈值时才更新一次。实验结果表明，其跟踪效果要好于部分基于传统特征表达的方法，在CVPR2013提出的OTB50测试数据集上的29个跟踪器中名列第五。

2）基于卷积神经网络的目标跟踪

目前卷积神经网络(CNN)在目标跟踪中的应用其主要研究方向有两种：一种是"离线训练＋在线微调"；另一种则是构建简化版的卷积神经网络，力求摆脱离线训练，达到完全在线运行的要求。

Wang 等设计了基于全卷积网络的目标跟踪算法(Fully Convolutional Network based Tracking，FCNT)，使用 VGG - 16 网络，提出了卷积神经网络不同层的特征具有不同的特点。浅层特征包含较多位置信息，深层特征包含较多语义信息。该算法针对 Conv4 - 3 及 Conv5 - 3 两层输出的特征图谱，选取网络来训练和提取有效的特征，避免对噪声进行过度拟合，且降低了特征维度。同时对筛选出的 Conv5 - 3 与 Conv4 - 3 特征分别构造捕捉类别信息的 GNet 以及区分 distractor(背景相似物体)的 SNet。然后将选择的特征运输到各自的定位网络中，得到热度图，将 2 个定位网络的热度图进行综合得到最终的跟踪结果。

FCNT 算法将不同层的特征相互补充，达到了有效抑制跟踪框漂移的效果，并且对目标的表观变化更具鲁棒性。FCNT 在 CVPR2013 提出的 OTB50 跟踪测试集上 OPE 准确率绘图(precision plot)和成功率绘图(success plot)分别达到了 0.856 和 0.599。其跟踪框架如图 9 所示。

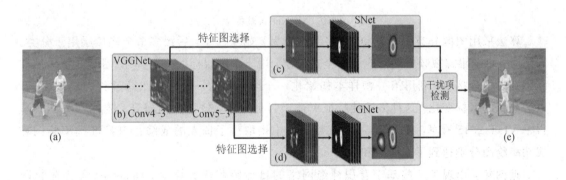

图 9　FCNT 跟踪框架

为了提升卷积神经网络在目标跟踪方面的能力，需要足量的训练数据，但是在目标跟踪中很难做到。为解决上述问题，Nam 等提出了多域网络(Multi-Domain Network，MDNet)。

MDNet 将视频的所有序列应用到预训练中，以进行目标跟踪。MDNet 提出了多域的概念来独立地区分每个域中的对象和背景，而一个域意味着一组包含相同类型对象的视频。如图 10 所示，网络分为两部分，即共享层(Shared Layers)和 k 个分支的专用域层(Domain-specific Layers)，每一个分支都包含一个具有 softmax 损失函数的二进制分类层，用于区分每个域的对象和背景。网络之前的每一层都共享序列，这样共享层就实现了学习跟踪序列中目标的一般特征表达的目的，而专用域层又解决了不同训练序列将目标分类不一致的问题。

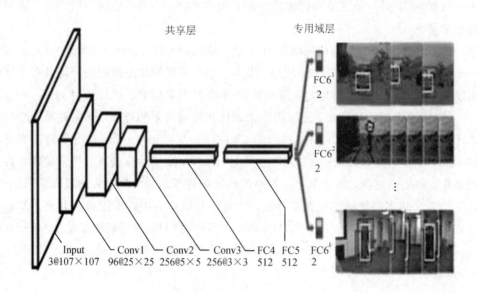

图 10　MDNet 跟踪框架

　　算法采用图像分类中的 VGG 网络结构作为初始化模型，后跟多个全连接层用于分类。训练时，每个跟踪视频序列对应一个全连接层，用于学习目标的一般特征。跟踪时，去掉训练用到的全连接层，利用第一帧样本初始化一个全连接层，随后在跟踪过程中继续微调，以适应新的目标变化。这种方法使特征更适于目标跟踪，效果大幅提升。最后，MDNet 赢得了 VOT 2015 冠军，在 OTB50 测试数据集中也取得了惊人的成绩：OPE 准确率绘图和成功率绘图分别达到了 0.948 和 0.708。

　　近两年，出现了一些基于卷积神经网络的目标跟踪优秀算法。Danelljan 等为简化跟踪模型，保证实时性，提出了 ECO(Efficient Convolution Operators)算法，即引入一个因式卷积运算，减少了模型参数，通过选用 VGG － m 网络中第一个(Conv － 1)和最后一个(Conv － 5)卷积层的组合来提取特征子集进行降维，并简化了训练集生成，保证了样本的多样性。算法采用新的模型更新策略，将更新间隔(Ns)设为 6，通过测试发现，稀疏更新策略能避免模型漂移(Model Drift)问题，且提高了速度和鲁棒性。与此同时，SiameFC、CNT、CFNet 等目标跟踪算法相继被提出，且通过实验证明，这些算法均具有良好的跟踪性能。

3）基于递归神经网络的目标跟踪

近年来，递归神经网络（RNN）尤其是具有门结构的长短期记忆（LSTM）网络在时序任务中表现出了突出的性能。不少学者开始探索如何使用递归神经网络来处理跟踪任务中存在的问题。

目前，多数基于卷积神经网络的跟踪器将跟踪视为一个分类问题。由于这些模型主要关注类间分类，因此对目标相似物表现敏感，容易出现跟踪漂移现象。为解决这个问题，Fan 等设计了 SANet，利用目标本身的结构信息来与干扰物进行区分。

具体地说，就是利用递归神经网络（RNN）对目标结构进行建模，并将其与卷积神经网络组合，以提高其在相似干扰物面前的鲁棒性。考虑到不同层次上的卷积层从不同的角度来表征对象，分别使用多个递归神经网络对不同层次的目标结构进行建模并提供了一个跳转连接策略以融合卷积神经网络和递归神经网络的特征图，从而给下一层提供了更丰富的信息，进而提高了跟踪性能。其网络结构如图 11 所示。

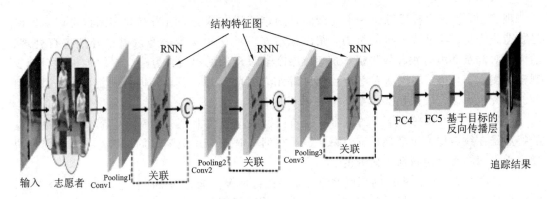

图 11　SANet 跟踪框架

4）性能分析

通过比较分析目前的研究成果，基于卷积神经网络的目标跟踪比基于自编码器的目标跟踪和基于递归神经网络的目标跟踪具有更大的优势及更广阔的发展空间。

首先，卷积神经网络的内部结构决定了其具备处理图像数据的先天优势，这是如今其他深度学习架构所不及的。同时，卷积神经网络的模型具有很强的可拓展性，能达到非常"深"的层数。与卷积神经网络相比，自编码器的隐藏层少很多。卷积神经网络的这种优势使得它具有更强大的特征学习能力，能够为目标跟踪任务提供更多的特征分析视窗。对递归神经网络而言，虽然层数可以媲美卷积神经网络，但表现并不令人满意，有待改进。总的来说，对于目标跟踪，递归神经网络模型的使用远未得到有效利用，这将是未来的研究方向。表 2 给出了基于 CNN、RNN、SAE 的目标跟踪架构的优缺点分析。

表 2 目标跟踪架构优缺点分析

跟踪架构	优 点	缺 点
CNN	权值共享,减少了训练参数,对高维数据处理无压力;无需手动选取特征,训练好权重即得到特征,且分类效果好	需要调节参数,需要大量样本,训练时间长;深度模型容易出现梯度消散问题,优化函数易陷入局部最优解
RNN	模型是时间维度上的深度模型,能对序列内容建模	需要训练的参数多,易出现梯度爆炸问题,不具有特征学习能力
SAE	可利用足量无标签数据进行模型预训练,具有较强的数据表征能力	要求输入数据具有平移不变性;需要训练的参数较多,容易出现过拟合;深度模型容易出现梯度消散问题

4. 总结和展望

现实中,视频目标跟踪是一个复杂而且困难的研究课题,因为有太多因素可以对跟踪过程造成干扰。经过数十年的努力,跟踪模型对一些简单场景已经可以很好地进行处理,然而面对复杂环境时跟踪效果仍不理想。深度学习理论的出现,为建立更加鲁棒的目标表观模型提供了可能。但深度学习与目标跟踪结合时间尚短,仍需要进行大量研究工作。目前的研究重点以及发展趋势主要集中在以下几点:

(1) 深度学习和在线学习的融合。视频目标跟踪实质上是一个在线学习问题,最明显的特点是在线数据集不断地扩充。深度学习在训练时如何避免陷入局部极小值,如何解决梯度消失问题都是值得深入研究的。

(2) 建立适合目标跟踪的深度网络。需要在目标表征能力与实时性之间做出综合考虑,既要保持深度学习特征提取的优势,同时也要兼顾视频跟踪的高实时性要求。同时,如卷积神经网络中的池化或降采样等损失空间位置信息的操作都是应用于目标跟踪任务的障碍,因此需进行必要的改进,才能让深度网络真正适用于目标跟踪问题。

(3) 跟踪数据平台的创建。目前建立大型的训练和测试数据平台并举办定期的比赛,已经成为图像以及视频研究的流行趋势。因此如何依据视频目标跟踪研究的特点,建立一个大规模、具有代表性、测试方式严谨以及适合深度网络训练、测试的跟踪视频数据平台,仍旧是一个值得研究的课题。

本附录首先就深度学习的发展史进行了介绍;其次阐述了深度学习的主要模型,重点讲述了近 10 年来国内外基于深度学习的目标跟踪算法的研究,并总结了各算法的优缺点;之后对深度学习方法应用于目标跟踪时的特点、问题以及难点进行了深入分析与总结;最后在已有工作的基础上,对未来深度学习方法在视频跟踪中的进一步应用进行了展望,相信会对相关领域的研究者有较好的参考价值。

附录 B　Q-Learning 算法的参考代码

```python
import numpy as np
import random

r = np.array([[-1, -1, -1, -1, 0, -1], [-1, -1, -1, 0, -1, 100],
              [-1, -1, -1, 0, -1, -1], [-1, 0, 0, -1, 0, -1],
              [0, -1, -1, 0, -1, 100], [-1, 0, -1, -1, 0, 100]])

q = np.zeros([6,6], dtype=np.float32)
gamma = 0.8
step = 0
while step < 1000:
    state = random.randint(0,5)
    if state != 5:
        next_state_list=[]
        for i in range(6):
            if r[state,i] != -1:
                next_state_list.append(i)
        next_state = next_state_list[random.randint(0,len(next_state_list)-1)]
        qval = r[state,next_state] + gamma * max(q[next_state])
        q[state,next_state] = qval

print(q)
print(q)
# 验证
for i in range(10):
    print("第{}次验证".format(i + 1))
    state = random.randint(0, 5)
    print('机器人处于{}'.format(state))
    count = 0
    while state != 5:
```

```
    if count > 20:
        print('fail')
        break
# 选择最大的 q_max
q_max = q[state].max()


q_max_action = []
for action in range(6):
    if q[state, action] == q_max:
        q_max_action.append(action)


next_state = q_max_action[random.randint(0, len(q_max_action) - 1)]
print("the robot goes to" + str(next_state) + '.')
state = next_state
count += 1
```